盐穴储气库项目建设风险管控指南

李龙　李超　程林　著

石油工业出版社

内 容 提 要

本书首先明确了盐穴储气库钻完井工程、造腔工程、注采完井工程、注气排卤工程以及不压井作业各关键工序风险因素、防范要点、管控内容、检查方式、抽检比例，其次论述了如何根据前述内容编制现场检查表单，明确必检项，使现场 HSE 管控标准化、清单化、专业化、目视化。

本书适合盐穴储气库相关项目管理人员开展现场 HSE 检查和质量检查时使用。

图书在版编目（CIP）数据

盐穴储气库项目建设风险管控指南/李龙，李超，程林著 . —北京：石油工业出版社，2023.9
ISBN 978 - 7 - 5183 - 5817 - 5

Ⅰ.①盐…　Ⅱ.①李…②李…③程…　Ⅲ.①地下储气库-基本建设项目-风险管理-指南　Ⅳ.①TE972 - 62②F284 - 62

中国国家版本馆 CIP 数据核字（2023）第 014741 号

出版发行：石油工业出版社
　　　　　（北京市朝阳区安华里 2 区 1 号楼　100011）
　　　　　网　　址：www.petropub.com
　　　　　编辑部：（010）64243803
　　　　　图书营销中心：（010）64523633
经　　销：全国新华书店
印　　刷：北京中石油彩色印刷有限责任公司

2023 年 9 月第 1 版　2023 年 9 月第 1 次印刷
787×1092 毫米　开本：1/16　印张：22.25
字数：566 千字

定价：90.00 元
（如发现印装质量问题，我社图书营销中心负责调换）

前言

近年来,盐穴储气库迎来全面发展的新时代。我国目前在运行的盐穴储气库有金坛、潜江储气库等,在建的盐穴储气库有金坛、平顶山、叶县、潜江、淮安、楚州储气库等,在开展库址论证和评估的盐穴储气库有湖北小板、江西樟树、湖北云应、广东三水、山东菏泽、徐州丰县储气库等。随着金坛盐穴储气库投产 15 年,在长三角地区面临因天气、管道、政策等原因导致的用气紧张时,多次顺利完成了调峰应急保供任务。因具有反应快速、灵活性高等显著优势,盐穴储气库在保障长输管道安全平稳供气中发挥极其重要的作用,其综合开发利用受到多家能源公司、盐化企业、地方政府的广泛关注。

我国盐穴储气库建设起步较晚,所采用的建设标准不健全。目前建设的标准,特别是地下工程方面,均参考油气藏目前的相关标准。由于盐穴储气库的建设标准与常规的油气藏建设开发标准仍存在显著区别,因此标准的缺失给现场施工带来了一定的安全风险。为了确保盐穴储气库在建设过程中各道工序风险可控,方便现场管理者全面实施过程管理,国家石油天然气管网集团有限公司西气东输分公司江苏储气库分公司组织编制了《盐穴储气库项目建设风险管控指南》,系统总结了金坛盐穴储气库近 20 年的现场施工管理经验。

本书主要包括了盐穴储气库钻完井工程、造腔工程、注采完井工程、注气排卤工程以及不压井作业等地下工程关键工序的风险因素、防范要点,并且根据书中讲述内容编制了现场检查表单,明确了必检项等,还涵盖了建设单位的部分管理措施,统计分析了部分典型案例。本书旨在有效指导盐穴储气库项目工程管理人员、施工技术人员开展现场 QHSE 检查工作,促进现场 QHSE 管控的标准化、清单化、专业化、目视化。

本书的编者长期从事盐穴储气库工程现场施工、管理,均为经验丰富的工程技术管理人员,江苏储气库分公司的刘春、陈加松、王成林、刘玉刚、闫凤林、卫青松、那雪芳、李芒、隋龙翔、王桂九、井岗、刘浩生、范丽林、张幸、贾建华、刘涛等也参加了本书的编写。本书的编制过程得到了中国石油集团渤海钻探工程有限公司井下技术服务分公司、中国石化华东石油工程有限公司、中国石油集团测井有限公司天津分公司、中国石油集团大港油田分公司等参建单位的大力支持,在此表示衷心感谢!

由于编者水平有限,书中难免有不足之处,敬请读者给予批评指正。

编者
2023 年 6 月

目录

第二部分　盐穴储气库项目质量管控指南（地下工程部分）

第一部分
盐穴储气库项目
HSE管控指南
（地下工程部分）

第一章 编制依据

本指南编制依据主要包括法律法规、国家标准规范、相关行业标准规定以及国家管网 DEC 文件，依据如下：

(1)《中华人民共和国特种设备安全法》（主席令第 4 号）。

(2)《中华人民共和国道路交通安全法》（主席令第 47 号）。

(3)《中华人民共和国安全生产法》（主席令第 88 号）。

(4)《中华人民共和国环境保护法》（主席令第 9 号）。

(5)《中华人民共和国传染病防治法》（主席令第 17 号）。

(6)《国家危险废物名录》（2021 年版）。

(7)《突发事件应急预案管理办法》（国办发〔2013〕101 号）。

(8)《生产安全事故应急救援预案管理办法》（安监总局令第 88 号）。

(9)《特种作业目录》（安监总局第 30 号令）。

(10)《特种设备作业人员监督管理办法》（国家质量监督检验检疫总局令第 140 号）。

(11)《特种作业人员安全技术培训考核管理规定》（安监总局令第 80 号）。

(12)《生产经营单位安全培训规定》（安监总局第 80 号令）。

(13)《生产安全事故应急预案管理办法》（安监总局第 88 号令）。

(14)《职业健康监护技术规范》（GBZ 188—2014）。

(15)《安全色》（GB 2893—2008）。

(16)《气瓶颜色标志》（GB/T 7144—2016）。

(17)《环境保护图形标志 固体废物贮存（处置）场》（GB 15562.2—1995）。

(18)《危险废物贮存污染控制标准》（GB 18597—2001）。

(19)《质量管理体系 要求》（GB/T 19001—2016）。

(20)《石油天然气工业钻井和采油设备井口装置和采油树》（GB/T 22513—2013）。

(21)《环境管理体系要求及使用指南》（GB/T 24001—2016）。

(22)《生产经营单位生产安全事故应急预案编制导则》（GB/T 29639—2020）。

(23)《职业健康安全管理体系 要求及使用指南》（GB/T 45001—2020）。

(24)《石油天然气安全规程》（AQ 2012—2007）。

(25)《石油行业安全生产标准化 导则》（AQ 2037—2012）。

(26)《钻井井身质量控制规范》（SY/T 5088—2017）。

(27)《钻井参数优选基本方法》（SY/T 5234—2016）。

(28)《套管柱结构与强度设计》（SY/T 5724—2008）。

(29)《地层压力预（监）测方法》（SY/T 5623—2009）。

(30)《井身结构设计方法》（SY/T 5431—2017）。

(31)《钻前工程及井场布置技术要求》（SY/T 5466—2013）。

（32）《套管柱试压规范》（SY/T 5467—2007）。

（33）《钻井完井交接验收规则》（SY/T 5678—2017）。

（34）《井下作业安全规程》（SY/T 5727—2020）。

（35）《钻井井场设备作业安全技术规程》（SY/T 5974—2020）。

（36）《钻井基础技术规范》（SY/T 5972—2021）。

（37）《石油天然气工业健康、安全与环境管理体系》（SY/T 6276—2014）。

（38）《石油天然气作业场所劳动防护用品配备规范》（SY/T 6524—2017）。

（39）《高压气地下储气井》（SY/T 6535—2002）。

（40）《井下作业井控技术规程》（SY/T 6690—2016）。

（41）《盐穴地下储气库安全技术规程》（SY/T 6806—2019）。

（42）《带压作业技术规范》（SY/T 6989—2018）。

（43）《盐穴型储气库井筒及盐穴密封性检测技术规范》（SY/T 7644—2021）。

（44）《储气库井固井技术要求》（SY/T 7648—2021）。

（45）《盐穴储气库造腔井下作业规范》（SY/T 7650—2021）。

（46）《国家石油天然气管网集团有限公司作业许可管理暂行细则》。

（47）《国家石油天然气管网集团有限公司建设项目环境保护管理暂行细则》。

（48）《国家石油天然气管网集团有限公司环境监测与环境信息管理暂行细则》。

（49）《国家石油天然气管网集团有限公司输油管道运营场所土壤及地下水调查评估管理暂行细则》。

（50）《国家石油天然气管网集团有限公司油气储运企业温室气体排放核算与统计管理暂行细则》。

（51）《国家石油天然气管网集团有限公司污染物排放管理暂行细则》。

（52）《国家石油天然气管网集团有限公司清洁生产管理暂行细则》。

（53）《国家石油天然气管网集团有限公司基本建设项目管理程序》。

（54）《国家石油天然气管网集团有限公司承包商安全监督管理暂行细则》。

（55）《国家石油天然气管网集团有限公司职业卫生管理暂行办法》。

（56）《国家石油天然气管网集团有限公司安全生产管理暂行办法》。

（57）《国家石油天然气管网集团有限公司环境保护管理暂行办法》。

（58）《国家石油天然气管网集团有限公司工程建设项目管理办法》。

（59）《国家石油天然气管网集团有限公司工程建设项目竣工验收管理规定》。

（60）《国家石油天然气管网集团有限公司质量安全环保事故事件管理暂行办法》。

（61）《国家石油天然气管网集团有限公司应急预案管理暂行细则》。

（62）《国家石油天然气管网集团有限公司特种设备管理暂行规定》。

（63）"西气东输管道工程配套天然气地下储气库工程可行性研究"。

（64）"西气东输金坛地下储气库地下建设工程初步设计"。

（65）《地下储气库天然气损耗计算方法 第1部分：气藏型》（Q/SY 195.1—2007）。

（66）《油气水井带压作业技术规范 第1部分：设计》（Q/SY 02625.1—2018）。

（67）《油气水井带压作业技术规范 第2部分：设备配备、使用与维护》（Q/SY 02625.2—

2018）。

（68）《油气水井带压作业技术规范　第 3 部分：工艺技术》（Q/SY 02625.3—2018）。

（69）《油气水井带压作业技术规范　第 4 部分：安全操作》（Q/SY 02625.4—2018）。

（70）《石油企业现场安全检查规范　第 2 部分：钻井作业》（Q/SY 08124.2—2018）。

（71）《石油企业现场安全检查规范　第 3 部分：修井作业》（Q/SY 08124.3—2018）。

（72）《石油企业现场安全检查规范　第 21 部分：地下储气库站场》（Q/SY 08124.21—2017）。

（73）《气藏型储气库动态监测资料录取规范》（Q/SY 01022—2018）。

第二章 总体风险识别与评估

安全管理的核心是风险管理，风险辨识防控是安全管理的基础，因此，盐穴储气库地下工程施工现场安全管理应围绕风险辨识防控实施。

风险辨识即风险识别，是指基于全面辨识、查找施工全过程的危害因素，对其造成的危险场景进行汇总。开展全面系统的风险辨识，是风险管控的前提。

风险评估，即运用特定的方法，对风险值进行定性、定量评估，准确描述风险大小，确定风险等级，便于分级制订有针对性的管控措施，有利于将管控重点聚焦于风险程度更高的领域，同时将管理资源利用最大化。

风险管控，即在风险识别和风险评价的基础上，预先采取措施消除或控制生产安全风险的过程。

本章依据施工现场 HSE 风险清单对施工现场的总体风险按照Ⅰ级、Ⅱ级、Ⅲ级、Ⅳ级进行分类描述，列举了施工环节的主要风险。后续章节中，按照施工作业工序对可能存在的风险进行辨识、评估、管控。

第一节 风险等级划分方法

一、风险矩阵

风险等级划分以风险评估矩阵法为例。在确定风险概率和事故后果严重程度的基础上，明确风险等级划分标准，建立风险矩阵，见表 1-2-1。

表 1-2-1 风险矩阵

		1	2	3	4	5
事故发生概率等级	5	Ⅱ 5	Ⅲ 10	Ⅲ 15	Ⅳ 20	Ⅳ 25
	4	Ⅰ 4	Ⅱ 8	Ⅲ 12	Ⅲ 16	Ⅳ 20
	3	Ⅰ 3	Ⅱ 6	Ⅱ 9	Ⅲ 12	Ⅲ 15
	2	Ⅰ 2	Ⅰ 4	Ⅱ 6	Ⅱ 8	Ⅲ 10
	1	Ⅰ 1	Ⅰ 2	Ⅰ 3	Ⅰ 4	Ⅱ 5
风险矩阵		1	2	3	4	5
		事故后果严重程度等级				

注：（1）风险 = 事故发生概率 × 事故后果严重程度。

（2）风险矩阵中风险等级划分标准见表 1-2-2，事故发生概率等级见表 1-2-3，事故后果严重程度等级见表 1-2-4。

二、风险等级划分标准

风险矩阵中风险等级的划分标准见表1-2-2。

表1-2-2　风险等级划分标准

风险等级	分值	描述	需要的行动	改进建议
Ⅳ级风险	$16<$Ⅳ级≤25	重大风险（绝对不能容忍）	必须通过工程和/或管理、技术上的专门措施，限期（6个月内）把风险降低到级别Ⅱ或以下	需要并制订专门的管理方案予以削减
Ⅲ级风险	$9<$Ⅲ级≤16	较大风险（难以容忍）	应当通过工程和/或管理、技术上的控制措施，在一个具体的时间段（12个月内），把风险降低到级别Ⅱ或以下	需要并制订专门的管理方案予以削减
Ⅱ级风险	$4<$Ⅱ级≤9	一般风险（在控制措施落实的条件下可以容忍）	具体依据成本情况采取措施。需要确认程序和控制措施已经落实，强调对它们的维护工作	个案评估。评估现有控制措施是否均有效
Ⅰ级风险	$1\leq$Ⅰ级≤4	低风险（可以接受）	不需要采取进一步措施降低风险	不需要。可适当考虑提高安全水平的机会（在工艺危害分析范围之外）

三、事故发生概率

风险矩阵中事故发生概率等级见表1-2-3。

表1-2-3　事故发生概率等级

概率等级	硬件控制措施	软件控制措施	概率说明，次/年
1	（1）两道或两道以上的被动防护系统，互相独立，可靠性较高。 （2）有完善的书面检测程序，进行全面的功能检查，效果好、故障少。 （3）熟悉掌握工艺，过程始终处于受控状态。 （4）稳定的工艺，了解和掌握潜在的危险源，建立完善的工艺和安全操作规程	（1）清晰、明确的操作指导，制订了要遵循的纪律，错误被指出并立刻得到更正，定期进行培训，内容包括正常、特殊操作和应急操作程序，包括了所有的意外情况。 （2）每个班组上都有多个经验丰富的操作工。理想的压力水平。所有员工都符合资格要求，员工爱岗敬业，清楚了解并重视危害因素	现实中预期不会发生（在国内行业内没有先例）。 $<10^{-4}$
2	（1）两道或两道以上防护系统，其中至少有一道是被动可靠的。 （2）定期检测，功能检查可能不完全，偶尔出现问题。 （3）过程异常不常出现，大部分异常的原因被弄清楚，处理措施有效。 （4）合理变更，可能是新技术带有一些不确定性，高质量的工艺危害分析	（1）关键的操作指导正确、清晰，其他的则有些非致命的错误或缺点，定期开展检查和评审，员工熟悉程序。 （2）有一些无经验人员，但不会全在一个班组。偶尔的短暂的疲劳，有一些厌倦感。员工知道自己有资格做什么和自己能力不足的地方，对危害因素有足够认识	预期不会发生，但在特殊情况下有可能发生（国内同行业有过先例）。 $10^{-4}\sim10^{-3}$
3	（1）一个或两个复杂的、主动的系统，有一定的可靠性，可能有共因失效的弱点。 （2）不经常检测，历史上经常出问题，检测未被有效执行。 （3）过程持续出现小的异常，对其原因没有全搞清楚或进行处理。较严重的过程（工艺、设施、操作过程）异常被标记出来并最终得到解决。 （4）频繁地变更或新技术应用，工艺危害分析不深入，质量一般，运行极限不确定	（1）存在操作指导，没有及时更新或进行评审，应急操作程序培训质量差。 （2）可能一班半数以上都是无经验人员，但不常发生。有时出现的短时期的班组群体疲劳，较强的厌倦感。员工不会主动思考，员工有时可能自以为是，不是每个员工都了解危害因素	在某个特定装置的生命周期里不太可能发生，但有多个类似装置时，可能在其中的一个装置发生（集团公司内有过先例）。 $10^{-3}\sim10^{-2}$

续表

概率等级	硬件控制措施	软件控制措施	概率说明，次/年
4	（1）仅有一个简单的主动的系统，可靠性差。 （2）检测工作不明确，没检查过或没有受到正确对待。 （3）过程经常出现异常，很多从未得到解释。 （4）频繁地变更及新技术应用。进行的工艺危害分析不完全，质量较差，边运行边摸索	（1）对操作指导无认知，培训仅为口头传授，不正规的操作规程，过多的口头指示，没有固定成形的操作，无应急操作程序培训。 （2）员工周转较快，个别班组一半以上为无经验的员工。过度的加班，疲劳情况普遍，工作计划常常被打乱，士气低迷。工作由技术有缺陷的员工完成，岗位职责不清，员工对危害因素有一些了解	在装置的生命周期内可能至少发生一次（预期中会发生）。 $10^{-2}\sim10^{-1}$
5	（1）无相关检测工作。 （2）过程经常出现异常，对产生的异常不采取任何措施。 （3）对于频繁地变更或新技术应用，不进行工艺危害分析	（1）对操作指导无认知，无相关的操作规程，未经批准进行操作。 （2）人员周转快，装置半数以上为无经验的人员。无工作计划，工作由非专业人员完成。员工普遍对危害因素没有认识	在装置生命周期内经常发生。 $>10^{-1}$

四、事故后果严重程度

风险矩阵中事故后果严重程度等级划分标准见表1-2-4。

表1-2-4　事故后果严重程度

严重程度等级	员工伤害	财产损失	声誉
1	造成3人以下轻伤	一次造成直接经济损失人民币10万元以下、1000元以上	负面信息在集团公司所属企业内部传播，且有蔓延之势，具有在集团公司范围内部传播的可能性
2	造成3人以下重伤，或者3人以上10人以下轻伤	一次造成直接经济损失人民币10万元以上、100万元以下	负面信息尚未在媒体传播，但已在集团公司范围内部传播，且有蔓延之势，具有媒体传播的可能性
3	一次死亡3人以下，或者3人以上10人以下重伤，或者10人以上轻伤	一次造成直接经济损失人民币100万元以上、1000万元以下	（1）引起地（市）级领导关注，或地（市）级政府部门领导做出批示。 （2）引起地（市）级主流媒体负面影响报道或评论。或通过网络媒介在可控范围内传播，造成或可能造成一般社会影响。 （3）媒体就某一敏感信息来访并拟报道。 （4）引起当地公众关注
4	一次死亡3～9人，或者10～49人重伤	一次造成直接经济损失人民币1000万元以上、5000万元以下	（1）引起省部级或集团公司领导关注，或省级政府部门领导做出批示。 （2）引起省级主流媒体负面影响报道或评论。或引起较活跃网络媒介负面影响报道或评论，且有蔓延之势，造成或可能造成较大社会影响。 （3）媒体就某一敏感信息来访并拟重点报道。 （4）引起区域公众关注
5	一次死亡10人以上，或者50人以上重伤	一次造成直接经济损失人民币5000万元以上	（1）引起国家领导人关注，或国务院、相关部委领导做出批示。 （2）引起国内主流媒体或境外重要媒体负面影响报道或评论。极短时间内在国内或境外互联网大面积爆发，引起全网广泛传播并迅速蔓延，引起广泛关注和大量失控转载。 （3）媒体来访并准备组织策划专题或系列跟踪报道。 （4）引起国际或全国范围公众关注

五、风险防控常用方法适用范围

风险防控常用方法适用范围见表1-2-5。

表1-2-5 风险防控常用方法

序号	方法	适用范围	定性或定量
1	安全检查表（SCL）	设备设施管理活动	定性、半定量
2	危险性预先分析法（PHA）	项目的初期阶段维修、改扩建、变更	定性
3	事故树分析（FTA）	已发生的和可能发生的事故、事件	定性、定量
4	事件树分析（ETA）	初始事件	定性、定量
5	故障类型影响分析（FMEA）	机械、电气系统	定性
6	危险与可操作性分析（HAZOP）	复杂工艺系统	定性
7	危险源辨识	识别潜在的职业健康、安保、自然环境和社会影响	定性
8	工作安全分析（JSA）	现有作业、新的作业、承包商作业、非常规性作业等	半定量
9	工作危害分析法（JHA）	人员作业活动（非常规作业活动）	半定量
10	作业前安全2分钟（TAKE2）	常规现场作业及危险作业	定性

第二节 重要环境因素识别及评价

盐穴储气库地下工程施工现场的环境因素识别及评价见表1-2-6。

表1-2-6 环境因素识别及评价一览表

序号	环境因素	区域	状态	水	气	噪声	土壤	固废	资源	其他	法律法规符合性	A	B	C	D	E	F	S	评价
1	废水的排放	井场钻井液池	正常				√				《中华人民共和国环境保护法》	2	3	4	3	3	3	18	重要
2	钻屑的排放	井场钻井液池	正常					√			《中华人民共和国环境保护法》	3	3	3	3	3	3	18	重要
3	柴油机运转的噪声的排放	井场	正常			√					《中华人民共和国环境保护法》	2	3	3	3	3	3	18	重要
4	保养设备废油的排放	井场	正常				√				《中华人民共和国环境保护法》	2	1	2	1	1	5	12	重要
5	废油桶的废弃	井场	正常				√	√			《中华人民共和国环境保护法》	5	3	1	1	1	5	18	重要
6	废旧电瓶的废弃	井场	正常				√	√			《中华人民共和国环境保护法》	5	3	3	3	3	5	22	重要
7	废油手套、棉纱的废弃	井场	正常				√	√			《中华人民共和国环境保护法》	5	3	4	3	3	5	23	重要
8	钻井液材料的废弃	井场工业垃圾坑	正常					√			《中华人民共和国环境保护法》	2	3	3	1	1	5	15	重要
9	潜在的井喷事故	井场	紧急	√			√			√	突发事件应急预案	5	3	1	3	3	5	20	重要
10	潜在的井喷伴随的 H_2S 的排放	井场	紧急		√						突发事件应急预案	5	3	1	3	3	5	20	重要

续表

序号	环境因素	区域	状态	环境类别							法律法规符合性	环境因素评价							
				水	气	噪声	土壤	固废	资源	其他		评分							评价
												A	B	C	D	E	F	S	
11	潜在的废水外泄	井场、生活区	正常	√							突发事件应急预案	5	3	1	1	1	5	13	重要
12	潜在的火灾事故	井场、生活区	紧急		√		√	√		√	突发事件应急预案	5	5	1	3	3	5	22	重要
13	潜在的井漏	井场、生活区	紧急	√			√			√	突发事件应急预案	5	3	1	3	3	5	20	重要
14	潜在的爆炸	井场、生活区	紧急		√		√	√		√	突发事件应急预案	5	5	1	3	3	5	22	重要
15	潜在的洪涝灾害	井场、生活区	紧急	√						√	突发事件应急预案	5	3	1	3	1	3	16	重要
16	柴油的消耗	井场	正常						√		《中华人民共和国环境保护法》	2	3	4	3	3	3	18	重要
17	液压油的消耗	井场	正常						√		《中华人民共和国环境保护法》	2	3	4	3	3	3	18	重要
18	柴机油的消耗	井场	正常						√		《中华人民共和国环境保护法》	2	3	2	1	3	5	16	重要
19	钻井液材料的消耗	井场	正常						√		《中华人民共和国环境保护法》	2	3	4	3	3	5	20	重要

注：(1) 环境影响有正面影响（如由于新工艺、新设备的使用排放减少、污染减轻等）和负面影响（如大气污染、水体污染、土壤污染、资源消耗/破坏等情况）。

(2) 识别环境因素时，还要考虑三个时间段（过去、现在、将来）、三种状态（正常、异常、紧急）及六个方面（向大气排放；向水体排放；废弃物管理；对土壤污染；原材料使用和自然资源的利用；其他的地域环境问题及对社区的影响）。

(3) 环境因素评价标准按照是非判断法（A 违反环境保护法律法规；B 造成重大环境污染；C 潜在的紧急事件；D 资源消耗量大；E 危险废物结合多因子评价法。总分值 $S \geq 15$ 为重要环境因素）。

按照是非判断法并归纳总结，盐穴储气库地下工程施工现场的重要环境因素清单见表1-2-7。

表1-2-7　重要环境因素清单

序号	重要环境因素	工序/岗位	状态	地点	对策
1	废水的排放	营地用水	正常	井场	《钻井公司环境保护管理规定》和《生产管理奖罚规定》
2	废弃钻井液的排放	钻井液	正常	钻井液罐	《钻井公司环境保护管理规定》和《生产管理奖罚规定》
3	噪声的排放（包括发电机、柴油机的排放）	机房	正常	载车、泵房	《钻井公司环境保护管理规定》和《生产管理奖罚规定》
4	钻屑的排放	钻井液	正常	岩屑堆放场地	《钻井公司环境保护管理规定》和《生产管理奖罚规定》
5	油料消耗（包括柴油、机油、润滑油的消耗等）	机房	正常	发电房、柴油机等设备	《钻井公司柴（气）油管理规定》和《生产管理奖罚规定》
6	危险废物的产生（包括废旧电瓶、废油、废油手套和棉纱等）	各岗位	正常	工作现场	《钻井公司危险品安全管理办法》和《钻井处环境保护管理规定》
7	潜在的危险（包括潜在的火灾、爆炸等）	井场及营地	紧急	井口区、油罐区等工作现场	《突发事件应急预案》

第三节 重要危险源辨识、风险评价及高风险清单

盐穴储气库地下工程施工现场的重要危险源辨识及风险评价见表1-2-8。

表 1-2-8 重要危险源辨识及风险评价表

序号	作业过程	危害因素	可能导致的后果	状态	时态	矩阵法			风险等级
						严重性	可能性	风险度	
1	起井架	底座与基础各个拉杆连接不牢	设备损坏、人员伤害	正常	现在	5	2	10	Ⅲ
2	起井架	起升时操作不稳造成事故	设备损坏、人员伤害	正常	现在	5	2	10	Ⅲ
3	起井架	在天气条件达不到要求的情况下起井架	设备损坏、人员伤害	正常	现在	5	2	10	Ⅲ
4	安装防喷器	吊防喷器绳套断	损坏设备、人员伤害	正常	现在	5	2	10	Ⅲ
5	起钻作业	司钻误操作	人员伤害、设备损坏	正常	现在	5	4	20	Ⅳ
6	起钻作业	防碰系统失灵顶天车	人员伤害、损坏设备	正常	现在	5	2	10	Ⅲ
7	起钻作业	刹车系统失灵顿钻	人员伤害、损坏设备	正常	现在	5	3	15	Ⅲ
8	起钻作业	吊卡落下或井架落物	人员伤害	正常	现在	3	4	12	Ⅲ
9	起钻作业	单吊环起钻	钻具落井、人员伤害	正常	现在	3	4	12	Ⅲ
10	起钻作业	突然遇卡拉断大绳	设备损坏、人员伤害	正常	现在	5	2	10	Ⅲ
11	起钻作业	忘记灌钻井液造成卡钻或井塌	井下复杂、损失工作日	正常	现在	5	4	20	Ⅳ
12	下钻作业	司钻误操作	人员伤害、设备损坏	正常	现在	5	4	20	Ⅳ
13	下钻作业	防碰系统失灵顶天车	人员伤害、损坏设备	正常	现在	4	3	12	Ⅲ
14	下钻作业	刹车系统失灵顿钻	人员伤害、损坏设备	正常	现在	4	3	12	Ⅲ
15	下钻作业	刹车带质量不合格	人员伤害、设备损坏	正常	现在	5	2	10	Ⅲ
16	下钻作业	刹车带下垫东西造成刹车失灵	人员伤害、设备损坏	正常	现在	5	2	10	Ⅲ
17	下钻作业	吊卡没扣好造成掉钻具	人员伤害、井下复杂	正常	现在	4	2	8	Ⅱ

续表

序号	作业过程	危害因素	可能导致的后果	状态	时态	矩阵法			风险等级
						严重性	可能性	风险度	
18	接单根	单根水眼不畅通堵钻头喷嘴	井下复杂、损失工作日	正常	现在	4	3	12	Ⅲ
19	接单根	接单根后开泵时误操作造成憋管线	人员伤害、设备损坏	正常	现在	4	3	12	Ⅲ
20	接单根	接单根时倒换泵倒错阀门	人员伤害、设备损坏	正常	现在	4	3	12	Ⅲ
21	正常钻进	关井时井控设备不灵活	污染环境、设备损坏	正常	现在	5	4	20	Ⅳ
22	正常钻进	岗位人员不熟练造成失控	污染环境、设备损坏	正常	现在	5	4	20	Ⅳ
23	正常钻进	钻遇正常高压地层造成失控	污染环境、设备损坏	正常	现在	5	4	20	Ⅳ
24	正常钻进	关井失败造成井喷失控	污染环境、设备损坏	正常	现在	5	4	20	Ⅳ
25	正常钻进	井喷失控时喷出的油气	污染环境	正常	现在	5	4	20	Ⅳ
26	正常钻进	井喷失控时造成火灾	污染环境、设备损坏、伤人	正常	现在	5	4	20	Ⅳ
27	正常钻进	井喷失控喷出的毒气	人员伤害	正常	现在	5	4	20	Ⅳ
28	正常钻进	井控失败	人员伤害、设备损坏	正常	现在	5	4	20	Ⅳ
29	下套管作业	下套管时刹车失灵	人员伤害	正常	现在	5	4	20	Ⅳ
30	下套管作业	吊起或放重物时挤人	人员伤害	正常	现在	3	4	12	Ⅲ
31	下套管作业	使用吊车安装设备时配合不当	人员伤害	正常	现在	3	4	12	Ⅲ
32	下套管作业	司钻误操作	人员伤害、设备损坏	正常	现在	4	4	16	Ⅲ
33	下套管作业	刹车带突然断裂造成顿钻	人员伤害、设备损坏	正常	现在	4	4	16	Ⅲ
34	下套管作业	手工具或配件从井架上落下	人员伤害、损坏设备	正常	现在	3	5	15	Ⅲ
35	下套管作业	井场电路老化摩擦漏电造成火灾	损坏设备、伤人	正常	现在	3	5	15	Ⅲ
36	下套管作业	不带安全带或配合不当造成高空坠落	人员伤害	正常	现在	3	5	15	Ⅲ

续表

序号	作业过程	危害因素	可能导致的后果	状态	时态	矩阵法			风险等级
						严重性	可能性	风险度	
37	下套管作业	下套管时刹车失灵顶天车或下砸	人员伤害	正常	现在	4	4	16	Ⅲ
38	造腔作业	高压管汇泄漏	人员伤害、污染环境	正常	现在	5	3	15	Ⅲ
39	造腔作业	修理中有人误合气门	人员伤害、设备损坏	正常	现在	5	3	15	Ⅲ
40	造腔作业	乙炔气体爆炸	人员伤害、设备损坏	正常	现在	4	3	12	Ⅲ
41	造腔作业	吊钻具下钻台操作不当	伤害事故	正常	现在	5	4	20	Ⅳ
42	造腔作业	电路走向不合理被刮破漏电	人员触电	正常	现在	2	5	10	Ⅲ
43	固井作业	现场电路安装不合格	人员触电	正常	现在	3	5	15	Ⅲ
44	固井作业	登高作业不带安全带造成高空坠落	人员伤害	正常	现在	2	5	10	Ⅲ
45	固井作业	违章驾驶或意外情况造成交通事故	人员伤害	正常	现在	3	4	12	Ⅲ
46	固井作业	超重或违反操作规程造成吊车翻车或砸人	人员伤害	正常	现在	4	4	16	Ⅲ
47	固井作业	洪水、暴风雪等灾害	人员伤害、设备损坏	正常	现在	4	3	12	Ⅲ
48	固井作业	起井架时操作不稳造成井架倒塌	设备损坏、人员伤害	正常	现在	5	4	20	Ⅳ
49	固井作业	吊防喷器绳套断造成防喷器倾倒	损坏设备、人员伤害	正常	现在	4	4	16	Ⅲ
50	固井作业	用电焊气割等明火造成火灾	人员伤害、损坏设备、污染环境	正常	现在	4	3	12	Ⅲ
51	固井作业	操作液压大钳不当	人员伤害	正常	现在	4	4	16	Ⅲ
52	固井作业	防碰刹车失灵或设备配件、工具从高空落下	人员伤害	正常	现在	5	4	20	Ⅳ
53	固井作业	井喷失控	人员伤害、损坏设备、污染环境	正常	现在	5	4	20	Ⅳ
54	固井作业	高压管汇泄漏	人员伤害、污染环境	正常	现在	4	3	12	Ⅲ

序号	作业过程	危害因素	可能导致的后果	状态	时态	矩阵法			风险等级
						严重性	可能性	风险度	
55	安装井口	井内有可燃气体窜出爆炸	人员伤害、设备损坏	正常	现在	5	2	10	Ⅲ
56	甩钻具	防碰天车失灵	人员伤害	正常	现在	5	4	20	Ⅳ
57	甩钻具	司钻操作不稳	人员伤害	正常	现在	4	3	12	Ⅲ
58	甩钻具	绷绳质量不合格或绳卡子没卡紧	伤害事故	正常	现在	5	3	15	Ⅲ
59	放井架	下放速度过快失去控制	设备损坏、人员伤害	正常	现在	5	3	15	Ⅲ
60	刮削作业	空井筒且处于常开状态	人员受伤、设备损坏	正常	现在	4	3	12	Ⅲ
61	刮削作业	起管柱防碰装置失效	设备损坏	正常	现在	5	3	15	Ⅲ
62	机械切割作业	液压钳上割刀时人员未有保护措施	人员受伤	正常	现在	1	3	3	Ⅳ
63	机械切割作业	下切割管柱刹车过晚或刹车失效	设备损坏	正常	现在	5	4	20	Ⅳ
64	机械切割作业	试开泵时管线堵，高压伤人或刺漏喷溅伤人	人员受伤	正常	现在	4	3	12	Ⅲ
65	机械切割作业	起管柱时大绳排列不整齐、防碰失效、刹把操作不规范	设备损坏	正常	现在	5	4	20	Ⅳ
66	下放井架作业	伸缩缸有空气造成在起升井架时井架突然下落	设备损坏	正常	现在	5	4	20	Ⅳ
67	下放井架作业	拆卸井架绷绳未全部松开，放井架发生挂阻，井架倾倒	设备损坏	正常	现在	5	4	20	Ⅳ
68	拆井架作业	修井机停放处地基松软	人员坠落	正常	现在	4	3	12	Ⅲ
69	拆井架作业	驾驶修井机人员非专业人员	设备损坏、人员伤害	正常	现在	4	3	12	Ⅲ
70	拆井架作业	修井机位于不坚固地面，易塌陷	设备损坏	正常	现在	4	3	12	Ⅲ

续表

序号	作业过程	危害因素	可能导致的后果	状态	时态	矩阵法			风险等级
						严重性	可能性	风险度	
71	拆井架作业	绳头未固定	挤压变形、人员伤害	正常	现在	4	3	12	Ⅲ
72	注气排卤作业	管线泄漏天然气溢出	人员伤亡、火灾或爆炸	正常	现在	4	3	12	Ⅲ
73	注气排卤作业	法兰连接渗漏	环境污染	正常	现在	4	3	12	Ⅲ
74	注气排卤作业	管线开焊泄漏	环境污染	正常	现在	4	3	12	Ⅲ

按照风险度大于10的标准，判定为高风险，盐穴储气库地下工程施工作业过程中的高风险清单见表1-2-9。

表1-2-9　高风险清单

序号	作业过程	危害因素	可能导致的后果	风险	状态	时态	矩阵法			风险等级
							严重性	可能性	风险度	
1	吊装设备	吊起或放重物时挤人	人员伤害	起重伤害	正常	现在	3	4	12	Ⅲ
2	安装操作台设备	使用吊车安装设备时配合不当	人员伤害	起重伤害	正常	现在	3	4	12	Ⅲ
3	起下钻作业	司钻误操作	人员伤害、设备损坏	机械伤害	正常	现在	4	4	16	Ⅲ
4	下钻作业	刹车带突然断裂造成顿钻	人员伤害、设备损坏	机械伤害	正常	现在	4	4	16	Ⅲ
5	起下钻作业	手工具或配件从井架上落下	人员伤害、损坏设备	机械伤害	正常	现在	3	5	15	Ⅲ
6	火灾危害	井场电路老化摩擦漏电造成火灾	损坏设备、伤人	火灾	正常	现在	3	5	15	Ⅲ
7	高空修理顶驱时	不带安全带或配合不当造成高空坠落	人员伤害	高处坠落	正常	现在	3	5	15	Ⅲ
8	下套管作业	下套管时刹车失灵顶天车或下砸	人员伤害	机械伤害	正常	现在	4	4	16	Ⅲ
9	气密封作业	高压管汇泄漏	人员伤害、污染环境	其他伤害	正常	现在	5	3	15	Ⅲ
10	设备检修与保养	修理中有人误合气门	人员伤害、设备损坏	其他伤害	正常	现在	5	3	15	Ⅲ
11	制作筛管	乙炔气体爆炸	人员伤害、设备损坏	其他爆炸	正常	现在	4	3	12	Ⅲ
12	甩钻具	吊钻具下钻台操作不当	伤害事故	机械伤害	正常	现在	5	4	20	Ⅳ
13	住地电路	电路走向不合理被刮破漏电	人员触电	触电	正常	现在	2	5	10	Ⅲ
14	井场或驻地电路	现场电路安装不合格	人员触电	触电	正常	现在	3	5	15	Ⅲ

续表

序号	作业过程	危害因素	可能导致的后果	风险	状态	时态	矩阵法			风险等级
							严重性	可能性	风险度	
15	钻井作业	登高作业不带安全带造成高空坠落	人员伤害	高处坠落	正常	现在	2	5	10	Ⅲ
16	车辆行驶	违章驾驶或意外情况造成交通事故	人员伤害	车辆伤害	正常	现在	3	4	12	Ⅲ
17	吊车吊物	超重或违反操作规程造成吊车翻车或砸人	人员伤害	起重伤害	正常	现在	4	4	16	Ⅲ
18	钻井施工过程	洪水、暴风雪等灾害	人员伤害、设备损坏	机械伤害	正常	现在	4	3	12	Ⅲ
19	钻井施工过程	起井架时操作不稳造成井架倒塌	设备损坏、人员伤害	机械伤害	正常	现在	5	4	20	Ⅳ
20	安装防喷器	吊防喷器绳套断造成防喷器倾倒	损坏设备、人员伤害	物体打击	正常	现在	4	4	16	Ⅲ
21	钻井施工过程	用电焊气割等明火造成火灾	人员伤害、损坏设备、污染环境	火灾	正常	现在	4	3	12	Ⅲ
22	钻井作业	操作液压大钳不当	人员伤害	物体打击	正常	现在	4	4	16	Ⅲ
23	起下钻作业	防碰刹车失灵或设备配件、工具从高空落下	人员伤害	高处坠落	正常	现在	5	4	20	Ⅳ
24	钻井施工过程	井喷失控	人员伤害、损坏设备、污染环境	环境污染		现在	5	4	20	Ⅳ

第四节　施工危害控制措施

盐穴储气库地下工程施工过程中的重大危害控制措施见表1-2-10。

表1-2-10　重大危害控制措施

序号	作业过程	重大危害	防范措施
1	检查维修营地、设备电路	现场人员触电	(1) 必须有钻井队电气工程师负责电器、电路检查维修，要对员工用电进行安全培训。 (2) 切断设备电源时，应先关掉设备电源开关，再关掉主开关。 (3) 操作开关或主开关时，要站在侧面，不要站在配电板的正前方。眼睛不要直对配电盘，以防发生爆炸伤着眼睛和身体。 (4) 便携式电器应轻放以防损坏，电线不能用来拉设备。检查加长线是否有破损。 (5) 锁定型插座在接好时必须锁定。 (6) 在维修电器、线路有专人看护并挂牌。 (7) 电器设施、野营房、爬犁房等要安装防触电保护接地，接地电阻小于4Ω

续表

序号	作业过程	重大危害	防范措施
2	高空作业	高空坠落	(1) 严禁有高空禁忌证的人员从事高空作业。 (2) 高空作业时，要系安全带。 (3) 上下井架人员要戴好速差器
3	交通运输	交通事故	(1) 加强对司机的安全行车教育。 (2) 经过村镇、集市时须做到认真观察瞭望。 (3) 必须按规定的速度行驶，做好提前处理情况的准备。 (4) 拉运超大的设备时，首先要认真检查是否捆绑好。 (5) 行驶中要认真检查、不断观察，车身有什么变化。 (6) 控制车速，保持车辆平稳运行
4	吊装作业	吊车翻车或砸人	(1) 加强对司机的正规操作教育。 (2) 吊装设备时，要认真观察仪表变化及电脑控制的提示，坚决不能违反操作规程，违章作业。 (3) 在吊装设备时，必须认真观察，绳套是否已经挂好，防止起吊后，设备掉下损坏
5	井下作业	井喷失控	(1) 严格落实井控坐岗制度。 (2) 值班干部加强督导，落实岗位责任。 (3) 坐岗工缺岗时严格落实钻井坐岗制度。 (4) 及时向司钻报告正常情况。 (5) 控制起钻速度。 (6) 按照"发现溢流立即关井，疑似溢流关井检查，预测溢流关井循环"的原则处理。 (7) 解除拔活塞现象后视情况将钻具下至井底重新循环检测油气显示。 (8) 加强坐岗监测
6	设备材料摆放	洪水灾害	(1) 井队值班干部每天应组织检查井架和井架基础，并加固井架绷绳，上紧绷绳绳卡。 (2) 要注意防止堆放在库房、材料房、爬犁上的一些设备配件、材料受潮，特别是钻井液药品要尽可能做到上盖下垫，防止漏雨、进水，污染环境。油罐、钻井液药品桶要关紧阀门、拧紧盖子。 (3) 在暴风雨来临之前，要尽量将全部钻具下入井内，不要立在钻杆盒上，以保持钻机整体重心很低；井架上剩余的钻杆、绳索及滑轮也应捆绑牢靠
7	井架起下	井架倒塌	(1) 起放井架要执行操作规程，逐项对各部位进行详细检查。 (2) 要由有经验的人员操作刹把。 (3) 起放井架前要试起，检查无误后再实施起放井架作业。 (4) 起放井架时要由一个人统一指挥。 (5) 发生意外时，操作人员按照逃生路线迅速逃生
8	防喷器起吊	防喷器倾倒	(1) 选用安全系数高的绳套。 (2) 操作起吊防喷器的人，必须看清指挥者的手势，平稳操作。 (3) 其他人员离开防喷器下面
9	井场作业	井场火灾	(1) 危险作业区应禁止吸烟。 (2) 吸烟室应当位于安全区域内。 (3) 禁止将火种带入危险区内。 (4) 油井附近的设备、钻台上下和场地要无油气聚集，以免引起或扩大火灾。 (5) 不得随便挪动消防设备位置或移作他用。 (6) 灭火器和其他消防设备放置的地点应使取用方便，并用标签注明类型和操作方法。 (7) 井队人员应熟悉消防器材（包括消防水龙带、灭火器等）的位置，所有人员受过使用这些设备的培训

续表

序号	作业过程	重大危害	防范措施
10	现场作业	大钳伤害	(1) 按操作规程平稳操作。 (2) 井口人员站位合理。 (3) 坚持单人维修保养
11	钻（修）井作业	起车时顶天车设备砸下或高空落物	(1) 起钻前，司钻必须检查防碰天车和紧急停车装置，确保灵活好用。 (2) 冬季保温良好。 (3) 在起钻过程中，司钻要活动气门2~3次，确保放气良好。 (4) 一旦发生开关不放气时，司钻应立即发出逃生指令，钻台人员立即按规定逃生路线逃生
12	造腔作业、注气排卤	卤水泄漏	(1) 造腔过程中按照设计要求控制注入淡水水量，防止卤水管线溢流。 (2) 作业过程中对卤水排出量进行检测，对于出卤量较少的腔体与排卤管线进行检查。 (3) 定期对造腔过程中的腔体进行声呐检测，并针对检测结果调整造腔管深度与注水量。 (4) 所有排卤阶段，对排卤管线与阀门进行轮流巡护，确保管线两侧无机械施工，所有阀门完好，且都处于要求状态
13	注气排卤	天然气泄漏	(1) 注气排卤过程前对井口阀门与隔离装置进行检查，通过试注气排卤检验注气管柱是否密封，且达到注气深度。 (2) 对排出的卤水进行含气量检验，每日对卤水罐进行巡检，如果额定时间内卤水罐内水位达不到设计要求，及时对注气管线与排卤管线进行检测。 (3) 对隔离装置进行定期检查，并对所有的密封胶圈进行检查并更换存在缺陷的密封胶圈。 (4) 所有操作人员持证上岗，并进行定期培训。 (5) 需要隔离的阀门或设备进行挂牌上锁。 (6) 下管柱前对所有的管件、连接件进行密封试压

盐穴储气库地下工程施工过程中高度风险控制措施见表1-2-11。

表 1-2-11　高度风险控制措施

序号	作业过程	存在的风险和危害	削减措施
1	吊装设备	人员砸伤	(1) 吊车司机必须经过培训。 (2) 挂绳套人员必须经过司索工培训。 (3) 物件起吊过程中有专人指挥。 (4) 物件起吊后下面和周围2m不得站人
2	安装钻台设备	吊车安装设备伤人	(1) 吊车司机必须经过培训。 (2) 物件起吊过程中有专人指挥
3	起下钻作业	司钻误操作	(1) 必须持证上岗。 (2) 司钻操作必须精力集中。 (3) 司钻衣服袖口必须利索
4	下钻作业	刹车带突然断裂造成顿钻	(1) 起钻前，内钳工要检查好刹带，刹带厚度大于18mm，固定销子齐全、牢靠，刹车鼓无裂纹。 (2) 刹车鼓上不准有油污。 (3) 刹把高度调整合适，在45°~60°之间。 (4) 调整吊卡活门方向时，眼睛余光观察滚筒，吊卡距钻台3~4m时开始刹车，将吊卡平稳放于钻台上
5	起下钻作业	高空落物	(1) 司钻起车要平稳。 (2) 使用磁性吊卡销。 (3) 井架工要经常检查二层台上的工具，保证其拴牢。 (4) 井架工定期对井架连接螺栓进行检查

续表

序号	作业过程	存在的风险和危害	削减措施
6	火灾危害	井场电路火灾	必须由专业电工接线，定期检查电路以及电线固定和过墙穿管是否牢固
7	高空修理	高空坠落	（1）严禁有高空禁忌证的人员从事高空作业。 （2）高空作业时，要系安全带。 （3）上下井架人员要戴好速差器
8	下套管作业	刹车失灵顶天车或下砸	（1）下套管前，司钻必须检查防碰天车和紧急停车装置，确保灵活好用。 （2）冬季保温良好
9	设备检修与保养	修理中机械伤害	（1）修理设备时要有专人监护。 （2）在气门或电源开关上悬挂批示牌
10	制作筛管	乙炔气体火灾爆炸	（1）按规定对井场动火进行审批。 （2）动火前应根据动火级别分别派人员进行监护。 （3）井场应按规定配备灭火器。 （4）对重点防火部位要加强检查
11	甩钻具	吊钻具下钻台伤人	（1）甩钻具前要由专人检查绷绳。 （2）甩钻具过程中，定期检查。 （3）向钻台下绷钻具时，人员远离绷绳

盐穴储气库地下工程施工过程中重要环境因素控制措施见表1-2-12。

表1-2-12 重要环境因素控制措施

序号	作业过程	存在的风险和危害	削减措施
1	"钻井液不落地"处理	钻井液外溢污染环境	（1）及时回收钻井液。 （2）检查好排钻井液管线。 （3）钻井液定点回收、现场处理。 （4）做好井口、"钻井液不落地"区域防渗工作
2	设备运转	环境污染	（1）加强检查，杜绝"跑、冒、滴、漏"现象发生。 （2）铺设防渗布
3	柴油机运行	吵闹、扰民	（1）少用柴油机、推荐使用网电。 （2）把控好施工过程、杜绝井下复杂施工
4	固体废物处理	环境污染	（1）废弃物回收处理。 （2）工完料尽

第三章　工程现场通用及 HSE 管理要点

第一节　现场人员通用安全管理要求

一、现场人员取证要求

依据《中华人民共和国特种设备安全法》及相关规定，施工现场涉及特种作业人员应由原地方安全生产监督管理部门培训颁证，特种设备作业人员应由原地方质量技术监督部门培训颁证。

（1）依据原国家安监总局《特种作业人员安全技术培训考核管理规定》，以下特种作业人员应经地方原安全生产监督管理部门（现应急管理部门）培训颁证：

① 电工作业（高压和低压）。

② 焊接与热切割作业（主要为熔化焊接与热切割作业，不含《特种设备安全监察条例》规定的有关作业）。

③ 高处作业（在高处从事脚手架、跨越架设或拆除的作业）。

④ 危险化学品安全作业（主要为气瓶、油漆、酸碱液等仓储管理）。

（2）依据原国家质检总局《特种设备作业人员监督管理办法》《特种设备作业人员申请考核作业种类与项目》，以下特种设备作业人员应由原质量技术监督部门（现市场监督管理部门）培训颁证：

① 特种设备相关管理（A 系列）。

② 起重机械作业（Q 系列，流动式起重机作业、轮胎起重机等）。

③ 场（厂）内专用机动车辆作业（叉车司机）。

④ 特种设备焊接作业（有别于"第一条"特种作业中的焊接与热切割作业）。

（3）现场特种作业人员必须经地方原安全生产监督管理部门（现应急管理部门）培训考核合格，取得"特种作业操作证"，方可上岗作业，并按期复审，确保证件有效性。

二、焊工安全管理要求

（1）焊工入场应接受承包商组织的 QHSE 培训，参加承包商组织的内部培训，参加项目的安全技术交底，具备风险辨识能力。

（2）焊工必须按要求穿戴好符合专业防护要求的劳动防护用品，正确使用防护工具。

（3）电焊回路要接在焊件上，电焊把线外皮无破损，横穿道路应架空或加套穿越。电焊软线、地线不得随意乱拉，避免与钢丝绳、电线、氧气瓶、乙炔瓶（或现场乙炔发生器）、氧气和乙炔胶管等接触。

（4）启动电焊机应先合电源闸刀开关，后撤启动器启动按钮，停止时顺序相反（电焊机停后才能拉下闸刀）。严禁带负荷拉下开关，以免弧光烧伤。拉合闸刀应戴手套侧向操作。直流电焊机启动前应盘车检查，不得有卡阻。

（5）电焊机如有漏电现象应立即切断电源，通知电工修理。在焊接过程中突然发生停电，应立即拉下电源开关，以防发生意外事故。

（6）点焊时应避免弧光直射周围人员；多名焊工同时集中施焊时，焊工间要采取隔光措施（如设隔光板），防止弧光互射损伤眼睛。

（7）清除焊渣应戴防护眼镜，以防焊渣崩进眼睛。炭弧气刨尽量在塔器外壁上进行，并站在上风向工作，以便吹散有毒烟尘及铁渣。

（8）焊接过程中使用角向磨光机清理接头时，应带有防护镜，使用者应站在被清理工件的侧方，不能站在被清理点垂直方向。

三、电工安全管理要求

（1）电工入场应接受承包商组织的 QHSE 培训，参加承包商组织的内部培训，参加项目的安全技术交底，具备风险辨识能力。

（2）电工必须持证上岗。

（3）作业前要穿戴劳保用品，施工现场必须戴安全帽，高空作业必须戴安全带。

（4）临时用电必须办理"临时用电票"，并在其他电工监护下作业。

（5）所有绝缘安全用具、检查工具，应妥善保管，严禁他用，并定期校验。

（6）线路上禁止带负荷接电或断电，并禁止带电操作。任何电气设备、线路在未查明无电以前，一律视为有电。

（7）电气设备及导线的绝缘部分如有破损或带电部分外露时不得使用。在运行中出现异常时应切断电源进行检修，严禁带故障运行。

（8）在地面、井架的工作面上，应使用橡胶绝缘电缆。遇棱角处应使用绝缘套管保护。一般绝缘导线禁止在地面、钢结构框架、脚手架及其他工作面上拖拉。

（9）移动式电气设备应使用橡胶绝缘、橡胶护套的电缆。

（10）检修电气设备及线路时，应切断电源，并在刀闸开关上悬挂"有人工作，严禁合闸"的禁示牌。

（11）恢复送电时，应按先高压、后低压，先隔离开关、后主开关的顺序。

（12）有人触电，应立即切断电源，或用干木棍挑开电源线，或站在干木板或木凳上拉住触电者的干衣服，使其脱离电源，严禁赤手接触触电者的肢体；在触电者脱离电源后应立即就地抢救或送往医院进行急救。

（13）电气着火应将有关电源切断，用泡沫灭火器或干砂灭火。

四、吊车操作手安全管理要求

（1）进入施工现场必须戴合格安全帽，穿好个体防护用品。

（2）施工人员需接受安全技术交底，施工过程中设专职安全人员，要切实负责，对违反安全生产的操作者有权停止其工作；特种作业人员应持证上岗。

（3）吊车操作手按照信号工的指挥操作吊车。吊车操作手在吊卸设备时，待挂钩工挂好绳索后，听信号工指挥，方能起吊。

（4）吊车操作手作业时要避开在有安全隐患（如上方有电线）的地方支设吊车。

（5）吊车手操作时吊车旋转半径内禁止站人。

五、安全员安全管理要求

（1）负责参加 QHSE 活动和会议。

（2）负责 QHSE 文件的收集整理，并传达落实文件内容。

（3）负责按规定进行工作前岗位巡回检查，发现隐患及时处理，不能整改的立即向值班干部进行报告。

（4）负责对外来人员进行属地风险提示，告知对方相应的风险削减措施。

（5）负责安全作业规程的落实，发现问题及时纠正。

（6）负责基层 QHSE 自我培训的实施。

（7）负责开展危害因素识别，并制订具体的监控措施。

（8）负责现场安全带、逃生器、气体检测仪、正压式空气呼吸器、空气压缩机、洗眼器及应急药品等 QHSE 设备设施的日常检查、保养和维护。

（9）负责消防器材的配备和检查，对现场消防进行安全管理。

（10）负责检查现场电路的安装和用电设备的安全用电。

（11）负责工作前安全分析、工作循环分析、行为安全观察与沟通、上锁挂签、经验分享、目视化和属地管理等风险管控工具的应用。

（12）负责 QHSE 资料的建立、填写、整理和保存，主要有本岗位巡回检查表、QHSE 目标指标完成情况统计表、受控文件明细表、规章性公文目录、管理明细表、收支记录、安全防护器具台账、逃生器试滑记录、吊索具管理台账、相关方联席会议记录、消防器台账、危险化学品台账，外来人员入场提示，劳保用品发放台账、安全经验分享记录的填写。

六、钻井工程师安全管理要求

（1）履行属地管理责任，执行钻井设计、技术指令和有关规定，及时制止、纠正、处罚"三违"行为。

（2）负责作业现场井控安全工作，负责井控装置现场验收，督促井控装备的标准化安装、试压和维护保养工作。

（3）在制订施工作业技术措施的同时，制订安全防范措施并进行技术交底。

（4）掌握分析井下复杂情况，提出技术措施及安全措施，并监督实施。

（5）对员工进行工程技术、安全知识的培训，负责技术练兵和考核。

（6）对值班室（工程班报表）、远程控制台、井口装置、节流管汇、压井管汇、节流控制箱、死绳固定器、循环系统、固控系统、钻井泵房、绞车、防碰天车、钻井操作台或司钻操作室、指重表、记录仪、传感器、钻头、钻具止回阀、井场（钻具、接头、备用工具）等进行巡回检查并记录。

七、钻井液大班安全管理要求

（1）履行属地管理责任，执行钻井设计中的钻井液设计、技术指令和有关规定。及时制止、纠正"三违"行为。

（2）对钻井液进行技术管理，制订并实施钻井液技术方案并进行技术交底。

（3）负责危险化学品的管理，收集、核实并保存化学品安全技术说明书，组织相关培训。

（4）对值班室、钻井液室（测试仪器、记录）、钻井液材料房（加重剂、处理剂、药品）、加重系统、钻井液储备系统、净化系统（除泥器、除砂器、除气器、搅拌器、离心机）、电源开关、补偿器等进行巡回检查并记录。

八、大班司钻安全管理要求

（1）履行属地管理责任、负责钻井设备的检修、维护保养及安全检查，带领员工整改设备隐患。

（2）指导员工执行操作规程，及时制止、纠正违章行为。

（3）进行班前安全提示、班后安全讲评。

（4）对值班室（钻井设备运转报表）、远程控制台、井口装置、节流管汇、压井管汇、死绳固定器、绞车、刹车系统、顶驱、防碰天车、循环系统、固控系统、钻井泵房（保险阀、高压管汇）、井场（消防器材、防毒器材）等进行巡回检查并记录。

九、大班司机安全管理要求

（1）履行属地管理责任，负责对动力设备进行检修、维护保养及安全检查，带领员工整改设备隐患。

（2）指导员工执行操作规程，及时制止纠正违章行为。

（3）进行班前安全提示、班后安全讲评。

（4）对值班室（动力设备运转报表）、柴油机、液力变矩器、传动箱、总离合器、电（自）动压风机、气瓶组、电器开关、锅炉房、油品房、发电房、储油罐及附属设施等进行巡回检查和记录。

十、司钻安全管理要求

（1）履行属地管理责任，作为班组安全责任人负责班组安全工作。

（2）组织开展班组安全活动，召开班前、班后会；安排各岗位对所负责设备的检查、保养工作。

（3）执行班组作业计划和安全技术措施，遵守操作规程，及时制止、纠正违章行为；确保人身、井下和设备安全。

（4）组织班组安全检查，带领员工整改安全隐患。

（5）对值班室、死绳固定器、立管、防碰天车、绞车、快绳头、刹车系统、气路、司钻操作台或司钻操作室（司钻井控台、节流控制箱）、钻井参数仪表及各种记录仪、出入井钻头、接头、钻具止回阀等进行检查并记录。

十一、副司钻安全管理要求

（1）履行属地管理责任，协助司钻做好班组安全工作。

（2）参加班组安全活动，提出安全措施，督促检查措施落实情况。

（3）对新员工进行班组级岗位安全教育，指导员工执行安全操作规程，及时制止、纠正违章行为；负责本岗位安全操作。

（4）参加班组安全检查，负责本岗位设备管理、维护、保养；带领员工整改安全隐患。

（5）对值班室、远程控制台、井口装置、节流管汇、压井管汇、钻井泵房（运转情况、保险阀、备用件工具、充氮压风机）、高压管汇、循环系统、钻井液池液面等进行巡回检查并记录。

十二、井架工安全管理要求

（1）履行属地管理责任，执行操作规程，负责本岗位安全操作。

（2）负责本岗位设备管理、维护、保养及隐患整改工作。

（3）对值班室循环系统（除气器、除砂器、除泥器、离心机、电源开关、补偿器）、井架（井架底座、架灯、扶梯、立管、二层台、顶驱、防碰天车）、节流控制箱、提升系统（天车、游车、大钩、水龙头）、井架绷绳、防坠落装置、紧急逃生装置等进行巡回检查并记录。

十三、外钳工安全管理要求

（1）履行属地管理责任，执行操作规程，负责本岗位的安全操作。

（2）负责本岗位设备管理、维护、保养及隐患整改工作。

（3）对值班室、钻台、井口工具（吊钳、液气大钳、卡瓦、安全卡瓦、钻具止回阀）、提升短节、防喷盒、钻头盒、工具箱、全部绳索、备用附件、螺纹脂、清洁泵等进行巡回检查并记录。

十四、内钳工安全管理要求

（1）履行属地管理责任，执行操作规程，负责本岗位的安全操作。

（2）负责本岗位设备管理维护、保养及隐患整改工作。

（3）对值班室、刹车系统、水柜、水泵、绞车、转盘、气动绞车、钻台下设备（死绳固定器、转盘大梁、绞车底座、大门坡道及绷绳、钻台底座）、井口装置、四通阀门、节流压井管汇、液气分离器等进行巡回检查并记录。

十五、修井队长安全管理要求

（1）负责组织队员签订"QHSE 责任状"及实行 QHSE 承诺，监督岗位员工落实各自的QHSE 责任。

（2）负责落实危险作业许可审批与监控措施。

（3）负责组织每月召开 QHSE 活动和会议，及时传达和落实上级 QHSE 会议精神，解决 QHSE 工作中的有关问题。

（4）负责贯彻落实"反违章禁令""保命条款"中的各项规定，对违章行为进行查处。

（5）负责组织员工开展危害因素识别与评估活动，并针对每个危害因素，制订风险削减与控制措施。

（6）审批施工井 QHSE 工作计划书，并在井场搬迁前组织全员进行 QHSE 工作交底。

（7）负责落实"岗位两书一表""作业许可项目清单""违章行为清单"、QHSE 体系文件及 QHSE 规章性公文。

（8）负责落实井控管理制度和生产工艺技术规程。

（9）负责年度培训计划要求，组织开展 QHSE 基层自我培训，定期检查员工自学情况，定期组织员工能力评价，督促导师带徒合同的有效实施。

（10）负责在安排生产任务的同时，安排生产作业过程中的 QHSE 工作，提出作业过程中可能出现的各种具体风险及防范措施。

（11）负责相关方管理，落实相关方 QHSE 协议，有两个及以上单位配合作业时，组织召开相关单位施工作业联席会，明确各方安全责任。

（12）负责每周组织 QHSE 检查，及时整改或上报各类隐患问题，不能整改的及时向上级汇报，在隐患未彻底整改前，制订好削减与控制措施。

（13）负责施工现场废油、废水、废弃钻井液及固体废弃物的环保管理。

（14）负责监督和执行持证上岗、劳保着装的有关规定。

（15）负责落实员工职业健康体检工作的落实。

（16）负责定期组织开展设备设施隐患排查评估，维护保养及时组织整改设备隐患。

（17）负责组织开展工作前安全分析、工作循环分析、作业许可、安全经验分享、安全行为观察与沟通、目视化管理及上锁挂签等风险管控工具的应用。

（18）负责落实作业现场的消防安全管理。

（19）负责定期组织开展应急演练，确保应急设备设施、物资处于完好状态。

（20）负责及时、如实上报事故、事件和违章行为，研究分析产生事故、事件和违章的原因，制订具体纠正预防措施，督促落实。

（21）负责在计划、布置、检查、总结、评比生产经营工作的同时，计划、布置、检查、总结、评比 QHSE 工作。

十六、修井技术员安全管理要求

（1）负责贯彻落实有关 QHSE 的法律、法规和上级有关 QHSE 的规章制度。

（2）负责井控管理制度、生产工艺技术规程及井控培训的组织实施。

（3）负责依据施工设计，开展危害识别，制订风险削减控制措施，并组织演练。

（4）负责施工设计交底和施工作业中的 QHSE 技术措施落实监督。

（5）负责工作前安全分析、工作循环分析、行为安全观察与沟通、上锁挂签、目视化和属地管理等风险管控工具的应用。

（6）协助上级主管部门制订新工艺、新技术及技术指令变更过程中的风险识别及 QHSE 措施，并组织落实。

（7）负责员工工艺技术规程培训的落实。

（8）负责执行持证上岗和劳保着装的有关规定。

（9）负责落实作业现场的消防安全管理。

（10）负责井控资料的建立、填写和管理。

十七、修井大班司机安全管理要求

（1）负责修井设备的检修、维护保养及安全检查，整改设备隐患。

（2）负责操作手设备操作、保养知识的培训，指导操作手执行安全操作规程。

（3）负责落实工作前安全分析、工作循环分析、目视化、上锁挂签等风险管控工具、方法的应用，落实风险削减控制措施。

（4）负责在井期间参加班前会，进行设备安全提示。

（5）负责参与作业现场的危害因素识别与评价。

（6）负责设备维修保养过程中废油、废水及固体废弃物的环保管理。

（7）负责执行持证上岗和劳保着装的有关规定。

（8）负责所管辖工作场所达到安全作业要求，并对个人人身安全、交通、消防安全负责。

十八、修井井架工安全管理要求

（1）参加班组安全活动和班前、班后会。

（2）负责工作前安全分析、上锁挂签、目视化和属地管理等风险管控工具在本岗位的落实。

（3）负责按规定进行交接班检查和岗位巡回检查，发现隐患及时处理，不能整改的立即向班长或值班干部进行报告。

（4）参与危险作业、特殊作业前安全分析、风险识别，执行风险削减措施。

（5）负责本岗位属地设备井架及井绳、游动系统等设备设施的维护保养，掌握属地危害因素、防控措施。

（6）负责本岗位涉及的直梯攀爬保护器、二层台逃生器等安全设施的检查、维护、保养。

（7）负责对外来人员进行风险提示，告知对方相应的风险削减措施。

（8）参加 QHSE 培训与教育。

（9）负责所管辖工作场所达到安全作业要求，并对个人和他人的人身安全负责。

（10）积极参加本队组织的各项应急教育和演练，负责在发生事故、事件时，执行应急处置预案，保护现场并立即报告。

（11）负责执行持证上岗和劳保着装的有关规定。

十九、修井外钳工安全管理要求

（1）参加班组安全活动和班前、班后会。

（2）负责工作前安全分析、上锁挂签、目视化和属地管理等风险管控工具在本岗位的落实。

（3）负责按规定进行交接班检查和岗位巡回检查，发现隐患及时处理，不能整改的立即向值班干部进行报告。

（4）负责参与危险作业、特殊作业前安全分析、风险识别，执行风险削减措施。

（5）负责属地液压钳、大钳设备、工具的维护保养，掌握属地危害因素、防控措施和事故事件应急处置措施。

（6）负责对外来人员进行属地风险提示，告知对方相应的风险削减措施。

（7）参加 QHSE 培训与教育。

（8）负责所管辖工作场所达到安全作业要求，并对个人和他人的人身安全负责。

（9）负责执行持证上岗和劳保着装的有关规定。

（10）积极参加本队组织的各项应急教育和演练，负责在发生事故、事件时，执行应急处置预案保护现场并立即报告。

二十、修井内钳工安全管理要求

（1）参加班组安全活动和班前、班后会。

（2）负责工作前安全分析、上锁挂签、目视化和属地管理等风险管控工具在本岗位的落实。

（3）负责按规定进行交接班检查和岗位巡回检查，发现隐患及时处理，不能整改的立即向值班干部进行报告。

（4）负责参与危险作业、特殊作业前安全分析、风险识别，执行风险削减措施。

（5）负责属地内防喷工具、吊钩、吊环等设备、工具的维护保养，掌握属地危害因素、防控措施和事故事件应急处置措施。

（6）负责本岗位涉及安全设施的检查、维护、保养。

（7）负责对外来人员进行属地风险提示，告知对方相应的风险削减措施。

（8）参加 QHSE 培训与教育。

（9）负责所管辖工作场所达到安全作业要求，并对个人和他人的人身安全负责。

（10）积极参加本队组织的各项应急教育和演练，负责在发生事故、事件时，执行应急处置预案，保护现场并立即报告。

（11）负责执行持证上岗和劳保着装的有关规定。

第二节　常用工器具安全使用要求

一、手持电动工具安全使用要求

（1）施工现场使用的所有手持电动工具，必须加装漏电保护器，以防触电伤人。非专业电气工作人员，严禁在施工现场架设线路，安装灯具、手持电动工具等作业。

（2）使用移动式电动工具前，一定要确保该工具处于良好状态，查看是否有过热现象、减速现象和不正常运行噪声，检查接零、接地是否符合要求，检查电缆绝缘和连接装置是否正常完好，如对该工具的安全性有怀疑，及时报告有关人员。

（3）电缆应远离水、油、高温和锋利边缘物体。通过出入口的电缆可能被切断或绊倒他人，任何情况下应尽可能将电缆架高敷设。

（4）使用电动工具时必须穿戴合适的眼、耳防护器具。

（5）储存工具、手灯、电缆和软管等物品必须保持安全、整齐摆放，严禁用电缆拽拉或提起动力工具，严禁改变、替代或妨碍工具的设计性能。

二、手动工器具安全使用要求

（1）按所设计的用途使用工器具。

（2）保持手动工器具处于良好工作状态——锋利、干净、润滑、磨光等。

（3）对于专门用作锤击的工器具（凿子、星形钻等），应将蘑菇状飞边打磨掉，避免碎片飞溅。

（4）不可超出工器具的设计承受能力使用工器具。

（5）未经许可不可使用加力棒和自制工器具。

（6）凿子使用时必须使用手部保护装置或夹具以避免伤害到手。

（7）锤头必须有木楔或者用螺钉拧紧。

（8）使用刀具剥线时必须戴防割手套。

（9）当使用凿子或类似工器具打桩或楔时，应有工器具手柄。

（10）不可把有尖头的工器具直接装入口袋。

三、便携式打磨机安全使用要求

（1）转角头或垂直式打磨机的保护罩最大有180°的非保护范围，使用时应置保护罩于砂轮与操作者之间，人员不应站在保护罩保护不到的区域。

（2）砂轮额定转速应高于带动它的马达的转速。

（3）打磨机在保护罩到位情况下，达到全速后方可投入使用。

（4）打磨机的支撑架不应与砂轮接触且至少保持3mm的间距。

（5）在砂轮转动过程中，不可调整支撑架的位置。

四、千斤顶安全使用要求

（1）使用千斤顶时，应放置在平稳的表面。如果放置的表面不够稳固或千斤顶顶盖可能滑动，应锁紧千斤顶底座。

（2）应将千斤顶的最大承载质量标识在其醒目位置，使用时不得超过最大承载量。

（3）定期润滑千斤顶，每次使用前检查千斤顶的状况及其零配件的完好性，每6个月对其进行全面检查。

五、砂轮切割机安全使用要求

（1）砂轮旋转方向尽量避开附近的工作人员，被切割的料不得伸入人行道。

（2）不允许在有爆炸粉尘的场所使用此设备。

（3）在更换砂轮片时，必须切断电源，不允许使用有缺损的砂轮片。

（4）传动装置和砂轮的防护罩必须安全可靠，并能挡住砂轮破碎后飞出的碎片。

（5）严禁在砂轮的侧面磨削物料，以防砂轮片碎裂伤人。

（6）操作人员在进行切割工作时，用力应均匀、平稳，切勿用力过猛，防止砂轮片碎裂伤人。

（7）使用完毕，应切断电源，将砂轮切割机整理好，放回指定地点。

六、链条葫芦安全使用要求

（1）现场使用的链条葫芦严格执行进场报验管理要求，相关质量证明、检定等资料齐全。

（2）对用过的、旧的链条葫芦，使用前应做详细检查，如吊钩、链条等是否完好，起重链根部销子是否合乎要求，传动部分是否灵活，起重链是否错扭，自锁是否有效，各部件是否有裂纹、变形，严重磨损等。

（3）使用时如发生卡链，应将重物垫好后，方可检修。

（4）链条葫芦在任何方向作用时，手拉链的方向应与链轮的方向一致，拉链条时用力要均匀，不得突然猛拉。

（5）操作时，葫芦下方不得站人。

（6）严禁超负荷使用。操作中应根据葫芦起重能力的大小决定拉链的人数，一般起重能力在 5t 以下的允许 1 人拉链，5t 以上的允许两人拉链，拉不动时要查明原因，以防物体卡阻或机件失灵发生事故。

（7）吊物如需要高处停留一段时间，应将手扳链牢固地拴在起重链上进行保险，并要有安全绳，以防自锁失灵。

（8）链条葫芦不得用于高处寄存重物或设备。

（9）链条的链环截面直径磨损达 15% 以上严禁继续使用。

（10）切勿将润滑油渗入摩擦片内，以防自锁失效。

七、钻井机安全操作要求

（1）安装钻机前，应掌握勘探资料，并确认地质条件符合该钻机的要求，地下无埋设物，作业范用内无障碍物，施工现场与架空输电线路的安全距离符合要求。

（2）钻机安装场地应平整、夯实，能承载该钻机的工作压力；当地基不良时，钻机下应加铺钢板防护。

（3）安装钻机时，应在专业技术人员指挥下进行。安装人员必须经过培训，熟悉安装工艺及指挥信号，并有保证安全的技术措施。

（4）与钻机相匹配的起重机，应根据成桩时所需的高度和起重量进行选择。当钻机与起重机连接时，各个部位的连接均应牢固可靠。钻机与动力装置的液压油管和电缆线应按出厂说明书规定连接。

（5）引入机组的照明电源，应安装低压变压器，电压不应超过 36V。

（6）作业前应进行外观检查并应符合下列要求：

① 钻机各部外观良好，各连接螺栓无松动。

② 燃油、润滑油、液压油、冷却水等符合规定，无渗漏现象。

③ 各部钢丝绳无损坏和锈蚀，连接正确。

④ 各卷扬机的离合器、制动器无异常现象，液压装置工作有效。

⑤ 套管和浇注管内侧无明显的变形和损伤，未被混凝土黏结。

（7）通过检查确认无误后，方可启动内燃机，并怠速运转逐步加速至额定转速，按照指定的桩位对位，通过试调，使钻机纵横向达到水平、位正，再进行作业。

（8）机组人员应监视各仪表指示数据。倾听运转声响，发现异状或异响，应立即停机处理。

（9）第一节套管入土后，应随时调整套管的垂直度。当套管入土深度超过 5m 时，不得强行纠偏。

（10）在作业过程中，当发现主机在地面及液压支撑处下沉时，应立即停机。在采用30mm 厚钢板或路基箱扩大托承面、减小接地应力等措施后，方可继续作业。

（11）在套管内挖掘土层中，碰到坚硬土岩和风化岩硬层时，不得用锤式抓斗冲击硬层，应采用十字凿锤将硬层有效地破碎后，方可继续挖掘。

（12）用锤式抓斗挖掘管内土层时，应在套管上加装保护套管接头的喇叭口。

（13）套管在对接时，接头螺栓应按出厂说明书规定的扭矩，对称拧紧。接头螺栓拆下时，应立即洗净后浸入油中。

（14）起吊套管时，应使用专用工具吊装，不得用卡环直接吊在螺纹孔内，亦不得使用其他损坏套管螺纹的起吊方法。

（15）挖掘过程中，应保持套管的摆动。当发现套管不能摆动时，应拔出液压缸将套管上提，再用起重机助拔，直至拔起部分套管能摆动为止。

（16）浇注混凝土时，钻机操作应和灌注作业密切配合，应根据孔深、桩长适当配管，套管与浇注管保持同心，在浇注管埋入混凝土 2~4m 时，应同步拔管和拆管，并应确保浇注成桩质量。

（17）作业后，应就地清除机体、锤式抓斗及套管等外表的混凝土和泥砂，将机架放回行走的原位，将机组转移至安全场所。

八、高压清洗机安全操作要求

（1）清洗喷枪不准对向人，不准用喷枪直接对自己或他人以清洗衣服或鞋靴，不准用喷枪喷射电路、电器及高温部位。

（2）清洗机运转时喷枪扳机阀关闭时间不得超过 30s，以免机内温度过高而降低清洗机有关零件的使用寿命。

（3）操作高压清洗设备时必须穿戴好防护用品。

（4）使用过程中出现异常时，应停机、断电并上锁挂签，检查排除故障。

（5）严禁用湿手"插"或"拔"电源线插头及用拖拉电源线的方法来拔插头。

（6）严禁泵内无油或未接通水源时开机运转。

（7）严禁使用拖拽电源线或水管线的方式移动清洗机。

（8）操作者必须熟悉设备的一般结构和性能，严禁超性能使用设备。

（9）操作者不可违反使用手册所列各项要求与规定。

（10）严禁在高压清洗机工作时移动高压清洗机，移动高压清洗机时必须在主电源断电后将控制面板主开关切换到"停"的位置后进行。

（11）将高压清洗管盘起，收好，避免折弯。

（12）当扣动清洗喷枪扳机无水喷出时，严禁人员凑近清洗喷枪进行处理。

（13）将高压清洗机存放在干净干燥的地方，并确保高压清洗管及主电源电线不受损坏。

九、修井机安全操作要求

（1）驾驶人员必须熟悉本机说明书，按发动机说明书及本机说明书的规定进行使用维护和保养。

（2）行车时，切勿忘记松开手制动，气压低于 0.5MPa 时，切勿行车。否则，将造成起步困难和制动器的过快损坏。

（3）随时观看仪表读数及倾听各部位运转情况是否正常，如有异常及时处理。

（4）行驶转弯时必须减速，禁止急转弯和急刹车，避免车在斜坡上转向。

（5）严禁在发动机熄火时下坡、转向，以免刹车及转向失灵，发生事故。

（6）坡道停车除使用手刹车外，车轮要用三角木垫好。

（7）修井作业及行走时，所有液缸操纵杆一定回中位。否则，将引起液路系统发热、液路系统元件过早损坏。

（8）大钩与井口没对正，井架绷绳没完全绷好之前，严禁起下作业。

（9）行驶和作业时，发动机水温不得超过95℃，变矩器油温不得超过110℃。

（10）修井作业过程中，如果发现千斤或井架底座下沉、绷绳松动等不安全因素要及时采取措施，重新调整。

（11）作业时应根据负荷情况及时换挡，不允许超负荷和过低速度较长时间运转；下放负荷时，应使用刹车把控制下降速度，以不超过2m/s为宜，不允许使用倒挡下放重物。

（12）修井机不得近火停靠。

（13）冬季作业停机时不要忘记给发动机放水。

（14）严禁两人同时转动方向盘。

（15）转向器在使用中如发现转向沉重或失灵时，应首先查找原因，不可用力硬扳方向盘，更不要轻易拆开转向器，以防止零件被损坏。

十、注气泵安全操作要求

（1）开机前需检查气泵皮带及防护网，阀门开关是否正常连接，每星期至少排放一次气罐中的水分。

（2）确认气泵周围无隐患时方可合闸开机，并检查气压是否正常，当大于10kPa时自动停机，否则及时检修。

（3）开机前检查一切防护装置和安全附件应处于完好状态，否则不准启动设备。

（4）压力表每年校验一次，储气罐、导管接头外部检查每年一次，内部检查每三年一次，并要做好详细记录。在储气罐上注明工作压力、下次试验日期。

（5）安全阀需每月做一次自动启动试验，每六个月校正一次，并加铅封。

（6）当检查修理时，应注意避免木屑、铁屑、拭布等掉入气缸、储气罐及导管里。

（7）机器在运转中或设备有压力的情况下，不得进行任何修理工作。

（8）经常注意压力表指针的变化，禁止超过规定的压力。

（9）注意机器运转的稳定性，发现有异常振动、响声或温度过高等异常状况，应立即停机检查，严禁用冷水降温等方式处理问题。

（10）非指定操作人员，不得操作设备，因为工作需要，必须经部门领导同意。

（11）机房内不准放置易燃易爆物品。

十一、锅炉给水泵安全操作要求

（1）操作人员必须取得资格证，持证上岗。

（2）操作人员了解给水泵一般构造和管路的走向、各阀门的用途。

（3）严格执行交接班制度和巡检制度。

（4）启动和停止操作应两人进行，一人在给水泵处，一人在操作柜处。

（5）启动前，首先检查软水池水位是否正常。

（6）到达给水泵处，首先将"应急"开关打在停位，方可进行下一步检查。

（7）检查各紧固件及连轴护罩，应齐全、紧固、完好。

（8）检查冷却水阀门完好，进水阀门在关位。

（9）手动盘泵 2~3 圈，应灵活无卡阻。

（10）打开进水阀门和冷却水阀门，确认进水正常，可将"应急"开关打在"合"位，发出可以启泵信号。

（11）操作室人员观察，控制柜上"水源"灯亮后，进行以下检查。

（12）确认"手动/自动"开关在"停"位，操作柜主开关在闭合位。

（13）仪表指示正常，电源电压在规定范围内。

（14）发出启动信号后，水泵处的操作人员应站在"应急"开关处，发现异常应迅速扳动"应急"开关，可及时解除启动过程。

（15）设备启动后，观察电流表应慢慢升至额定电流，无异常。

（16）打开出水阀门，调节阀门，观察压力表达到规定范围内，出口压力为 1.2MPa 左右。

（17）调节冷却水阀门，使冷却水流量合适。

（18）听泵和电动机有无异常声音，手摸电动机和水泵温度是否异常，观察水泵的机械密封是否有漏油现象。

（19）检查完毕，确认正常，方可与操作室的操作员联系，确认设备正常运行。

（20）详细填写记录，每隔 1h，应巡查一次设备运行情况，填入运行日志。

（21）水泵机械密封，不得缺水运行。

（22）定期检查联轴器部件，不得带病运行。

（23）电气设备应每月紧固、清灰，防止过热。

（24）压力传感器应定期检验，保证准确。

（25）备用设备必须保证在完好状态。

（26）检修时，严禁闭合变频器电路摇测绝缘，检查。

（27）操作员班前禁止喝酒，接班后不得睡岗、脱岗、串岗。

（28）启动设备时，两人要做好联系，专心操作，确保无误。

（29）不得随意变更变频器和面板控制器的设定值。

（30）搞好设备和场地卫生，工具、备件齐全，清点清楚。

十二、离心泵安全操作要求

（1）启机前准备工作：检查离心泵和电动机是否完好备用，轴承润滑油脂是否合乎要求，油盒油位是否合适，各部位的螺栓是否松动、缺少，盘泵 3~5 圈，看转动是否灵活自如，泵内有无杂音，检查联轴器有无偏磨，是否紧固。

（2）启机前检查各阀门：泵进口阀门是否全部打开，平衡管阀门、平衡管压力阀门是否打开，将泵轴承、密封盒的冷却水阀门打开，并控制好流量，检查泵出口阀门是否关闭，泵回流阀门是否关闭，打开泵出口放空阀门，将泵内空气放净，随后立即关闭。

（3）启动前泵工、电工（高压离心泵）必须联系配合好，并让其他人员注意安全，以免发生危险。

（4）按下启动按钮，注意电流变化情况。

（5）观察泵压升至泵最大压力时的情况，将出口阀门慢慢打开，保持泵压平稳。

（6）启动后，必须按照听、看、摸、想、闻的方法，对机泵进行全面检查，如发现异常情况，立即停泵检查并排除。

（7）按启动前的检查和启动操作步骤启动备用泵。

（8）待备用泵启动后，慢关应停泵阀门，同时慢开备用泵出口阀门，使干线压力波动控制在规定范围以内，按要求停应停阀门。

（9）巡回检查时应检查泵供液、润滑油液面是否合适；检查冷却水情况，水压要求在规定范围内；检查调整密封填料漏失量是否在规定范围内，密封盒的温度不得超过70℃；各仪表指示是否正常；检查各部管路阀门是否有漏失现象，特别注意吸入管路不准进气，以免影响泵正常工作；滑动轴承温度不得超过70℃，滚动轴承温度不得超过80℃；检查机泵振动不超标准；流量计投入运行，观察其流量。

十三、稀油站安全操作规程

（1）检查各部分夹紧螺栓以及螺纹接头等部位，需要全部紧固一遍。

（2）按系统工作压力及工作油温将压力控制器的动作压力及电接点温度表的动作温度调节到相应位置，打开稀油站的相应油、水阀门和压力表开关。

（3）将双筒网式过滤器换向阀手柄扳到一个过滤筒工作的位置上，检查板式换热器夹紧螺栓，如松动，则需紧固。

（4）根据系统要求的工作油温，先开启油用电加热器将油加热。

（5）在主机工作前，先开启工作油泵，使系统达到工作压力后，再启动主机，投入工作，主机停止后，再停油泵。

（6）稀油站工作中，如因油压、油温、油位处于自控位置时，则有相应的信号灯亮，同时有喇叭音响报警，这时，先按清除报警按钮，再按信号灯显示部位采取措施。

（7）稀油站在工作中应及时视察仪表盘上的供油和滤后压力，当压差超过0.15MPa时，应立即扳动换向阀手柄，停止工作筒，使备用筒工作、取出工作筒进行清洗。

（8）齿轮油泵轴端密封圈要经常检视，如有泄漏现象或损坏时应立即更换。

（9）板式换热器的板片要定期擦洗（6个月一次），并更换密封橡胶垫。

（10）双筒网或过滤器每3个月拆洗一次，清除内部淤存污垢，并根据密封圈状况予以更换。

（11）磁过滤器每3个月清洗一次。

（12）注意检视油箱最低油位处，如发现有水，则应打开油箱下部两个阀门将水放出。

第三节　通用及主体设备机具安全管控要点

一、轮式起重机安全操作要求

（一）使用、操作要求

（1）车辆在行驶时，必须严格执行汽车司机的安全要求。

（2）必须将车辆停放在平整坚实的地面上，两侧支腿必须全部打开，垫平稳牢，使车辆保持水平状态。

（3）作业时必须有专人指挥，服从指挥，听清、看明指挥人员发出的指令，与指挥人员联系确认好，做好呼唤应答，严禁随意启动。

（4）起吊前，必须鸣笛示警，吊卸时，注意观察瞭望，缓慢起钩、下落及回转。

（5）作业前应先试吊，将重物吊离地面 50～100mm 后检查制动器是否可靠，使钢丝绳受力均匀，确认正常后，方可吊运。

（6）吊运物件时，吊钩必须对准物件的重心。

（7）严禁将钩头倒在被吊物件上，防止钩头钢丝绳脱槽。

（8）同一作业现场的两台吊车共同作业时，两车必须保持足够的安全距离，每台车的起重量必须在规定范围内，统一指挥，统一操作，步调一致。

（9）吊运物件时，如遇到起升制动器突然失灵，应立即发出信号，通知下面人员离开，并迅速将控制器反复动作（起落）、开动旋转选择安全地把吊物落下，不准自动降落。

（10）起、落钩、旋转时不能启动太猛，合理使用，不开飞车。

（11）不准利用极限停车。不允许逆转停车，特殊情况下反转停车时，控制器只能放在第一级。

（12）运行时，禁止大钩（或小钩）、回转同时开动，各种控制开关禁止突然反向扳动。

（13）工作时，臂架、吊具、钢绳、重物等与输电线最小距离必须符合规定。

（14）起吊拆卸设备时，必须待连续的两个部件完全脱离后方可起吊。

（15）吊卸长、大物件时，物件两侧必须拴绑拖拉绳。

（16）作业结束后，必须将起重臂回收、回位，切断起重机构的动力，并关好门窗上锁。

（二）安全操作要求

（1）开车或起吊时，必须响铃发出信号，严格执行"十不吊"规定。

（2）作业过程中，司机的手不准离开操作手柄，禁止司机擅自离开岗位。

（3）禁止在有转动部位附近做检修及检查、清扫、加油等工作。

（4）空载运行时，吊钩与地面距离必须保持 2.5m 以上。

（5）吊起重物后，禁止从作业人员和设备上通过。

（6）禁止将物件放在设备、工件等物体上，落物时，必须将物件放稳后，方可卸钩。

（7）若重物吊在空中，司机不准离开驾驶室，禁止在空中长时间停留。

（8）吊车作业时，任何人发出停车信号，均要立即停车，吊车停车作业时，吊钩上禁止悬挂重物，并将吊钩接近极限位置。

（9）风力超过六级以上及大雨、大雾等恶劣天气，禁止作业。

（10）禁止吊运各种压力气瓶，特殊情况下必须将压力瓶放在专设的吊具内方可吊运。

（11）禁止吊运易燃易爆等物品。

（12）被吊物件没有停稳时，禁止装卸吊物。

（13）吊车上一切安全装置不准任意拆卸和移动。

（14）运行时，禁止载人，禁止吊运人员。

（15）禁止任何人站在吊物上或扶靠起吊物，禁止在起吊物件下作业或停留，禁止吊物行走。

（16）禁止超负荷吊卸重物，禁止起吊埋在地下或冰冻中的物件。

（17）禁止任何人进入吊车作业旋转半径内，禁止站在车辆平台上或起重臂下指挥作业。

（18）车辆行驶时，禁止任何人乘坐在平台内或驾驶室内。

（19）禁止未经专业培训教育取得特种作业资格的人员操作吊车。

二、空气压缩机安全操作要求

（1）空气压缩机操作人员必须经过专门培训，熟悉空气压缩机的特性、操作及安全要求，经考试合格取得操作资格证后方可操作空气压缩机。

（2）操作人员按规定穿戴劳动防护用品，衣袖、衣角应扎紧，女工必须将长头发塞入工作帽内。

（3）空气压缩机作业区应保持清洁和干燥；距采气处和储气罐15m内不准有易燃易爆物品，也不准进行焊接或热加工作业。

（4）储气罐和输气管路每3年应做水压试验1次，试验压力应为额定压力的150%；压力表和安全阀应每年至少校验一次。

（5）各连接部位紧固，各运动机构及各部阀门开闭灵活；各防护装置齐全良好，电动空气压缩机的电动机及启动器外壳接地良好，接地电阻不大于4Ω。

（6）空气压缩机应在无载荷状态下启动，启动后低速空运转，检查各仪表指示值符合要求，运转正常后，逐步进入载荷运转。

（7）空气压缩机的进排气管较长时，应加以固定，管路不得有急弯，以减少输气阻力；为防止金属管路因热胀冷缩而变形，对较长管路应设伸缩变形装置。

（8）输气胶管应保持畅通，不得扭曲；开启送气阀前，应将输气管道连接好，并通知现场有关人员后方可送气；在出气口前方，不准有人工作或逗留。

（9）作业中储气罐内压力不得超过铭牌额定压力，安全阀应灵敏有效；进、排气阀，轴承及各部件应无异响或过热现象。

（10）空气压缩机运转过程中，操作人员不准离开岗位；当发现下列情况之一时应立即停机检查，找出原因并排除故障后，方可继续作业：

① 漏水、漏气、漏电或冷却水突然中断。

② 压力表、温度表、电流表指示值超过规定。

③ 排气压力突然升高，排气阀、安全阀失效。

④ 机械有异响声或电动机电刷发生强烈火花。

（11）运转中，因缺水而使气缸过热停机时，应待气缸自然降温至60℃以下时，方可加水。

（12）当电动空气压缩机运转中突然停电时，应立即切断电源，等来电后重新在无载荷状态下启动。

（13）在潮湿地区及隧道中施工时，对空气压缩机外露摩擦面应定期加注润滑油，对电动机和电气设备应做好防潮保护工作。

三、设备临时用电安全要求

（1）移动、安装、维检修、拆除临时用电线路及设备应由持证的电工完成，操作前必须按规定穿戴和配备好相应的劳动防护用品。

（2）施工现场临时用电设备在 5 台及以上，或设备总容量在 50kW 及以上时，施工单位应编制临时用电施工组织设计，并经审核、批准、验收后实施。

（3）临时用电线路、变压器、自备发电机、配电箱和开关箱必须与周围构建筑物满足一定的安全距离，并做好相应的物理隔离和警示标志；变压器周围还应留有不小于 1.2m 的巡视和检修通道。

（4）临时用电严格执行作业许可管理制度。

（5）爆炸危险性场所使用的临时用电设备和线路应达到相应的防爆要求。

（6）临时用电相关设备设施应做好有效的保护接零，不应利用大地做相线和零线。

（7）施工现场所有配电箱和开关箱应装设在干燥通风的常温空旷场所，并安装剩余电流动作保护器。

（8）分配电箱与开关箱的距离不应大于 30m，开关箱与其控制的固定式用电设备的水平距离不应大于 3m；箱体进出线口应配置固定线卡和绝缘保护套；箱内不应放置任何杂物。

（9）使用自备发电机时：

① 电源功率 20kW 以上的应固定安装，发电机组采用电源中性点直接接地的三相四线制供电系统，工作接地电阻值不应大于 4Ω，接地线采用不小于 6mm^2 的黄绿双色铜芯绝缘线。

② 移动式发电机安装在施工点周围，距离不超过 50m，安装位置应平坦压实，周界 1m 处应设置警示带和警示标识。

③ 固定式发电机组应采用柴油发电机组，安装于发电机棚（房）内，地面应满足设备安装需要，排烟管道应伸出棚（房）顶。

④ 发电机转动和传动部分应加装遮栏或防护罩。

⑤ 发电机供用电设备的金属外壳之间应有可靠的电气连接。

⑥ 发电机宜自带钢制油箱，配备适合的灭火器材，周围 15m 范围内不得存储油品。

⑦ 自备发电机电源应与外电线路联锁，严禁并列运行。

（10）外电线路：

① 架空线路应采用绝缘导线，设在专用电杆上。

② 架空线路的挡距不应大于 35m，线间距不应小于 0.3m，架空线路与邻近线路或固定物应满足安全距离。

③ 埋地线路的敷设深度不应小于 0.7m，并在线缆上、下、左、右均铺设不小于 50mm 的细砂、覆盖红砖或混凝土板进行保护。

④ 电缆穿越构建筑物等易受机械损伤的场所及引出地面时，应假设防护套管，套管内径不应小于电缆外径的 1.5 倍。

⑤ 埋地电缆接头应设置在地面上防水、防尘、防机械损伤的接线盒内，并远离易燃、易爆和易腐蚀场所。

⑥ 在建工程内部的电缆不应穿越脚手架引入，水平敷设应沿墙或门口刚性固定。

⑦ 室内配线应采用绝缘导线或电缆，潮湿场所或埋地非电缆配线应穿管敷设，管口和接头应密封；采用金属管敷设时应做等电位连接，且与保护零线连接。

⑧ 室内配电线应有短路保护和过载保护。

四、主体设备管理要求

（一）天车

（1）护栏高度为1.05~1.20m，护栏两立柱的间距不得大于1m，护栏中间至少有一根横杆，缺口部位加装防护链或搭扣连接，间隙不大于25mm。所有护栏下部焊有不低于150mm高挡脚板，挡脚板与台面间隙不大于10mm。

（2）防松、防跳槽装置齐全，固定牢固。

（3）滑轮安装挡绳杆、护罩无变形、磨损、偏磨现象，轮槽无严重磨损，轴承润滑保养良好。

（4）天车座下安装防碰枕木，并进行包裹，各用两个U形卡子与天车座卡牢。

（5）天车头上用于悬吊的辅助滑轮使用销轴式一体滑轮固定在天车横梁上，满眼锁销应穿防退别针。

（二）井架及底座

（1）结构件连接螺栓、各辅助滑轮连接螺栓、弹簧垫、销子、抗剪销及保险别针齐全紧固。

（2）平、斜拉筋安装齐全平直、无扭斜、变形。

（3）井架笼梯、梯子和平台与井架连接螺栓、弹簧垫、销子及保险别针齐全紧固。

（4）电路无老化、破损，电线与井架接触处有防磨绝缘护套，防爆灯固定牢固并拴保险链。

（5）二层台围板、栏杆齐全完好，固定牢靠，外侧有国家管网图案标识；内侧白底红字，内容为：禁止浮放杂物、禁止抛物、当心坠落、当心绊倒、必须系安全带、工具必须系保险绳；逃生器处有绿底白字的"逃生出口"。

（6）二层台钻具指梁固定牢固，无变形，保险链齐全，小绞车固定牢靠。

（7）钻台护栏高度1.05~1.20m，护栏两立柱的间距不得大于1m，护栏中间至少有一根横杆，缺口部位加装防护链或搭扣连接，间隙不大于25mm。所有护栏下部焊有不低于150mm高挡脚板，挡脚板与台面间隙不大于10mm。

（8）钻井大绳、起井架大绳等钢丝绳与井架接触处有防碰、防磨措施。

（9）含硫化氢油气层钻进时钻台上及钻台下应采取通风措施。

（10）井架绷绳坑位于井架对角线的延长线上，绷绳与井口不小于40m，两坑间距不小于3m。井架绷绳采用φ22mm的完整钢丝绳，钢丝绳无打结、变形、锈蚀、断丝超标等现象，两端分别采用四副与绳径相符的绳卡卡牢，绳卡鞍座卡在主绳上，绳卡间距应为127mm，正反调节螺栓绷紧，并采取防锈蚀保护措施。

（11）立管固定使用不少于4个U形卡子，与井架接触垫衬防磨物。鹅颈管保险绳使用φ12.7mm钢丝绳缠绕3圈，绳头使用3只卡子固定卡牢。

（12）用于悬吊的定滑轮使用销轴式一体滑轮固定在井架横梁上，满眼锁销应穿防退别针。

（13）使用12年以下的钻机井架、底座必须每3年进行1次检测；使用12年及以上，或前次评定的井架承载能力为设计能力的60%~85%的井架必须2年进行1次检测；在搬家或作业中损伤，或在处理井下事故中有严重过载记录，存在安全隐患的钻机、修井机的关键部件应及时进行检测。

（三）游车及大钩

（1）轮槽无严重磨损，轴承润滑保养良好。

（2）螺栓销子齐全紧固，护罩完整无破损。

（3）大钩转动、伸缩灵活，锁紧装置完好可靠。

（四）吊环

（1）本体无变形、裂纹。

（2）保险绳用 ϕ13mm 钢丝绳分别缠绕大钩本体和吊环耳各 3 圈，卡 3 只同绳径的绳卡。

（3）工程载荷大于 150t 的吊环，小环磨损不应大于 2mm。

（五）水龙头及水龙带

（1）水龙头转动灵活，润滑油和钻井液不渗漏。

（2）水龙带必须加装保险绳（或在水龙带两端加装保险链），保险绳使用 ϕ12.7mm 钢丝绳套，保险绳两端分别固定在水龙头鹅颈管支架上和立管鹅颈管上，绳头分别用与绳径相匹配的 3 只卡子卡紧。使用保险链方式的，要使用标准的压板卡子，压板卡子的两端加保险链，压板卡子和防护链之间应使用卸扣连接。

（3）水龙头上防碰磨胶皮完好。

（六）气动上扣器

（1）动力托盘外壳与水龙头外壳两侧分别用 ϕ12.7mm 钢丝绳连接牢靠，马达、继气器、油杯固定牢靠。

（2）气管线加装保险绳。

（七）转盘及传动装置

（1）固定、调节螺栓齐全无松动，运转平稳无杂音，惯刹工作正常。

（2）传动轴连接螺栓完整、紧固（传动链条无严重磨损、锈蚀，保险销齐全），护罩无缺损、变形、固定牢固。

（3）万向轴连接螺栓齐全紧固，安装防松装置。

（4）转盘及大方瓦锁紧装置可靠、工作灵活，锁定装置灵活有效。

（5）转盘面使用防滑垫。

（八）绞车及安全装置

1. 绞车

（1）底座固定平稳牢固，固定螺栓安装齐全并有备帽。

（2）绞车护罩齐全，安装紧固，无损坏变形。

（3）当大钩下放至钻杆滑道时，绞车滚筒上钢丝绳不少于 7 圈。

（4）自动排绳器固定牢固，滑轮转动灵活，无损坏。

（5）传动轴、滚筒轴的固定螺栓及备帽齐全紧固，无松动，牙嵌拨叉螺栓齐全，离合良好，各操作杆无变形、无松动。

（6）离合器摩擦毂无油污，摩擦间隙不大于4mm，摩擦片固定螺钉保险销齐全、牢固，剩余厚度>7mm；齿式离合器摘挂灵活，无打毛现象。

（7）猫头平滑无槽，固定牢固、无变形。

（8）绞车刹车后，刹把与钻台面夹角为40°~50°，距钻台面高0.8~1m，有规范的锁定链（本体直径4mm）。

2. 刹带式刹车

（1）刹带曲轴套无旷动，安装防松装置。

（2）刹带块剩余厚度不小于18mm，刹带钢带及两端销孔无旷动。

（3）刹带吊杆、顶丝完好，刹带下严禁有杂物或油污。

（4）刹车毂磨损量不大于12.5mm，无龟裂。

（5）平衡梁销子垫片、开口销齐全，支撑固定可靠，润滑良好、转动灵活，两端调整平衡，两把刹带调节扳手卡在平衡梁调节螺栓上，调节螺栓备帽紧固。

3. 液压盘式刹车

（1）液压站油箱油面在油标尺刻度范围内，油温应低于60℃。

（2）蓄能器压力大于4MPa。

（3）刹车块厚度大于12mm。

（4）液压盘开式钳刹车间隙1~2mm，闭式钳刹车间隙0.5~1mm，无油污。

（5）刹车盘厚度大于65mm，刹车系统中所有结构间无损坏、变形、裂纹、生锈、焊缝开裂。

（6）管线、元器件无渗漏。

（7）安全钳蝶簧齐全完好，每年更换一次。

4. 伊顿盘式刹车

（1）固定螺栓及备帽齐全紧固，无松动。

（2）腔体允许最大的水压为0.45MPa，冷却水无渗漏。

（3）最大气压为1.0MPa，不漏气。

（4）静盘磨损≤0.8mm，动盘磨损不超过标记槽，无油污。

5. 风冷电磁刹车

（1）冷却风机不工作情况下禁止使用风冷电磁刹车。

（2）环境温度高于40℃，出风口温度高于90℃暂停使用。

（3）电流正常（70DS≥65A；50DS≥35A；40DS≥30A），离合器挂合顺畅、齿顶磨损≤1/3，运转无杂音。

（九）防碰天车装置

1. 重锤式防碰天车

（1）使用φ6.4mm无结钢丝绳作为引绳，上端固定牢靠，与防碰枕木距离大于4m，无挂卡，不扭不打结，不与电线摩擦。挡绳距天车滑轮间距要求如下：4500m 以上钻机为 6~8m，2000~4000m 钻机为 4~5m。

（2）工作时高低速离合器放气灵敏，静态刹死时间应小于 1s。

（3）引绳下端与防碰天车开关重锤之间用安全挂钩和开口销（2in）连接，钢丝绳用 3 个与绳径相符的绳卡卡紧，绳头包裹，重锤下落范围无垫挂物。

2. 过卷阀防碰天车

（1）限位控制杆无弯曲，开关不漏气，动作时能迅速将滚筒刹死。

（2）限位控制游车最高点（防碰天车挡绳）距防碰木距离应大于 4m。

3. 数码防碰天车

（1）安装不与井架硬接触，对人通行不构成障碍，线路隐蔽有保护。

（2）屏显清晰，数字准确，报警灵敏，比重锤式防碰天车提前 1m 报警，提前 0.5m 动作刹车，刹车灵敏可靠。

（十）大门坡道、钻杆滑道

（1）大门坡道有防护门或三道防护链，门柱固定牢固。

（2）安装采用耳板连接牢固，位置、坡度合适。挂钩固定的有保险链（绳）。

（3）坡道下安全通道畅通，坡道上无钻具停放。

（4）滑道平整，摆放平稳，大门坡道下后方有不少于 1m 的余量。

（5）坡道两侧有 4 个标准的固定吊点，吊点完好无变形。

（十一）逃生滑道

（1）安装在钻台左侧，滑道内侧净宽不小于 650mm。

（2）与台面采用耳板销子的固定方式（挂钩式固定应拴保险绳）固定牢靠，无变形损坏，滑道内清洁、无杂物。

（3）滑道两侧使用全封闭护板，扶手光滑平整，不伤手。

（4）下端设置缓冲垫不高于滑道出口，前方 5m 内无障碍物。缓冲垫应固定。

（十二）登高助力器

（1）安装牢固，用 φ12.7mm 钢丝绳做配重滑道，配重滑道上端与井架、配重滑道下端与地锚分别用 3 只绳卡卡牢，卡 130mm。距地面 3m 处，加装安全绳卡。

（2）配重滑动自如，装置上无悬挂其他物体。

（3）使用 φ9.5mm 钢丝绳做牵引绳，不打结、不打扭、无断丝。

（十三）大绳

（1）死绳固定器及稳绳装置安装牢固、可靠，死绳挡绳螺杆加衬套上紧，压板及螺栓、螺母，螺栓两端余扣均匀，备帽齐全紧固。

（2）大绳缠满死绳固定器，与绳径相符的防滑绳卡 3 个，间距为 100~150mm，绳卡鞍座应卡在主绳段上，绳卡方向一致。防滑短节上的第一个绳卡与压板间距为 100~150mm。

（3）活绳头绳卡 2 个，安装紧固，绳卡鞍座应卡在主绳段上，绳卡方向一致。

（4）大绳与井架、钻台等触点处垫衬防磨物。

（5）大绳、排列整齐，大绳无扭结、死弯、压扁、松股、绳芯挤出、锈蚀，无断丝超标（<2根/捻、节距），直径磨损≤7%，外层钢丝磨损≤40%。

（十四）起井架大绳

（1）起井架大绳与井架等接触点处垫衬防磨物。

（2）起井架大绳、排列整齐，大绳无扭结、死弯、压扁、松股、绳芯挤出、锈蚀；无断丝超标（<2根/捻、节距），直径磨损≤7%，外层钢丝磨损≤40%。

（3）灌铅铝合金压制式起井架大绳，绳头无松动、锈蚀、磨损，灌铅本体完好无裂痕。

（4）起井架大绳使用后，必须采取清洁、涂油、防水包裹等防腐措施。

（5）起井架大绳使用超过两年（含两年），或起放井架超过10次（含10次）后进行强制报废。

（十五）顶驱

（1）顶驱导轨无变形、裂纹，导轨连接销及U形卡锁销齐全紧固。

（2）顶驱导轨底端至钻台面距离不小于2m。

（3）顶驱主体各连接件及紧固件无松动，锁销齐全紧固。

（4）游动电缆弯曲半径不小于1016mm，电缆完好无破损，与其他设备无摩擦干涉。

（5）齿轮箱和液压油箱的液压油油量与油标尺标定油位相符，润滑点加注油脂，黄油嘴齐全、完好。

（6）刹车装置摩擦片剩余厚度≥4mm，摩擦盘剩余厚度≥9mm，无油污。

（7）引鞋（喇叭口）、液缸完整无变形，有效报警系统工作正常。

（十六）钻台面

（1）钻台正面的安全标识清晰、完整，固定牢靠。坡道左外侧从左向右："禁止吊管下过人""当心机械伤人""必须戴安全帽""必须系安全带"，内侧从左向右："必须穿防护鞋""当心绊倒"；正面坡道右外侧从左向右："当心落物""当心吊物""当心坠落""当心井喷""注意安全"，内侧从左向右："禁止抛物""当心滑跌""当心落物""当心缠乱"。

（2）上下梯子3个，耳板连接固定可靠，摆放坡度合适，扶手齐全，无变形（挂钩式固定的加装保险绳，保险绳采用φ19.1mm的钢丝绳，并用3个与绳径相符的绳卡卡牢），梯子口无影响人员通行的障碍物。

（3）钻台面平整、稳固无翘动，钻台面无大于40mm的孔洞、缝隙。

（4）护栏高度1.05~1.20m，护栏两立柱的间距不得大于1m，护栏中间至少有一根横杆，缺口部位加装防护链或搭扣连接，间隙不大于25mm。所有护栏下部焊有不低于150mm高挡脚板，挡脚板与台面间隙不大于10mm，牢固、齐全、无变形。

（5）工具、器材、物品摆放不影响人员通行。

（十七）钻杆盒

胶条齐全、无损坏，无钻井液沉积。

（十八）钻台偏房

（1）钻台偏房和钻台连接牢固，房内物品摆放整齐。

（2）洗眼台使用专用架放置，便于人员取用；水质清洁无异物；存水量在规定的刻度内，喷头无堵塞，并保持一定的压力；建立换水记录。

（3）配有 8kg ABC 干粉灭火器 2 具。

（4）配电箱（柜、盘）处设置"当心触电"的安全标识，地面铺绝缘胶皮，无老化、破损，开关有统一规范控制对象标识。电路、开关、电热器、照明灯符合防爆要求。

（5）各种工具完好、有效、齐全，存放于专用工具箱内。

（6）存放有护腿（全身式）安全带，不少于 2 条，无破损，锁扣完好有效，不用时盘好单独存放。

（十九）电路

（1）电缆线无接头、破皮、老化，与金属接触处有绝缘护套，严禁使用铁丝捆绑。

（2）电缆线路不妨碍人员通行、上下井架。

（3）用电符合防爆要求，防爆接线口装有密封垫。

（4）防爆灯固定牢靠并拴保护链。

（5）操作房空调运转良好，排水引至室外，管线畅通。

（6）井口轴流泵有防水罩，电线走向合理，与金属接触处有防磨保护。

（7）冬季电热器上方及周围无异物，夏季必须切断电源。

（二十）顶驱

（1）顶驱导轨无变形、裂纹，导轨连接销及 U 形卡锁销齐全紧固。

（2）顶驱导轨底端至钻台面距离不小于 2m。

（3）顶驱主体各连接件及紧固件无松动，锁销齐全紧固。

（4）游动电缆弯曲半径不小于 1016mm，电缆完好无破损，与其他设备无摩擦干涉。

（5）齿轮箱和液压油箱的液压油油量与油标尺标定油位相符，润滑点加注油脂，黄油嘴齐全、完好。

（6）刹车装置摩擦片剩余厚度 ≥4mm，摩擦盘剩余厚度 ≥9mm，无油污。

（7）引鞋（喇叭口）、液缸完整无变形，有效报警系统工作正常。

第四节　通用高风险作业安全管控要点

盐穴储气库地下工程施工过程中常常会涉及高风险作业，常见的高风险作业包括动为作业、临时用电作业、挖掘作业、进入受限空间作业、管线打开作业、移动式起重机吊装作业、高处作业等，据统计，超过 40% 的生产安全事故与高风险作业有关，因此有必要明确高风险作业安全管理要求，加强高风险作业安全风险管控。

一、进入受限空间作业

（1）进入受限空间作业人员应经过专项培训并经考核合格，具备相应能力。作业监护人应熟悉作业区域的环境、工艺等情况，有判断和处理正常情况的能力，懂急救知识。

（2）只有在没有其他切实可行的方法能完成工作任务时，才考虑进入受限空间作业。

（3）进入受限空间作业实行作业许可管理，应按项目单位或施工单位体系文件办理《进入受限空间作业许可证》，未办理作业许可证严禁作业。

（4）进入受限空间作业前，应开展工作前安全分析，辨识危害因素，评估风险，采取措施，控制风险。

（5）进入受限空间作业应编制安全工作方案和应急预案，各类救援物资应配备到位。

（6）在进入受限空间前，由作业申请人对进入受限空间作业相关的人员进行安全培训和安全交底。

（7）进入受限空间作业许可证是现场作业的依据，只限在指定的作业区域和时间范围内使用，且不得涂改、代签。进入受限空间作业时，应将相关的作业许可证、安全工作方案、应急预案、连续检测记录等文件存放在现场。

（8）进入受限空间作业前应按照作业许可证或安全工作方案的要求进行气体检测，作业过程中应进行气体监测，合格后方可作业。

（9）作业人员在进入受限空间作业期间应根据作业中存在的风险种类和风险程度，依据相关防护标准，配备个人防护装备并确保正确穿戴。

（10）发生紧急情况时，严禁盲目施救。救援人员应经过培训，具备与作业风险相适应的救援能力，确保在正确穿戴个人防护装备和使用救援装备的前提下实施救援。

二、高处作业

（一）基本要求

（1）高处作业应按施工单位或项目单位要求办理"高处作业许可证"，无有效的高处作业许可证严禁作业。

（2）对于频繁的高处作业活动，在有操作规程或方案，且风险得到全面识别和有效控制的前提下，可不办理高处作业许可证。

（3）高处作业许可证是现场作业的依据，只限在指定的地点和规定的时间内使用，且不得涂改、代签。

（4）坠落防护应通过采取消除坠落危害、坠落预防和坠落控制等措施来实现，否则不得进行高处作业。坠落防护措施的优先选择顺序如下：

① 尽量选择在地面作业，避免高处作业。

② 设置固定的楼梯、护栏、屏障和限制系统。

③ 使用工作平台，如脚手架或带升降的工作平台等。

④ 使用区域限制安全带，以避免作业人员的身体靠近高处作业的边缘。

⑤ 使用坠落保护装备，如配备缓冲装置的全身式安全带和安全绳等。

（5）作业申请人、作业批准人、作业监护人、属地监督必须经过相应培训，具备相应能力。

（6）高处作业人员及搭设脚手架等高处作业安全实施的人员，应经过专业技术培训及专业考试合格，持证上岗，并应定期进行身体检查。对患有心脏病、高血压等职业禁忌证，以及年老体弱、疲劳过度、视力不佳等其他不适于高处作业的人员，不得安排从事高处作业。

（7）严禁在六级以上大风和雷电、暴雨、大雾、正常高温或低温等环境条件下进行高处作业；在30~40℃高温环境下的高处作业应进行轮换作业。

（二）安全装备、设施要求

（1）高处作业中使用的个人坠落保护装备（包括锚固点、连接器、全身式安全带、吊绳、带有自锁钩的安全绳、抓绳器、缓冲器、缓冲安全绳或其组合）、安全标志、工具、仪表、电气设施和其他各种设备，应在作业前加以检查，填写检查清单，确认完好后方可投入使用。

（2）高处作业应根据实际需要搭设或配备符合安全要求的吊架、梯子、脚手架和防护棚等。作业前应仔细检查作业平台，确保坚固、牢靠。

（3）供高处作业人员上下用的通道板、电梯、吊笼、梯子等要符合有关规定要求，并随时清扫干净。

（4）雨天和雪天进行高处作业时，应采取可靠的防滑、防寒和防冻措施，水、冰、霜、雪均应及时清除。暴风雪及台风暴雨后，应对高处作业安全设施逐一加以检查，发现有松动、变形、损坏或脱落等现象，应立即修理完善。对进行高处作业的高耸建筑物，应事先设置避雷设施。

三、移动式吊装作业

（一）基本要求

（1）吊装作业实行作业许可管理，吊装前应按施工单位或建设单位要求办理《吊装作业许可证》。

（2）使用前起重机各项性能均应检查合格。吊装作业应遵循制造厂家规定的最大负荷能力，以及最大吊臂长度限定要求。

（3）禁止起吊超载、质量不清的货物和埋置物件，在大雪、暴雨、大雾等恶劣天气及风力达到六级时应停止起吊作业，并卸下货物，收回吊臂。

（4）任何情况下，严禁移动式起重机带载行走；无论何人发出紧急停车信号，都应立即停车。

（5）在可能产生易燃易爆、有毒有害气体的环境中工作时，应进行气体检测。

（6）起重机吊臂回转范围内应采用警戒带或其他方式隔离，无关人员不得进入该区域内。

（二）起重机类型的选择

起重机类型选择作业前，吊装作业单位应根据作业性质选择起重机的类型，优先顺序如下：

（1）液压操纵伸缩臂轮胎式起重机。

（2）液压操纵固定臂轮胎式起重机（或履带式起重机）。

（3）摩擦牵引或机械操纵固定臂轮胎式起重机。在某些工作场合也可使用桁架吊臂起重机，但在选择摩擦牵引或机械操纵的桁架吊臂起重机之前，应进行风险评估。

（三）起重机安全基本要求

（1）随机备有安全警示牌、使用手册、载荷能力铭牌并根据现场情况设置。

（2）起重机操作室和驾驶室中应配置灭火器；所有排气管道应设置防护装置或隔热层；驾驶室所有窗户的玻璃应为安全玻璃；配置有标尺的油箱应密封良好，避免燃油溅出或溢出；起重机平台和走道应采用防滑表面，人员可接触的运动件或旋转件应安装有保护罩或面板。

（3）根据起重机型号，出入起重机驾驶室、操作室均应配备梯子（带栏杆或扶手）或台阶；所有主臂、副臂应设置机械式安全停止装置。

（4）如果起重机遭受了正常应力或载荷的冲击，或吊臂出现正常振动、抖动等，在重新投入使用前，应由专业机构进行彻底的检查和修理。

（5）在加油时起重机应熄火，在行驶中吊钩应收回并固定牢固。

（四）吊装作业安全要求

（1）进入作业区域之前，应对基础地面及地下土层承载力进行评估。在正式开始吊装作业前，司机应巡视工作场所，确认支腿是否垫枕木，发现问题应及时整改。

（2）关键性吊装作业还应编制吊装安全工作方案（HSE作业计划书）。

（3）需在电力线路附近使用起重机时，起重机与电力线路的安全距离应符合相关标准。在没有明确告知的情况下，所有电线电缆均应视为带电电缆。必要时应制订关键性吊装安全工作方案并严格实施。

（4）起重机吊臂回转范围内应采用警戒带或其他方式隔离，无关人员不得进入该区域内。

（5）起重作业指挥信号应明确并符合规定，起重机司机应与指挥人员保持可靠的沟通，沟通方式的优先顺序如下：

视觉联系→有线对讲装置→双向对讲机。当联络中断时，起重机司机应停止所有操作，直到重新恢复联系。

（6）操作中起重机应处于水平状态。在操作过程中可通过牵引绳来控制货物的摆动，禁止将引绳缠绕在身体的任何部位。

（7）任何人员不得在悬挂的货物下工作、站立、行走，不得随同货物或起重机械升降。

（8）在下列情况下，司机不得离开操作室：

① 货物处于悬吊状态。

② 操作手柄未复位。

③ 手刹未处于制动状态。

④ 起重机未熄火关闭。

⑤ 门锁未锁好。

（五）关键性吊装作业计划的制订

关键性吊装作业符合下列条件之一的，应视为关键性吊装作业。凡属关键性吊装作业的，应制订关键性吊装作业计划：

（1）货物载荷达到额定起重能力的 75%。

（2）货物需要一台以上的起重机联合起吊的。

（3）吊臂和货物与管线、设备或输电线路的距离小于规定的安全距离。

（4）吊臂越过障碍物起吊，操作员无法目视且仅靠指挥信号操作。

（5）起吊偏离制造厂家的要求，如吊臂的组成与说明书中吊臂的组合不同。使用的吊臂长度超过说明书中的规定等。

四、临时用电作业

（一）基本要求

（1）临时用电应执行相关电气安全管理、设计、安装、验收等标准规范，实行作业许可，办理临时用电许可证。临时用电作业涉及动火时，应同时办理动火作业许可证。超过 6 个月的临时用电，不应按照本规范办理，应按照相关工程设计规范配置线路。

（2）安装、维修或拆除临时用电的作业，应按规定办理电气第二种工作票并由电气专业人员完成作业。

（3）工作人员作业前，必须按规定穿戴和配备好相应的劳动防护用品；并检查电气装置和保护设施是否完好。

（4）在开关接引，或拆除临时用电线路时，其上级开关应断电上锁，并悬挂"禁止合闸，有人工作"安全警示牌。

（5）漏电保护器在每次使用前应启动漏电试验按钮试跳一次，试跳不正常时严禁继续使用。

（6）临时用电单位不得擅自增加用电负荷，变更用电地点、用途。一旦发现此现象，应立即停止供电。

（7）临时用电线路和电气设备的设计和选型应满足相应爆炸危险区域的防爆要求。在易燃、易爆的场所应采用防爆型低压电器，在多尘和潮湿或易触及人体的场所应采用封闭型低压电器。

（二）用电线路安全要求

（1）临时用电线路采用绝缘导线时必须采用 500V 的绝缘导线。

（2）临时用电应设置保护开关，使用前应检查电气装置和保护措施。所有临时用电都应设置接地保护，接地线和零线应分开设置，接地电阻值应满足以下要求：

（3）单台容量超过 100kV·A 的电力变压器或发电机的工作接地电阻值不得大于 4Ω。

（4）单台容量不超过 100kV·A 的电力变压器或发电机的工作接地电阻值不得大于 10Ω。

（5）在 TN 系统中保护零线每一处重复接地装置的接地电阻值不应大于 10Ω。

（6）施工现场配电系统一般应按三级配电原则，设有总配电箱、分配电箱、开关箱。总配电箱应设置在靠近电源的区域，分配电箱设在用电设备或负荷相对集中的区域，分配电箱与开关箱的距离不超 30m，开关箱与其控制的固定式用电设备的水平距离不宜超过 3m。在施工项目较小，临时用电由压气站或分输站内配电间或工艺区配电箱直接引出时，开关箱应设有漏电保护器，或使用带漏电保护器的移动接线盘。

（7）送电操作顺序为：总配电箱——分配电箱——开关箱（上级过载保护电流应大

于下级）。停电操作顺序为：开关箱——分配电箱——总配电箱（出现电气故障的紧急情况除外）。

（8）配电箱应保持整洁，接地良好。

（9）所有的临时配电箱上电压标示和危险标识。室外的临时用电配电盘、箱应设有安全锁具，有防雨、防潮措施。在距配电箱、开关及电焊机等电气设备15m范围内，不应存放易燃、易爆、腐蚀性等危险物品。

（10）固定式配电箱、开关箱下底与地面的垂直距离应大于1.3m，小于1.5m；移动式分配电箱、开关箱下底与地面的垂直距离应大于0.6m，小于1.5m。

① 所有临时用电线路应由电气专业人员检查合格，贴上标签方可使用，搬迁或移动后的临时用电线路应再次检查确认。

② 临时用电线路的自动开关和熔丝（片）应符合安全用电要求，不得随意加大和缩小，不得用其他金属丝代替熔丝。

③ 临时电源暂停使用时，应在接入点切断电源。搬迁或移动临时用电线路，应先切断电源。

（三）临时照明安全要求

（1）现场照明应满足所在区域安全作业亮度、防爆、防水的要求。

（2）使用合适的灯具和带护罩的灯座，防止意外接触或破裂。

（3）使用不导电材料悬挂导线。

（4）行灯的电源电压不超过36V，灯泡外部有金属保护罩。

（5）在潮湿和易触及带电体的场所的照明电源电压不得大于24V，特别是潮湿场所、导电良好的地面、锅炉或金属容器内的照明电源电压不得大于12V。安全电压小变压器应由专业电工安装，放置在避雨处、金属容器外，工作时在容器入口外专设监护人。

（四）用电设备安全使用要求

（1）每台用电设备应有各自的电源开关，必须执行"一机一闸"制，严禁两台或两台以上用电设备（含插座）使用同一开关。

（2）漏电保护器安装应实现两级保护，即第一级在总配电箱处保护，第二级在开关箱处保护。其额定漏电动作电流和额定漏电动作时间应合理配合，并应具有分级分段保护的功能。总配电箱中漏电保护器的额定漏电电流应大于30mA，额定漏电电流动作时间应大于0.1s，且额定漏电动作电流和额定漏电动作时间的乘积不应大于30mA·s；开关箱中漏电保护器的额定漏电动作电流不应大于30mA，额定漏电动作时间不应大于0.1s。

（3）在水下或潮湿环境中使用电气设备或电动工具，作业前应由电气专业人员对其绝缘进行测试。带电零件与壳体间基本绝缘不得小于2MΩ，加强绝缘不得小于7MΩ。

（4）使用潜水泵时应确保电动机及接头绝缘良好，潜水泵引出电缆到开关之间不得有接头，并设置非金属材质的提泵拉绳。

（5）使用手持电动工具应满足如下要求：

① 设备外观完好，标牌清晰，各种保护罩（板）齐全。

② 在一般作业场所，使用Ⅱ类工具；应装设额定漏电动作电流不大于30mA、动作时间不大于0.1s的漏电保护器。

③ 在潮湿作业场所或金属构架上等导电性能良好的作业场所，应使用Ⅱ类或Ⅲ类工具。

④ 在狭窄的场所，如锅炉、金属管道内，应使用Ⅲ类工具。若使用Ⅱ类工具应装设额定漏电动作电流不大于 15mA，动作时间不大于 0.1s 的漏电保护器。

⑤ Ⅲ类工具的安全隔离变压器，Ⅱ类工具的漏电保护器及Ⅱ、Ⅲ类工具的控制箱和电源连接器等应放在容器外或作业点处，同时应有人监护。

（五）标签标示

（1）所有开关应贴有标签，注明供电回路和临时用电设备。所有临时插座都应贴上标签，并注明供电回路和额定电压、电流。

（2）所有开关箱、配电箱（配电盘）应有安全标志，安装在区域内，应在其前方 1m 远处的地面上用黄色安全警戒带做警示，并在配电箱上挂警示牌。

五、动火作业

（一）作业组织实施安全管理要求

（1）动火作业申请人、作业批准人、作业监护人、作业监督人、作业人员必须经过相应培训，具备相应能力。作业监护人、作业监督人应佩戴明显标志，持证上岗。

（2）在带有易燃易爆、有毒有害介质的设备和管道上动火时，应当制订有效的作业方案及应急预案，采取可行的风险控制措施，经检测合格，达到安全动火条件后方可动火。

（3）遇有五级以上（含五级）风天气，应当停止一切露天动火作业，因生产确需动火，动火作业应当升级管理。

（4）在易燃易爆区域内应严格限制动火作业，能拆下并能实施移动的设备、管线应移到规定的安全区域内实施动火，并制订和落实风险控制措施。

（5）在夜晚、节假日和敏感时段以及正常天气露天情况下原则上不允许动火，确需进行的动火作业，应执行《作业许可管理程序》升级管理要求，作业单位负责人和作业批准人应当全过程坚守作业现场，落实各项安全措施，保证动火作业安全。

（6）作业区域所在单位应当针对动火作业内容、作业环境等组织相关部门和作业单位进行重点管控风险，作业单位应当根据重点管控风险结果制订控制措施。

（7）动火作业现场应按动火作业方案明确的数量、位置及型号配备消防器材。特级动火现场应配备消防车及医疗救护设备和人员，其他动火作业，作业区域所在单位应当视情况协调消防保障力量，并落实医疗救护设备和设施。

（8）动火作业前，作业区域所在单位应当组织参加作业的人员进行安全交底；动火作业过程中作业人员应严格按照动火作业方案的要求进行作业。安全交底主要内容有：

① 有关作业的安全规章制度。

② 作业现场和作业过程中可能存在的生产安全风险及所采取的具体风险管控措施。

③ 作业过程中所需要的个体防护用品的使用方法及使用注意事项。

④ 事故的预防、避险、逃生、自救、互救等知识。

⑤ 相关事故案例和经验、教训。

（9）动火作业前，动火作业申请单位、监护单位和作业单位等相关人员应认真按照动火作业安全分析（JSA）现场检查表作业前相关的内容对动火点进行检查，并签字确认，经作业批准人签字批准后方可动火。每个动火点必须有单独的动火作业安全分析（JSA）现场检查表。

（10）同一动火点的动火作业中断超过30min以上需恢复继续动火前，动火申请单位、现场动火监护和动火作业单位相关人员应当重新确认安全条件，并在动火作业安全分析（JSA）现场检查表上签字确认后方可继续动火作业。

（二）作业现场安全管理要求

（1）动火作业过程中作业人员应当在动火点的上风向作业，避开气流可能喷射和封堵物射出的方位，并采取隔离措施控制火花飞溅。

（2）使用气焊、气割动火作业时，乙炔瓶应当直立放置，与氧气瓶间距不应小于5m，二者与作业地点间距不应小于10m，并应当设置防晒和防倾倒设施。在受限空间内实施焊割作业时，气瓶应当放置在受限空间外面。

（3）动火作业前，应按动火作业方案要求做好所有施工设备、机具的检查和试运，关键配件应有备用。动火作业坑除满足施工作业要求外，应有上下安全通道，通道坡度宜小于50°。如对管道进行封堵，封堵作业坑与动火作业坑之间的间隔不应小于1m。

（4）动火作业过程中监护人应坚守作业现场，全程实施现场安全监护，一处动火点至少有一人进行监护，严禁无监护人动火。

（5）动火作业现场应设置明显的安全警示标志、标语及警戒，并确保逃生通道畅通，严禁与动火作业无关人员或车辆进入作业区域。

（6）动火作业单位及动火监护人应检查作业区和临近区域，做到"工完、料净、场地清"，确认无隐患后方可撤离。

（三）动火作业安全技术要求

1. 动火作业隔离的要求

（1）对输油气站场、线路的工艺管线、设备及其他带油气附属设施进行打开动火作业前，应采取清洗、置换或吹扫等措施，并检测合格后实施动火。

（2）对与动火部位相连的存有油气等易燃物的容器、管段，应进行可靠的隔离、封堵或拆除处理。

（3）在对油气管道进行多处打开动火作业时，应对相连通的各个动火部位的动火作业进行隔离；不能进行隔离时，相连通的各个动火部位的动火作业不应同时进行。

（4）动火作业中实施隔离的阀门应上锁挂牌，执行公司《锁定管理和能量隔离管理程序》有关要求；动火作业区域内的设备、设施须由所属单位专业人员操作。

（5）动火作业前应当清除距动火点周围5m之内的可燃物质或者用阻燃物品隔离；距离动火点10m范围内及动火点下方，不应当同时进行可燃溶剂清洗或者喷漆等作业；距动火点15m区域内的漏斗、排水口、各类井口、排气管、地沟等应当封严盖实，不允许有其他可燃物泄漏；铁路沿线25m以内的动火作业，如遇有装有危险化学品的火车通过或者停留时，应当立即停止；距动火点30m内不允许排放可燃气体，不允许有液态经或者低闪点油品泄漏。

2. 动火作业气体检测的要求

（1）可燃气体检测的位置和所采的样品应具有代表性，被测可燃气体浓度应当不大于其与空气混合爆炸下限（LEL）的10%。

（2）动火作业前的气体检测，应严格执行"双表比对"检测，将检测结果记录在《作业许可管理程序》规定的表格（《气体监测表》），合格后方可履行动火作业票签发程序。

（3）动火开始时间距可燃气体浓度检测时间最长不应超过30min，超过30min仍未开始动火作业的，应重新进行检测分析。

（4）需要动火的罐、容器等设备和管线，清洗、置换和通风后，要进行可燃气体浓度检测。

（5）动火作业过程中，应当根据动火作业许可证或作业方案中规定的气体检测时间、位置和频次进行检测，间隔不应超过2h，并记录检测的时间和检测结果，检测结果使用《作业许可管理程序》规定的表格进行记录。在生产运行状态下易燃易爆场所进行的特级动火作业和存在有毒有害气体场所进行的动火作业，以及有可燃气体产生或者溢出可能性的场所进行的动火作业，应当进行连续气体监测。

（6）在易燃易爆作业场所动火作业期间，当该场所内发生油气扩散时，所有车辆不应点火启动，不应使用任何非防爆通信、照相器材。只有在现场可燃气体浓度低于其与空气混合爆炸下限（LEL）的10%时方可启动车辆和使用通信、照相器材。

（7）使用便携式可燃气体报警仪或者其他类似手段进行分析时，应当使用两台在检定有效期内的设备进行对比检测分析。两台设备对比检测数据不一致时，应当解决偏差后重新进行检测分析。

3. 动火作业管道打开的要求

（1）在运行油气管线和设备上进行切割、钻孔严禁采用明火作业，不应在运行天然气储气罐及储油罐罐体进行动火作业。

（2）对油气管道实施打开作业前应先确认管内压力降为零，并排空设备、管道内介质。

（3）对油气管道实施密闭开孔，应确认开孔设备压力等级满足管道设计压力等级要求。

（4）管道打开应采用机械或人工冷切割方式。

4. 动火作业焊接的要求

（1）在运行管道上焊接，应提前对所焊管道部位进行壁厚检测，严禁在压力不稳定以及管道腐蚀等情况下在运行管道上进行动火。

（2）当在运行压力超过规定限值（或管道当前壁厚低于原壁厚）管道上进行焊接时，应按GB/T 28055—2011《钢制管道带压封堵技术规范》的规定计算确定管道焊接压力，而后进行专项风险评估并制订专项预案后实施。

（3）动火作业使用电焊时，电焊机具、线缆应当完好，电焊机外壳应当接地。

（四）特殊情况下的动火作业安全管理要求

（1）高处的动火作业安全管理要求如下：

① 高处动火作业还应遵循公司《高处作业操作规程》的相关要求。

② 高处动火作业使用的安全带、救生索等防护装备应当采用防火阻燃的材料，需要时使用自动锁定连接；高处动火应当采取防止火花溅落措施，并应在火花可能溅落的部位安排监护人。

（2）进入受限空间的动火作业安全管理要求如下：

① 进入受限空间的动火作业还应遵循公司《进入受限空间安全作业操作规程》的相关要求。

② 进入受限空间的动火作业应当将内部物料除净，易燃易爆、有毒有害物料应当进行吹扫和置换，并采取措施使受限空间内形成空气对流或采用机械强制通风换气。

③ 进入受限空间动火作业前应对受限空间内可燃气体浓度、氧含量、有毒有害气体浓度进行检测，检测合格后方可进行动火作业。其中可燃气体浓度应低于其与空气混合爆炸下限（LEL）的10%，氧含量应在19.5%~23.5%范围内，有毒有害气体含量应符合国家相关标准的规定。

（3）应急抢险的动火作业紧急情况下的应急抢险所涉及的动火作业，遵循西气东输《应急管理程序》，确保风险控制措施落实到位。

六、作业许可管理

为削减、控制作业风险，防止各类事故事件发生，钻井、完井工程实施作业许可管理，许可作业按照项目管理体系文件及钻井单位内部规定执行。

（一）作业许可申请

（1）作业负责人组织相关人员开展工作安全分析，制订并落实安全保证措施。

（2）作业负责人填写作业许可证，提出书面作业申请。

（3）当作业许可涉及多个负责人时，被涉及的负责人均应列在申请表上签字确认。

（二）作业许可审批

（1）书面审核和现场核查通过之后，批准人或其授权人、申请方和受影响的相关方均在作业许可证上签字。一般情况下，许可证的作业期限不得超过一个班次，特殊情况下可延长，但最长不得超过7天。

（2）如书面审查或现场核查未通过，对查出的问题应记录在案，申请人应重新提交一份带有对该问题解决方案的申请。

（三）作业许可取消

当发生下列任何一种情况时，立即终止作业，取消相关作业许可证，并告知批准人许可证被取消的原因，若要继续作业须重新办理许可证：

（1）作业环境和条件发生变化。

（2）作业内容发生改变。

（3）实际作业与作业计划的要求发生重大偏离。

（4）发现有可能发生立即危及生命的违章行为。

（5）现场作业人员发现重大安全隐患。

（6）事故状态下。

（四）许可证延期和关闭

（1）如果在有效期内没有完成工作，申请人可申请延期。申请人、批准人及相关方应重新核查工作区域，确认所有安全措施仍然有效，作业条件未发生变化。若有新的安全要求（如夜间工作的照明获得监理认可才能使用，且不得对人员或工作造成损害），应在申请上注明。在新的安全要求全部落实后，申请人和批准人方可在作业许可证上签字延期。未经批准人和申请人签字，不得延期。

（2）在规定的延期次数内没有完成作业，需重新申请办理作业许可证。

（3）作业完成后，申请人与批准人或其授权人在现场验收合格，双方签字后方可关闭作业许可证。

第五节　施工职业健康管理要求

一、健康管理要求

（一）劳动保护用品

按 GB 39800.1—2020《个体防护装备规范 第 1 部分：总则》有关规定和承包商所在区域特点所需特殊劳保用品发放。

（二）进入作业区人身安全保护规定

（1）进入施工现场，要穿戴劳动保护用品。

（2）井场严禁烟火。

（3）严禁酒后进入井场。

（4）禁止在井场和营区随便乱扔废弃物。

（三）钻井队医疗器械和药品配置要求

执行前线钻井队药品管理办法有关规定和要求。

（四）饮食管理要求

（1）有食品卫生监督机构颁发的《食品卫生许可证》。

（2）炊管人员应取得健康证和培训合格证。

（3）建立健全卫生制度、个人卫生制度、食品采购制度、库房卫生制度、消毒卫生制度、环境卫生制度及相应的卫生岗位责任制度。

（五）营地卫生要求

（1）营地食堂、澡堂设污水坑，且要密封，污水坑要有围栏。

（2）生活垃圾坑设置在营地外，对有回收利用价值的废弃物由生活组回收。

（3）配置一定数量的密封式垃圾桶，服务员每天清理一次。

（4）服务员应保持营地清洁。

（六）员工的身体健康检查要求

（1）员工应定期进行健康体检，一般一年不少于 1 次，从事有毒有害作业的员工每半年进行1次。

（2）有害作业场所执行行业或地区公司相关防尘、防毒及缺氧环境作业管理规定。

（3）施工现场执行行业或地区公司钻井队生活专业化管理办法、钻井队营地管理办法。

（七）有毒药品及化学处理剂的管理要求

依据GB 6944—2012《危险货物分类和品名编号》、GB 190—2009《危险货物包装标志》、GB/T 191—2008《包装储运图示标志》等标准执行。

二、职业健康危害因素管控要求

（1）工作场所符合防尘、防毒、防暑、防寒、防噪声与振动等要求，并做到：

① 生产布局合理，有害作业与无害作业分开。

② 工作场所与生活场所分开。

③ 有与职业病防治工作相适应的有效防护设施。

④ 职业病危害因素强度或浓度符合国家职业卫生标准。

⑤ 设备、工具、用具等设施符合保护员工生理、心理健康的要求。

⑥ 符合国家法律法规和职业卫生标准的其他规定。

（2）对产生职业病危害的工作场所配备齐全、有效的职业病防护设施、应急救援设施，并进行经常性的维护、检修和保养，定期检测其性能和效果，确保其处于正常状态，不得擅自拆除或者停止使用。

（3）为员工提供符合国家职业卫生标准的职业病防护用品，并督促、指导员工正确佩戴、使用。组织对职业病防护用品进行经常性的维护、保养，确保防护用品有效。

（4）产生职业病危害的场所，在醒目位置设置公告栏，公布有关职业卫生的规章制度、操作规程、职业病危害事故应急救援措施和工作场所职业病危害因素检测结果。

（5）对产生严重职业病危害的作业岗位，在其醒目位置，按照规定设置警示标识、中文警示说明和职业病危害告知卡。告知卡应当标明职业病危害因素名称、理化特性、健康危害、接触限值、防护措施、应急处理及急救电话、职业病危害因素检测结果及检测时间等。

（6）放射性工作场所依据国家相关放射卫生防护标准划为控制区及管理区，设置明显的放射性标志，指定专人负责对放射性作业的辐射源、作业场所、作业人员及操作过程进行专业管理。

（7）在施工过程中应当严格落实公共卫生风险控制方案，严格要求员工遵守传染病预防措施，并配备相适应的医疗设施和相关药品。

第六节　环保管理要求

一、环境管理要求

（1）井位确定后，在修建通往井场公路时，认真确定车辆行驶路线，避免堵塞和填充任何自然排水通道，现场施工作业机具在施工中要严格管理，不得在道路、井场以外的地方行驶和作业，禁止碾压和破坏地表植被。

（2）车辆沿线行驶时，禁止乱扔废弃物。

（3）修建设备基础时必须按照"三同时"的规定，执行防治污染设施与主体工程同时设计、同时施工、同时投产使用的原则。

（4）安装钻井泵冷却水循环系统和振动筛的污水循环系统，做好各种油、水管线的试运行工作，防止油、水跑、冒、滴、漏污染地面。

二、作业期间环境管理要求

（1）废水、废钻井液的处理要求。

① 执行"钻井液不落地"管理。

② 废水应通过排水沟排入污水池，严禁向指定区域外排放废水。

③ 施工队伍应加强设备的维修、保养，杜绝设备用水的跑、冒、滴、漏现象。

④ 废钻井液处理施工单位应制订回收方案，并严格按方案组织设计中的"钻井液不落地"原则实施。处理过程应满足地方环保部门要求。

（2）钻屑的处理要求。

① 在气候干燥地区可就地自然晾干后进行固化填埋处理，并设置围栏和警示标志，防止人畜进入。从完钻后到处置完毕的时间跨度不超过 9 个月。

② 固化处理后的一般固体废物应达到 GB 18599—2020《一般工业固体废物贮存和填埋污染控制标准》危险废物应达到 GB 18598—2019《危险废物填埋污染控制标准》的相关要求。

③ 土壤混拌自然降解处理，应达到 GB 15618—2018《土壤环境质量农用地土壤污染风险管控标准（试行）》中的相关要求。

（3）保护地下水源的技术措施。

执行《中华人民共和国水污染防治实施细则》。

三、作业完成后环境管理要求

（1）作业完成后井场做到"工完料尽，场地清"。

（2）废钻井液处理与外运过程不得遗洒，避免污染环境。

四、营地环境保护要求

（1）营地设置要充分利用自然的或原有的开辟地，尽量减少对环境的不利影响。

（2）营地四周严禁乱扔废弃物。

五、危险废物管理与处置

（1）施工单位对生产过程中产生的各类危险废物对照《环境影响评价报告书》及国家《危险废物名录》进行识别，并上报项目部。

（2）产生危险废物的施工单位应设置危险物存放设施，对危险废物进行单独存放，危险废物存放设施应满足国家 GB 18597—2001《危险废物贮存污染控制标准》的要求。

（3）危险废物存放区域和排污区应设置危险废物标识，标识应满足国家 GB 15562.2—1995《环境保护图形标志 固体废物贮存（处置）场》的要求。

（4）危险废物的储存一般不得超过一年，确需延长期限的，由项目部上报地方环境保护行政主管部门审批。

（5）施工单位按照地方环保主管部门要求建立（可在环保主管部门要求的系统平台上）危险废物管理档案，规范危险废物管理。施工单位负责委托有资质的处置单位，每年对危险废物进行处置，并对处理、处置情况进行全过程监督，确保达到国家、地方有关环保要求，防止发生二次污染。禁止将废弃物委托给没有处理能力的团体或个人处置、处理，危险废物的转移应执行国家有关危险废物转移联单制度的规定并留存转移联单。

（6）清管排放口不应设在人口居住稠密区、公共设施集中区，清管排放应符合环保要求，清管垃圾应集中处理。

六、防泄漏管理要求

（1）机械设备的液压油箱、燃油油箱、水箱等箱体外观完好，箱盖密封严实，无破损、滴漏等现象。

（2）库房里面存放的机油桶、液压油桶等油料，其筒体完好、无破损；库房内配置沙土、小桶、小瓢、拖把等油污清扫、回收工具。

（3）杜绝设备使用、维修过程中燃油、液压油及润滑油的泄漏，如有跑冒滴漏现象，及时清理所漏液体，运送到指定地点处理。

（4）对在同一地点停留时间较长的机械设备，预先在地面铺设防油垫层，以防污染地表。

（5）严禁在营地、施工现场倾放石油液化气体、乙炔气体等。

（6）禁止在农田、河流、沟渠、水塘等区域清洗设备、工器具，避免油污对水体、土壤造成污染。

七、噪声管理要求

（1）选用符合国家有关标准的设备设施，尽量选用低噪声的施工机械和工艺，振动较大的固定机械设备应加装减振机座，同时加强各类施工设备的维护和保养，保持良好工况，从根本上降低噪声源强。

（2）根据施工需要建临时围挡，对噪声起到隔离缓冲的作用。

（3）作业人员配发耳塞等防护用品。

八、生活垃圾处置管理要求

施工现场应设置生活垃圾放置设施，并签订生活垃圾拉运处理协议。施工现场处在已施行垃圾分类的行政区域，应按照地方垃圾分类管理行政法规进行垃圾分类、拉运及处置。

九、生态保护红线及环境敏感点施工特殊要求

严格按照环评报告、生态红线论证报告和各环境敏感点专题报告及其批复的施工方式和

环境保护措施进行施工，严禁擅自改变施工方式、方法和施工地点位置。

第七节 施工现场安全管理要求

一、安全标志牌的要求

（1）生产经营单位应当在有较大危险因素的经营场所和有关设施设备上设置明显的安全警示标志。对于井队没有进行全封闭的，应在废弃钻井液处理装置周边设置安全警示标志。

（2）安全标志依据 GB 2893—2008《安全色》和 GB 2894—2008《安全标志及其使用导则》、SY/T 6355—2017《石油天然气生产专用安全标志》设置。分别在钻台区、井场区、机泵房区、发电房区、油罐区等位置分挂不同的标志牌。

（3）在井场值班房后右侧和营区前大门方向各设一块《紧急集合点》标志牌，在废料场处设置《废料场》标志牌。

二、设备的安全检查与维护

（1）钻井设备安装、操作和维护按 SY/T 6117—2016《石油钻机和修井机使用与维护》标准执行。

（2）开钻前验收项目及要求按 SY/T 5954—2021《开钻前验收项目及要求》标准执行。

三、易燃易爆物品的管理要求

执行国家颁发的《易燃易爆化学物品消防安全监督管理办法》法规中有关规定。

四、井场灭火器材和防火安全要求

（1）井场灭火器材的配备按 SY/T 5974—2020《钻井井场设备作业安全技术规程》执行。

（2）各种灭火器的使用方法、日期及应放位置要明确标识。

五、井场动火安全要求

按 GB 30871—2022《危险化学品企业特殊作业安全规范》执行。

六、井喷预防和应急措施

（1）井控装置组合按设计执行。

（2）井控装置安装和维护按 SY/T 5964—2019《钻井井控装置组合配套、安装调试与使用规范》标准执行。

（3）地层破裂压力测定按 SY/T 5623—2009《地层压力预（监）测方法》标准执行。

（4）井控技术管理措施按 SY/T 6690—2016《井下作业井控技术规程》标准执行。

七、营地安全要求

（一）烟火报警器的设置

执行相关标准中有关烟火报警器设置的规定。

（二）按规定配套一定数量的灭火器

（1）营地集中配备 8kg 干粉灭火器 5 个。

（2）每栋列车房应配备 8kg 干粉灭火器 1 个，各种库房每栋配备 8kg 干粉灭火器 2 个，食堂和餐厅各配备 8kg 干粉灭火器 3 个，并存放在干燥合适的显眼处。

（三）用电设备的安全装置要求

（1）所有电路安装必须具备防风、防雨水保护措施。

（2）用电设施必须有良好的接地。

（3）列车房电线要穿阻燃管，并有漏电保护器。

（4）食堂操作间必须使用防爆灯具。

（四）防火安全管理制度

执行 SY/T 5225—2019《石油与天然气钻井、开发、储运防火防爆安全生产管理规定》。

（1）营地集中配备标准数量的消防器材，实行挂牌管理，定期检查。

（2）建立健全防火制度和应急措施。

（3）所有驻井人员必须掌握消防设施使用方法及适用范围。

第八节　人员保命条款

每个人的生命只有一次，平安健康是最大的幸福。"保命条款"是员工施工作业的"保护神"，一旦违反，就很可能危及生命，请每名员工珍爱生命，自觉遵守。

一、立放井架作业保命条款

（1）任何人不得在视线不清或大雾、大雪、冰雹、雷雨、五级及以上大风等恶劣天气情况下进行立放井架作业。

（2）任何人不得在无专人监护、指挥的情况下进行立、放井架作业。

（3）任何人不得在液控系统未排空的情况下立、放井架作业。

（4）任何人不得在井架上浮置物未全部清除或井架附件未固定牢固的情况下立、放井架作业。

（5）任何人不得在井架基础和船型底座不牢固的情况下进行立、放井架作业。

（6）任何人不得在绷绳跨越的抽油机未停抽或高压线未断电的情况下立、放井架作业。

（7）任何人不得在机械分动箱动力系统未切换至台上且未锁好限位销的情况下立、放井架作业。

（8）任何人不得在未确认承载块到位情况下进行下步作业。

（9）任何人不得在起升伸缩液缸时，在扶正器未逐级生效的情况下继续起升。

二、吊装作业保命条款

（1）任何人不得在未持有效证件的情况下从事起重机操作、指挥、司索作业。

（2）任何人不得在吊车支腿未打稳、未试吊的情况下进行吊装作业。

（3）任何人不得使用非标准、非完好的吊索具起吊物件，或在钻、修井机坡道上使用非专用的提丝、吊带起吊管具。

（4）任何人不得在未断电的输电线路正上方、正下方和危险距离范围内进行吊装作业。

（5）任何人不得在物件捆绑不牢、棱角处未加垫衬和未按规定使用牵引绳的情况下进行吊装作业。

（6）任何人不得在大雾、雷雨、六级以上大风等恶劣天气下进行吊装作业。

（7）任何人不得在吊装物移动范围和可能坠落的危险区域内活动。

三、起下管柱作业保命条款

（1）任何人不得在未检查大绳、防碰天车、刹车系统和指重表运转正常的情况下进行起下管柱作业。

（2）任何人不得在未锁定转盘手柄的情况下进行起下管柱作业。

（3）任何人不得在人员未撤离到安全区域❶的情况下使用 B 型大钳进行松、紧扣作业。

（4）任何人不得在吊卡、吊环未扣合到位❷的情况下进行提升作业。

（5）任何人不得在未按规定灌注钻（压）井液、压稳地层的情况下进行起管柱作业。

（6）任何人不得违反规定超速起下管柱作业❸。

（7）任何人不得在游车运行过程中进行刹车系统调试作业。

---

❶ "安全区域"是指作业人员应撤离到 B 型大钳及其尾绳失控后可能伤及人员的范围之外。

❷ "扣合到位"是指吊卡、吊环扣合到位，且插销插到位。

❸ "超速起下管柱"是指钻头在油气层中和油气层顶部以上 300m 井段内起下钻速度超过 0.5m/s。

第四章　施工准备阶段安全管控要点

储气库工程施工准备工作主要包括施工技术文件、人员组织、施工机具配备、施工物资和施工现场准备等。

第一节　施工技术文件

一、主要工作要求

（1）工程开工前，项目部、钻井队、监督等单位建立项目 HSE 管理体系，依据招标文件、设计文件、施工技术标准、验收规范、国家有关法律、法规、评价文件等，结合工程实际，编制 HSE "两书一表"（"HSE 作业指导书""HSE 作业计划书"和"HSE 现场检查表"），并制订风险削减措施，编制应急预案等，并按照管理程序履行报批手续。

（2）在特殊环境敏感地区（自然保护区、永久基本农田保护区、水源地、大中型河流、林地等）施工时，施工单位应单独编制施工方案，并依据项目环境影响报告书、水土保持方案报告书及其批复意见编制环境保护与管理专项方案，编制环境事故应急预案，制订事故抢修方案，审批后向当地行政主管部门申请办理穿越施工许可手续。

（3）施工组织设计文件，钻井完井工程施工方案，应经监督单位/业主审查、批准。

二、文件控制

为了对 HSE 管理体系运行有关的文件和资料实施有效的控制，确保在项目 HSE 体系运行的所有场合得到适用的文件和资料的有效版本，应建立文件控制措施。监督单位、钻井队承包商、测井承包商及其他承包商的 HSE 管理部门负责其内部文件的组织制（修）订、审查、编号、报批、发布、发放、归档，外来文件的购置、发放等。监督单位负责对施工承包商及其他承包商的 HSE 文件进行审查。

（一）文件和资料的编写

承包商的 HSE 管理文件由 HSE 管理部门负责起草，其他各类技术性文件、管理性文件由其归口部门起草。

（二）文件和资料的批准和发布

（1）文件和资料在发布前应由授权人审批其适用性。

（2）HSE 体系文件由项目经理批准发布，其他各类技术性、管理性文件根据规定由项目经理批准。

（三）文件和资料的发放与保管

（1）承包商的 HSE 文件分受控文本和非受控文本。文件的发放由承包商相关部门统一负责。文件发放时必须履行登记手续并加盖分发号。受控文本需加盖受控印章。

（2）受控文件原则上不准复制，若需复制，需到原发放部门办理审批登记手续。

（3）文件因破损影响使用时，文件持有者应到原发放部门办理更换手续，按原分发号补发新文件，交回破损文件并销毁。

（4）文件持有者将文件丢失，应向原发放部门申述丢失理由，本单位领导签字后，在原发放登记账上注明丢失，调查核实后根据情况可补发。

（5）新文件发布时应明确被替代的作废文件，并从所有发放或使用场所及时撤出失效和（或）作废的文件，防止误用。已失效和作废文件和资料，各使用单位填写作废文件和资料明细，申报各单位 HSE 管理机构后销毁。由于某种原因需保留或不能撤出的无效文件，由各使用单位资料保管人员加盖作废章、登记，妥善保管，并报承包商 HSE 管理机构或原发布部门备案。

（6）发放到各单位的文件和资料，要建账登记，进行分类、保管，并建立本单位控制文件清单。岗位变动的要补发文件或做受控、非受控文本调整。各单位的文件发放登记账应随时调整，并定期到原发放单位更改底账，保持文件登记的一致性。文件以文本形式发布后，各控制单位需对存档的电子文件进行标识。

（四）文件和资料的更改与换版

（1）文件需更改时，由归口管理部门提出更改意见，按原发程序进行审批，管理细则的修改由项目分部下达更改通知。

（2）使用保管单位或个人将修改补充规定或修改通知黏附在原文内，保存到更改通知单注明的有效期或原文件作废、换版为止。

（3）受控文本的修改，由原发放部门进行监督和检查。

（4）文件的版号和修改码可标在文件编号之后。

（五）文件和资料的归档

项目的 HSE 管理体系文件、外来管理性文件和项目部以文件发布的各类 HSE 管理制度由资料管理部门负责归档，技术性文件由归口管理部门负责归档，归档后文件按档案管理规定管理。

第二节　人员资质及组织

（1）项目组织机构设置应合理、职责应明确，满足施工需要。

（2）进场施工前，承包商应将所有施工人员进场资料（身份证复印件、保险、体检、井控证、HSE 证等）准备齐全，编写项目负责人报审表及作业机组人员报审表，报监督单位审批，审批合格后方可进场。

（3）项目经理、技术负责人、质量负责人、安全总监等不可替换人员应与投标文件一致，不可替换人员更换情况应得到业主批准。按投标文件内及合同人员配备满足施工要求。

（4）施工单位各工种人员应经培训上岗，有培训、考试记录，焊工、电工应具有合格的上岗证。

（5）施工人员信息应形成二维码并录入人员库，二维码制成胸卡挂于胸口，人员资质等扫描件应同步上传人员库。

第三节　施工机具配备

（1）进场施工前，施工单位机具、检测设备应填制进场设备报审表，报监理单位审批合格后方可进场。

（2）进场的施工机具、检测设备应满足施工需求，履行投标文件承诺。

（3）关键设备应按规定制作二维码标签，粘贴在机具的指定位置，并将机具二维码信息录入机具库，相关合格证、检定证书、保养证明等扫描件同步上传。

（4）进场设备及工机具按照相关国标、行标提供检定依据及合格证。

第四节　承包商培训

一、关键岗位人员 HSE 培训

（1）关键岗位人员。承包商关键岗位人员是指承包商单位的主要负责人、分管安全生产负责人、安全管理机构负责人、专职安全人员以及项目负责人（项目经理）。

（2）培训内容及要求。承包商单位关键岗位人员按要求每年至少参加一次 HSE 培训，作为承包商单位申请准入、合同签订或复审资质的前置条件。具体的培训内容及要求见表 1-4-1。

表 1-4-1　关键岗位人员培训内容及要求

序号	培训内容	培训要点	理论学时
1	承包商 HSE 管理相关政策和要求	（1）国家及地方 HSE 相关法律法规、标准和政策； （2）集团公司 HSE 管理理念、原则和承包商管理等相关要求； （3）公司相关 HSE 管理制度（含事故事件、应急管理等）和要求	4
2	风险管理要求及工具方法	（1）承包商项目特点和风险管控重点； （2）风险管理的基本知识； （3）作业许可、工作前安全分析、安全观察与沟通、HSE "两书一表"等 HSE 相关工具方法； （4）承包商 HSE 管理典型做法和事故案例	4
3	现场 HSE 管理	（1）项目涉及的非常规、高风险作业安全管理要求（如动火作业、挖掘作业、高处作业、脚手架作业、受限空间作业、临时用电作业、吊装作业、管线打开等）； （2）项目涉及的职业病危害因素（如放射源等）的监测及防护方法； （3）施工作业中污染防治等环保要求； （4）个人防护用品使用方法和管理要求； （5）动火、临时用电、吊装、高空等作业要培训	2
4		（1）集团公司工程建设、检维修承包商管理办法及年度评价实施细则； （2）承包商 "三违" 检查典型案例； （3）住建部《建筑工程施工发包与承包违法行为认定查处管理办法》	4
5	考试	—	2
合计：不少于 16 学时			

二、承包商入场前 QHSE 培训

承包商参加项目的所有员工进行入场施工作业前，均应接受安全教育，考核合格后，方可入场。HSE 培训内容主要包括：

（1）国家安全环保方针、政策、法律法规、规章及标准，国家管网集团公司 HSE 规章制度及相关标准，项目单位 HSE 有关规定。

（2）HSE 管理基本知识、HSE 技术、HSE 专业知识。

（3）重大危险源管理、重大事故防范、应急管理和救援组织以及事故调查处理的有关规定。

（4）职业危害及其预防措施、先进的安全环保管理经验，典型事故和案例分析。

（5）个人岗位安全职责、工作环境和危险因素识别防控、应急处置技能等。

（6）其他需要培训的内容。

三、承包商内部培训

承包商根据建设（工程）项目安全施工的需要，编制有针对性的安全教育培训计划，入厂（场）前对参加项目的所有员工进行有关安全生产法律、法规、规章、标准和项目单位有关规定的培训，重点培训项目执行的规章制度和标准、HSE 作业计划书、安全技术措施和应急预案等内容，并将培训和考试记录报送项目单位相关项目管理部门。

四、其他培训要求

承包商员工离开工作区域 6 个月以上、调整工作岗位、工艺和设备变更、作业环境变化或者承包商采用新工艺、新技术、新材料、新设备的，承包商应当对其进行专门的安全环保教育和培训。经考核合格后，方可上岗作业。

第五节　施工物资管理

一、施工物资进场管理

进场施工前，施工单位应编制进场物资报验表，报监督单位审批，经项目部组织的联合验收合格后方可进场。

二、仓储管理

（1）仓储管理必须工作严谨，手续齐备，数据准确，做好各类物料出入库管理，保证账物、账表相符，加强对各类进库物料质量的控制和验收工作，根据不同种类、规格分类摆放。

（2）加强库区防水、防火、防霉工作，防止意外事故，避免经济损失，在节假日或夜间组织仓库人员值班，以保障生产所需。

（3）加强库区的内务整理与卫生清扫工作，保持库内通道顺畅，堆放整齐，数量准确，场地卫生，充分利用库房空间，减少场地占用，仓库设施、用具、杂物，如叉车、地台板、装载容器/铁筐、清洁工具等，在未使用时应整齐地摆放于规定位置，严禁占用通道或随意乱丢乱放。

（4）工作人员应掌握本岗位所储存物资的大类，安全防火常识，现场安全标志醒目、齐全，数量充足，电源线路符合安全用电，站内无乱拉电线、乱接插座现象，库房、料场消防设施器材完好、有效，并按期检查。

（5）特种作业人员持有效许可证上岗。如证件过期等特殊原因未能及时培训的，请提前更换或替补人员。

第六节　施工现场准备

（1）水、路、电、通信、用地等需要办理的相关施工手续应已完成并取得批复意见。

（2）现场场地应平整、施工防护设施（防风、防雨、临时设施、警示标识等）应符合要求。

（3）开工前 QHSE 评估应合格。施工单位开工报告应获得监督单位、业主批准，准许开工。

（4）施工结束后恢复井场工完料净场地清，做好井场交接手续方可离场。

第五章　施工阶段安全管控要点

第一节　钻完井工程

一、钻完井工程概述

（一）钻完井工程施工工序及通用风险

盐穴储气库二开钻完井工程施工工序如图1-5-1所示。

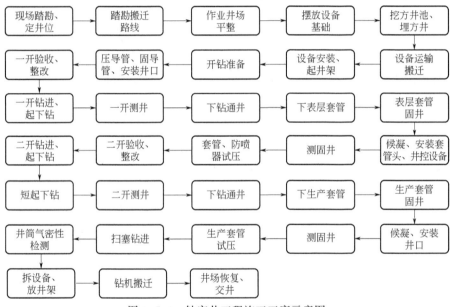

图1-5-1　钻完井工程施工工序示意图

钻完井工程主要通用风险见表1-5-1。

表1-5-1　钻完井通用管控风险

序号	风险名称	风险描述	风险危害
1	井场着火	管线泄漏	污染环境 设备损坏 人员伤亡
		腐蚀开焊	
		危险区吸烟、动火	
		设备、设施未设接地装置	
		未穿戴劳保用品	
		使用非防爆电器	
		铁制工具撞击火花	

续表

序号	风险名称	风险描述	风险危害
2	井架倾倒	绷绳断丝超过6丝以上或断股	设备损坏人员伤亡
		绷绳安装不规范	
		二层台锁紧装置失效	
		千斤支腿失效	
		五级以上大风立放井架	
		起升液缸液压不足	
		立放井架时，液压缸未排空	
		井架开焊、变形	
		机车基础不稳	
		地锚钻在原地锚坑内	
		底座、千斤和地锚在水中浸泡	
3	防碰装置失效	未按要求配置防碰装置	设备损坏人员伤亡
		未进行检查维护导致防碰装置失效	
		限位数值设置不合理	
4	刹车失灵	刹车鼓、刹车片磨损严重	设备损坏人员伤亡
		丝杠调节位置不对	
		离合器未分开	
		负荷太重	
5	大绳断脱	安全超大绳负荷	设备损坏人员伤亡
		操作失误	
		大绳断丝6丝以上或断股	
		死绳端固定不牢	
		滚筒上大绳圈数不足	
		活绳头在滚筒是固定不牢	
		吊车拔杆伸至电线	
6	单吊环、吊卡	未使用防掉吊卡销	人员伤亡
		保险绳断脱	
		吊卡销未插到位	
		操作不平稳	
		初提升速度过快	
		人员配合不协调	
7	液压钳绞手	液压钳无防护装置	人员伤亡
		在检修液压钳时未分开离合器	
		井口操作人员思想麻痹	
8	井控设备失灵	操作失误	设备损坏人员伤亡社会影响
		设计缺陷	
		人员发现异常情况不及时	
		井控措施不当	

（二）通用安全管控要点

(1) 管线在使用前要试压合格。

(2) 巡回检查大罐、管线焊接处，发现开焊，及时修理。

(3) 井场悬挂"禁止烟火"标志牌，禁止吸烟、动用明火需办理手续。

(4) 发电机、钻井泵等大型设备要设接地装置，所有施工管线固定。

(5) 监督所有施工人员均穿戴劳保用品。

(6) 气量较大的井场，配备防爆电器，报消防车值班。

(7) 气量较大的井场，进入车辆戴防火帽，报消防车值班。

(8) 巡回检查时，发现绷绳断丝 12 丝以上或断股，应及时更换。

(9) 绷绳绳距、绳卡、地锚安装应符合规范。

(10) 安装时，检查二层台锁紧装置的有效性。

(11) 巡回检查千斤支腿的有效性。

(12) 禁止五级以上大风立放井架。

(13) 检查液缸液压在机车允许范围内。

(14) 立放井架时，液压缸应排出空气。

(15) 巡回检查井架，发现开焊、变形要及时修理。

(16) 巡回检查机车基础，发现不平稳时，进行整改或采取措施。

(17) 地锚不允许钻在原地锚坑内，应钻在硬地上。

(18) 井口必须挖溢流池，地锚周围的水及时排走。

(19) 巡回检查，刹车鼓、刹车片磨损严重时，应及时更换。

(20) 调节丝杠至合适位置。

(21) 刹车时，离合器应分开。

(22) 根据井内管柱负荷，选择合适的作业机。

(23) 禁止超大绳安全负荷作业。

(24) 司钻持证上岗。

(25) 巡回检查大绳，发现每捻距断丝 6 丝以上或断股，应及时更换。

(26) 安装死绳时，应将死绳固定牢固，每班进行检查。

(27) 保证游动滑车处最低位置时滚筒上大绳圈数不少 15 圈。

(28) 巡回检查活绳头在滚筒上的牢固情况。

(29) 禁止在高压线下进行吊装作业。

(30) 负责配备防掉吊卡销。

(31) 提升管柱前，应检查保险绳的有效性。

(32) 提升管柱前，应将吊卡销插到位。

(33) 在起下作业过程中，控制下放速度，禁止猛提猛放。在初提管柱时，应缓慢操作。

(34) 液压钳需安装防护装置。

(35) 检修液压钳时，作业机司机必须将离合器分开并进行监控。

(36) 井口操作人员注意力应保持集中。

(37) 井控设备试压合格。

（38）相关岗位持有井控证。

（39）开展井控演练。

二、钻前工程

（一）钻前工程工作流程及重点管控风险

钻前工程工作流程示意如图1-5-2所示。

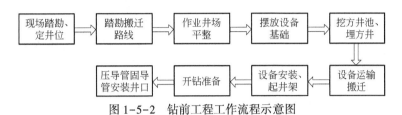

图1-5-2　钻前工程工作流程示意图

钻前工程重点管控风险见表1-5-2。

表1-5-2　重点管控风险

序号	作业名称	风险描述	风险危害
1	设备运输搬迁	未按规定路线运输，天气环境不良造成的交通事故等	设备损坏 人员受伤
2	起吊设备作业	起吊设备不到位造成的起重伤害、吊车倾翻等	设备损坏 人员受伤
3	摆放设备基础	设备安装、起井架操作不规范、作业人员站位不当造成的起重伤害、机械伤害、物体打击、高处坠落；视线不清或大雾、大雪、大风、冰雹、雷雨等恶劣天气可能造成井架倾覆事故	设备损坏 人员受伤
4	起井架作业	井架浮置物坠落可能导致人员伤害，悬吊绳索、绷绳、水龙带等井架附件发生卡挂可能造成设备损坏、人员伤害	设备损坏 人员伤亡
5	下导管、固定导管	绞车指挥、操作配合不当，导管吊上坡道后未固定，吊索具的选择、使用不当，造成导管滑落伤人；夜间施工照明不足，悬吊索具挂碰吊卡活门，导管脱落导致人员伤害；钻台向下抛掷套管护丝、手工具，场地人员站位不合理，造成人员伤害	设备损坏 人员受伤
6	井场平整	场地未压实，井场排水设置不合理	设备倾覆 环境污染

（二）主要安全管控要点

（1）井场验收，保证"三通一平"。

（2）风速大于五级、暴雨天、雾天视线不清时和夜间不应起放井架、吊装等特殊作业。

（3）钻井设备的安装应先找平、再找正，达到"平、稳、正、全、牢、灵、通"的要求。钻设备的安装应符合要求，因找平而加的垫铁用电焊焊牢，作业符合SY/T 6444—2018《石油工程建设施工安全规范》的要求。

（4）各运转机件上的护罩和保护装置配齐装牢，天车、转盘、井口三者的中心线在一条铅垂线上，偏差小于10mm。

（5）绞车以滚筒面为准，水平度误差不大于 3mm，转盘以旋转面为准，水平度误差不大于 2mm，电磁刹车、水刹车找平找正以牙嵌为准，端面间隙与外圆偏心差均不应超过 1mm。

（6）钻井泵预压空气包应充氮气或压缩空气，充气值为工作压力的 20%~30%，但不应大于 6MPa，低于 2.5MPa 时即应补充压力。

（7）井架和底座在安装前应仔细检查，不应有变形、弯曲、严重伤痕、破损、锈蚀，井架和底座各部件的安装顺序应符合钻机使用说明书的要求。

（8）井架和底座的连接销子对号入座，不应用螺栓代替。连接销子的大头方向在井架外侧，小头方向在井架内侧，安全销从上往下穿，并穿好别针。

（9）盘式刹车的刹车块和带式刹车的车带均需进行磨合试验，使其与刹车毂之间接触均匀，要求接触面积应大于总摩擦面积的 80%。

（10）穿滚筒钢丝绳时，在滚筒上应留一层半钢丝绳，死绳卡牢，大绳、销子、耳板等重要部件不应存在影响承载能力的缺陷。

（11）井架安装完毕后，检查连接销子、安全销及别针，确认连接正确，与井架起升有关的转动部位处于良好润滑状态。

（12）液压缓冲液缸工作正常且能伸至最大行程，检查动力系统、传动系统、刹车系统、气控系统润滑状况和各部件连接固定等情况，确认工作可靠。确认井架上无工具、零件和杂物。

（13）起井架先进行试起，当井架起离支架 100~200mm 时，将滚筒刹住，再进行一次全面检查，确认各绳卡固定、各绳索与井架及各绳索间无擦刮、刹车系统可靠，天车固定后，将井架慢慢放回支架上，确认满足起升条件后，方可进行正式起升。起升前按钻机说明书要求全面检查刹车系统、提升系统、动力系统、气控系统、润滑状况和各部件连接固定情况，井架上应无工具和零件，备好冷却水。

（14）井场电气的设计选型与安装应满足施工要求。井场设配电控制中心及相应的分区、分类配电控制子中心，防爆区电气装置、电器、电动机应符合防爆要求。

（15）电气控制系统的连接管线、气阀和接头等不应漏气，当拆卸设备移运时，快速活接头密封面用保护盖板盖好，其他连接端应保护好，连接螺纹应包扎好。

（16）钻机安装时，气控制系统应进行试验，包括柴油机停止运转条件的试验和空转试验，确认系统工作准确、可靠和灵敏，设备装置间的连接与控制流程图相符，试验结束后操作箱上各手柄应处于非工作位置。

（17）设备安装结束后，应按各系统的技术要求进行检查，做好设备的试运行与调试工作，设备试运转合格后方可投入使用。

（18）气动绞车、吊带、吊钩、兜绳、吊卡及吊卡保险销、套管钳、B 型吊钳符合要求。

（19）起吊导管上钻台时，使用专用吊带并双扣系牢。冬季施工距离导管内螺纹接头 1.5m 内除霜、除雪。

（20）起吊导管时，场地人员将气动绞车吊钩挂牢导管吊带，撤离到安全区域后，方可给气动绞车操作者发出起吊信号，气动绞车操作者接到起吊信号后，平稳起吊导管。

（21）导管上提过程中，钻台大门坡道前严禁人员停留或通行。

（22）导管上坡道后，作业人员对导管进行防滑固定，导管停稳后井口操作人员方可摘掉吊带。吊卡扣合到位，井口人员撤至两侧安全区域后，方可缓慢上提导管。

（23）导管上钻台后作业人员使用兜绳兜稳导管，卸护丝人员手脚不得处在导管正下方，身体不能处在导管倾斜方向。

三、一开施工

（一）一开施工工作流程及重点管控风险

一开施工工作流程如图 1-5-3 所示。一开施工重点管控风险见表 1-5-3。

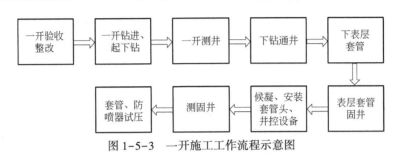

图 1-5-3　一开施工工作流程示意图

表 1-5-3　重点管控风险

序号	作业名称	风险描述	风险危害
1	一开钻进、起下钻	井架、钻柱上的工具、泥块等浮置物由于振动等原因下落造成物体打击；非专业电工连接线路、电源线未接在有漏电保护继电器的电源上造成人员触电事故	设备损坏人员受伤
2	起钻作业	防碰系统失灵顶天车；刹车系统失灵顿钻；操作液压大钳配合不当；大钳液压管线突然断裂；忘记灌钻井液造成卡钻或井塌；钻具突然断裂，吊卡跳出吊环	设备损坏人员受伤
3	下钻作业	防碰系统失灵顶天车；刹车系统失灵顿钻；吊卡落下或井架落物；大钳液压管线突然断裂；刹带下垫东西造成刹车失灵等	设备损坏人员受伤
4	接单根作业	接单根时操作大钳配合不当；用大钳接单时大钳打滑；接单根时倒换泵倒错阀门等	设备损坏人员受伤
5	套管、防喷器试压	高压立管接头、阀门、压力表、传感器接口等高压部位刺出液体伤人；测井人员操作钻井队设备易发生人身伤害及设备损坏事故	设备损坏人员受伤

（二）主要安全管控要点

（1）钻井队与电测队双方根据作业过程中存在的主要危害因素及其风险削减控制措施、应急措施和有关规定等，以相关方告知书的形式进行相互告知，负责人相互签字确认。

（2）钻井队收到施工单位的相关方告知书后，由接收人向本单位参加作业人员进行安全教育，参加人员签字确认。

（3）钻井队清理干净钻台面和滑道，提升设备及刹车装置完整可靠，坡道、猫道及井场上无影响测井施工的杂物。

（4）仪器车距井口 25~30m 摆放，驾驶员拉紧刹车制动器，后轮处打好掩木，防止车辆后滑。

（5）用警戒带圈定测井施工范围，摆好警示牌，未经允许非工作人员不得进入警戒区域。

（6）用转盘锁销锁死转盘，使其不能转动。将测井天滑轮用游车提起后，要确保绞车刹车可靠，盘刹采用紧急制动方式，带刹刹车后要挂好保险链。

（7）钻井队负责关牢固定天滑轮的吊卡活门，并监督测井作业人员加装天滑轮保险绳。天滑轮上提过程中，正下方严禁有人。

（8）钻井队提供固定测井地滑轮链条的通道，测井队将地滑轮和链条以"三扣一环"的方式固定牢靠。钻井队将地滑轮提升至合适高度，刹牢气动小绞车。

（9）严禁测井作业过程中在钻台上进行交叉作业。严禁在测井车辆警戒线内进行套管装卸作业。严禁跨越电缆进行吊装作业。严禁人员触碰、跨越电缆和地滑轮。

（10）装、卸放射源时，测井队通知非工作人员远离作业点20m以外。

（11）严禁测井绞车运行过程中任何人员从测井车后方通过或停留。

（12）钻井队组织下套管作业前安全分析会，针对作业实际情况识别的风险制订削减控制措施，钻井队办理三级危险作业许可。

（13）作业人员检查套管液压大钳、井口工具，专用吊带，猫道套管防滑装置等符合要求，钻台大门处拴一根长度合适的防碰兜绳。

（14）确认变扣接头与套管尺寸匹配。未安装环形防喷器的防喷器组更换与套管尺寸相匹配的闸板芯子。

（15）套管在管架上分层摆放不超过三层，用管架挡销和铁丝固定好套管。套管通径作业，采取气源通径时，人员不得处于套管通径规出口前方。丈量套管人员站在套管两端地面上，防止人员坠落和管具滚动伤人。

（16）在设备条件允许和井下正常时，机械钻机利用转盘止锁销和气源开关手柄锁销锁定转盘，电动钻机锁定转盘电源开关手柄，防止因误操作或气路窜气造成转盘意外转动。

（17）起吊套管上下钻台使用专用吊带并双扣系牢。

（18）冬季下套管作业时，距离套管内螺纹接头1.5m内除霜、除雪。冰雪、潮湿或阴雨天气，套管表面湿滑，滚套管人员站在套管两侧的地面进行滚套管作业。

（19）吊套管上钻台时，气动绞车操作人员听从场地人员指挥，启动气动绞车拉紧吊带，待场地人员撤离至猫道两侧5m以外或套管可能滑落区域外后，方可起吊套管。吊车吊套管上钻台要使用加长牵引绳。套管可能坠落和吊臂旋转范围内严禁站人。

（20）在大门坡道扣吊卡时，滑道上有防止套管滑落措施。在套管上扣合吊卡时，监控人员配合，防止吊卡夹伤手。司钻上提套管时，井口操作人员撤至套管两侧的安全位置。

（21）套管护丝及套管帽子装入桶内用绳索送下钻台，或使用吊装带穿好后用绳索送下钻台，严禁从钻台上向场地扔套管护丝和套管帽子。

（22）司钻在确认内外钳工都摘掉吊环后方可上提游车，防止发生单吊环事故。

（23）游车下行时避开气动绞车在鼠洞上提、下放套管的时段，防止气动绞车吊绳挂开吊卡或游车下行过快压套管。

（24）使用专用套管液压大钳上扣时，开始使用低速控制套管上部摆动，避免套管钳吊绳挂开吊卡。

（25）下套管过程中，每下15~20根套管灌满钻井液一次，必要时要每下一根套管灌满一次钻井液，灌钻井液时，钻井泵回水阀门应适度打开。

（26）套管质量超过 30t 后要使用辅助刹车（电磁刹车等）。

（27）严禁套管错扣、修扣、电焊焊接下井，严禁场地人员站在猫道两侧 5m 以内或套管可能滑落区域。

（28）冬季下套管作业时，对地面高压管线、立管、水龙带、钻井泵、灌浆管线等采取有效的防冻措施。

（29）下套管作业中，需要倒换发电机时，发电工提前通知司钻，防止发生电磁刹车断电失效。

（30）钻井队组织固井作业前安全分析会，针对作业实际情况识别风险制订削减控制措施，固井队对固井高压管线进行试压时，高压区内不得站人。

（31）固井施工单位把上下钻台的固井高压管线两端固定牢固。

（32）测量固井水泥浆密度的取样人员避开高压区域，禁止开泵替钻井液时水龙带附近站人。

（33）禁止碰压过程中水泥头附近及高压区站人，其他人员撤至安全区域，禁止敞压候凝时管线放压方向站人，固井及候凝期间，井架工坐岗到位，候凝结束，确认泄压后再拆甩固井水泥头。

（34）固井残留液统一回收处理，防止污染环境，接固井水泥头作业时，监控井口作业人员站位及钻井队和固井作业队同时作业的配合情况，按设计要求候凝。

（35）防喷器的安装、校正和固定应符合相应规定。

（36）具有手动锁紧机构的闸板防喷器应装齐手动操作杆，靠手轮端应支撑牢固，其中芯与锁紧轴之间的夹角不大于 30°，并挂牌标明开、关方向和到底圈数。

（37）套管头安装、四通的配置及安装符合 SY/T 5964—2019《钻井井控装置组合配套、安装调试与使用规范》中的相应规定。

（38）防喷器的远控台应安装在面对井架大门左侧、距井口不少于 25m 的专用活动房内，距放喷管线及压井管线的距离应不少于 1m，且周围留有宽度不少于 2m 的人行道，周围 10m 内不得堆放易燃、易爆易腐蚀的物品。

（39）管排架与防喷管线及放喷管线的距离不少于 1m，车辆跨越处应加装过桥盖板，不许在管排架上堆放杂物和作为电焊地线，或在其上进行电焊作业。

（40）总气源与司控台上气源分开连接，并配置气源排水分离器，严禁强弯和压折气管束。

（41）远控台电源应从配电板总开关处直接引出，并用单独开关控制，储能器完好，压力达到规定值，并始终处于工作压力状态；防喷器四通两翼应各装两个闸阀，紧靠四通的闸阀应处于常开状态。

（42）放喷管线通径不少于 78mm，接出井场，管线每隔 10~15m 用水泥基墩加地脚螺栓固定牢靠；放喷管线不允许在现场焊接。

（43）井控管汇所配置的平板阀应符合相应规定；井控管汇上所有闸阀都应挂牌编号并标明其开、关状态。压井管汇不能用作日常灌注钻井液用；防喷管线、节流管汇和压井管汇应采取防堵、防漏措施；最大允许关井套压值在节流管汇处以明显的标示牌标示。

（44）各开井控装置安装完毕后，须经验收合格后，方可开钻。

（45）钻井队组织接方钻杆作业前安全分析会，针对作业识别出的风险制订削减控制措施。

（46）检查并确认气动绞车固定牢固、刹车系统灵敏有效、气压在 0.6~0.8MPa、钢丝绳排列整齐，吊索具、吊钩及附件齐全完好。

（47）大门绷绳固定、连接牢固，绷绳上挂的滑轮保险锁销完好；抬方钻杆上钻台时，场地上危险区域内人员撤离至安全位置。

（48）检查为防止方钻杆放置在大门坡道后下滑采取的防滑落措施，如在方钻杆方棱上用 φ25.3mm 棕绳或吊装带缠绕 3~5 圈，两端固定在大门坡道立柱上。

（49）水龙头与方钻杆对扣、上扣时，井口人员应站在水龙头中心管两侧扶正。

四、二开施工

（一）二开施工工作流程及重点管控风险

二开施工工作流程示意如图 1-5-4 所示。二开施工工作重点管控风险见表 1-5-4。

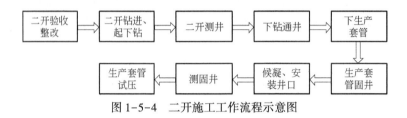

图 1-5-4　二开施工工作流程示意图

表 1-5-4　重点管控风险

序号	作业名称	风险描述	风险危害
1	二开钻进、起下钻	井架、钻柱上的工具、泥块等浮置物由于振动等原因下落造成物体打击	设备损坏 人员受伤
2	起钻作业	防碰系统失灵顶天车；刹车系统失灵顿钻；操作液压大钳配合不当；大钳液压管线突然断裂；忘记灌钻井液造成卡钻或井塌；钻具突然断裂，吊卡跳出吊环	设备损坏 人员受伤
3	下钻作业	防碰系统失灵顶天车；刹车系统失灵顿钻；吊卡落下或井架落物；大钳液压管线突然断裂；刹带下垫东西造成刹车失灵等	设备损坏 人员受伤
4	下套管作业	排套管配合不当，吊套管上钻台绳套断或脱扣，管柱下入遇阻，管柱脱落	设备损坏 人员受伤 井筒受损
5	测固井	测井人员操作钻井队设备易发生人身伤害及设备损坏事故	设备损坏 人员受伤
6	生产套管试压	高压立管接头、阀门、压力表、传感器接口等高压部位刺出液体伤人	设备损坏 人员受伤

（二）主要安全管控要点

（1）二开后钻进新地层 5~10m 时需要地层试漏试验。

（2）钻井队应在试验前组织编制地层破裂压力试验程序，形成规定动作，并在试验前对相关人员进行安全技术交底。

（3）试验压力最大值应低于井口承压设备中的最小额定工作压力和套管最小抗内压强

度80%的较小者，同时考虑下层套管固井水泥浆最大压差，避免将地层压裂。

（4）办理危险作业许可，钻井队组织作业人员进行作业前安全分析，针对作业实际情况识别风险制订削减控制措施。

（5）工作区域要做隔离境界，确保隔离之外的环境处于安全状态，工作人员要穿防辐射服，要佩戴个体防护用品（个人计量剂且处于检测有效状态），要做好放射源的合规储存、使用和运输。

（6）冬季正常钻进时，司钻每10~15min活动一次气控开关，防止气路冻结。

（7）钻台面清洁、无杂物阻挡和过量钻井液，铺设防滑垫。

（8）两套防碰装置、刹车系统、钻井参数仪、立压表等灵敏可靠，转盘处无杂物，人员撤离到安全区域后方可启动转盘。转盘运转时，禁止人员在其附近走动。

（9）钻机、转盘、天车、游车、大钩、水龙头等钻台设备使用时无异常声响。钻台护栏、偏房底座、井架及底座连接牢固。

五、井筒气密性检测

（一）井筒气密性检测工作流程及重点管控风险

井筒气密性检测工作流程如图1-5-5所示。

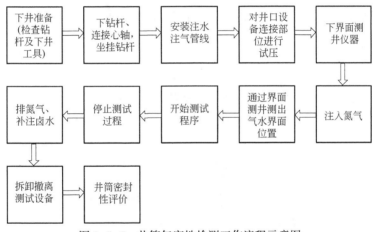

图1-5-5　井筒气密性检测工作流程示意图

井筒气密性检测工作管控风险见表1-5-5。

表1-5-5　重点管控风险

序号	作业名称	风险描述	风险危害
1	前期检查准备	未进行防喷器组安装、液压管线连接及固定检查，安装连接不牢	设备损坏 人员受伤
2	井筒气密性检测	试压机由非专业人员接、拆电源线易发生触电事故；冬季未检查确认设备是否正常后，进行试压作业可能造成设备损坏、人员伤害；超过额定压力可能损坏井口装置或伤害人员	设备损坏 人员受伤
3	试压及泄压过程作业	作业人员未撤离到安全区域进行试压作业可能造成人员伤害；试压完毕泄压时排液口处站人造成人员伤害	设备损坏 人员受伤

（二）主要安全管控要点

（1）钻井队组织试压作业前安全分析会，针对作业实际情况识别风险制订削减控制措施，办理危险作业许可。

（2）钻井队检查防喷器组安装、管线连接及固定，达到井控细则及工程设计中的要求并按照设计要求进行试压。确认液压控制管线安装正确、连接牢固，与远控房手柄标识一致。

（3）气温在0℃以下时钻井队，对压力表、管线、阀门的保温及畅通情况进行了检查并确认符合要求。

（4）试压前，按照试压方案逐个核查各开关阀门、闸板开关状态；试压由现场工程技术人员负责指挥。

（5）试压泵由专业人员接电，电源线无老化、破皮现象，保护接地良好。气温在0℃以下时，试压前应对试压泵进行预热并人工盘泵。

（6）打压前无关人员撤离到安全区域，压力稳定后方可进行检查、泄压或倒阀门工作。

（7）检查防喷器与套管头连接及各阀门连接处时，检查人员佩戴护目镜，并选侧站位。

（8）严禁试压完成后采用开井的方式泄压；严禁泄压时排液口站人。

（9）根据记录数据，依据评价标准对井筒密封性进行评价。

六、完井、交井

（一）完井、交井工作流程及重点管控风险

完井、交井工作流程如图1-5-6所示。

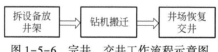

图1-5-6　完井、交井工作流程示意图

完井、交井工作重点管控风险如表1-5-6所示。

表1-5-6　重点管控风险

序号	作业名称	风险描述	风险危害
1	拆设备、放井架	作业人员未确认待拆设备设施切断电源、气源，带压设备带压；拆卸连接销子时，易发生物体打击和高处坠落事故	设备损坏、人员受伤
2	设备搬迁	在未断电的高压线下进行吊装作业；吊装作业时，人员进入被吊物下方作业，被吊物体滑落易造成人员伤害事故。吊臂旋转范围内有人员活动，易造成人身伤亡事故	设备损坏、人员受伤
3	井场恢复、交井	现场油泥、垃圾未处理完	环境污染

（二）主要安全管控要点

（1）钻井队拆搬作业前要进行作业前安全分析，并针对作业识别出的风险制订削减控制措施，钻井队及相关方要相互告知作业风险，钻井队要按照规定办理危险作业许可。

（2）吊车司机、司索、指挥人员要持有效证件。

（3）严禁风力六级（10.8m/s）及以上大风、雷电或暴雨、雾、雪、沙暴等能见度小于30m时，进行吊装作业及高处作业。

（4）吊装作业前要检查确认吊车吊钩安全锁销及卡车防滑垫等设施完好符合要求，吊装作业安排专人指挥。指挥员应持有效的司索指挥证，佩戴明显指挥标识（如袖标、背心等），处于吊车司机和司索人员都能看到的位置。当指挥员与吊车司机联络不畅时，应增设中间指挥人员传递信号指挥吊装。如遇起吊大型设备设施需两台吊车联合作业时，明确一人负责统一指挥。

（5）吊装作业前，被吊物上的浮置物必须进行清理或固定，吊装作业时，作业人员站位以"四个不着"（绳套脱落打不着，吊物落下砸不着，吊物移动挤不着，索具拉紧勒不着）为原则，防止吊装物对人员造成挤伤、碰伤及砸伤，吊装物距作业面高度超过0.5m，体积超过5m³、长度超过10m、质量超过0.5t及易散落、翻转、不易控制的物体，必须使用牵引绳。牵引绳的有效长度大于吊装物可能坠落、倾倒伤人的危险距离。牵引绳至少对角使用，控制吊装物的运移过程。

（6）埋件、连接件必须先开挖和拆除连接后方可起吊，严禁直接拔拽埋件、连接件。

（7）未断电的高压线路上方及正下方，禁止进行吊装作业。侧下方进行吊装作业时，起重机的任何部位以及被吊物边缘、断裂后的吊索具最大摆动位置与高压线路安全水平距离为：1kV以下线路至少为1.5m，1~10kV至少为2m，10~35kV至少为4m，35kV以上至少为5m（以上距离不包括雨、雾、潮湿天气）。否则必须断电或拖离被吊物至安全区域后方可进行吊装作业。

（8）高空作业时，重点监控上下立体工作面同时作业的人员，正确使用安全带及防坠落装置，手工具及零配件拴保险绳，严禁采用上抛下掷的方式传递工具及附件。

（9）严禁人员身体任何部位处于被吊物下方等危险区域，严禁两根及以上管线未捆绑牢固同时吊装，严禁吊装作业被吊物从人员上方停留或通过，严禁悬空安装件未固定前人员在其上方和下方滞留和通行。

（10）拆卸设备设施前，作业人员确认设备设施切断电源、气源，带压设备卸压。

第二节　造腔工程

一、造腔工程概述

（一）造腔工程施工工序及通用风险

造腔施工工序如图1-5-7所示。

造腔施工通用管控风险见表1-5-7。

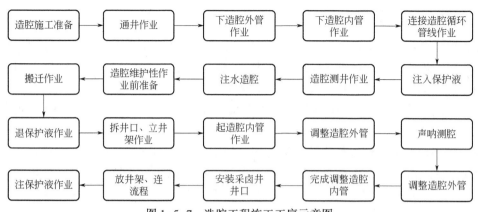

图 1-5-7　造腔工程施工工序示意图

表 1-5-7　造腔施工通用管控风险

序号	设备/名称	风险描述	风险危害
1	井场起火风险	管线泄漏	污染环境 设备损坏 人员伤亡
		腐蚀开焊	
		危险区吸烟、动火	
		设备、设施未设接地装置	
		未穿戴劳保用品	
		使用非防爆电器	
		铁制工具撞击火花	
2	井架倾倒风险	绷绳断丝超过 6 丝以上或断股	设备损坏 人员伤亡
		绷绳安装不规范	
		二层台锁紧装置失效	
		千斤支腿失效	
		五级以上大风立放井架	
		起升液缸液压不足	
		立放井架时，液压缸未排空	
		井架开焊、变形	
		机车基础不稳	
		地锚钻在原地锚坑内	
		底座、千斤和地锚在水中浸泡	
3	刹车失灵风险	刹车鼓、刹车片磨损严重	设备损坏 人员伤亡
		丝杠调节位置不对	
		离合器未分开	
		负荷太重	
4	大绳断脱风险	安全超大绳负荷	设备损坏 人员伤亡
		操作失误	
		大绳断丝 6 丝以上或断股	
		死绳端固定不牢	

续表

序号	设备/名称	风险描述	风险危害
4	大绳断脱风险	滚筒上大绳圈数不足	设备损坏 人员伤亡
		活绳头在滚筒是固定不牢	
		吊车拔杆伸至电线	
5	单吊环伤人风险	未使用防掉吊卡销	人员伤亡
		保险绳断脱	
		吊卡销未插到位	
		操作不平稳	
		初提升速度过快	
		人员配合不协调	
6	液压钳绞手风险	液压钳无防护装置	人员伤亡
		司机在检修液压钳时未分开离合器	
		井口操作人员思想麻痹	

（二）通用安全管控要点

（1）管线在使用前要试压合格。

（2）巡回检查大罐、管线焊接处，发现开焊，及时修理。

（3）井场悬挂"禁止烟火"标志牌，禁止吸烟、动用明火需办理手续。

（4）发电机、钻井泵等大型设备要设接地装置，所有施工管线固定。

（5）监督所有施工人员均穿戴劳保用品。

（6）气量较大的井场，配备防爆电器，报消防车值班。

（7）气量较大的井场，进入车辆戴防火帽，报消防车值班。

（8）巡回检查时，发现绷绳断丝12丝以上或断股，应及时更换。

（9）绷绳绳距、绳卡、地锚安装应符合规范。

（10）安装时，检查二层台锁紧装置的有效性。

（11）巡回检查千斤支腿的有效性。

（12）禁止五级以上大风立放井架。

（13）检查液缸液压在机车允许范围内。

（14）立放井架时，液压缸应排出空气。

（15）巡回检查井架，发现开焊、变形要及时修理。

（16）巡回检查机车基础，发现不平稳时，进行整改或采取措施。

（17）地锚不允许钻在原地锚坑内，应钻在硬地上。

（18）井口必须挖溢流池，地锚周围的水及时排走。

（19）巡回检查，刹车鼓、刹车片磨损严重时，应及时更换。

（20）调节丝杠至合适位置。

（21）刹车时，离合器应分开。

（22）根据井内管柱负荷，选择合适的作业机。

（23）禁止超大绳安全负荷作业。

（24）作业机司机持证上岗。

（25）巡回检查大绳，发现每捻距断丝 6 丝以上或断股，应及时更换。

（26）安装死绳时，应将死绳固定牢固，每班进行检查。

（27）保证游动滑车处最低位置时滚筒上大绳圈数不少 15 圈。

（28）巡回检查活绳头在滚筒上的牢固情况。

（29）禁止在高压线下进行吊装作业。

（30）负责配备防掉吊卡销。

（31）提升管柱前，应检查保险绳的有效性。

（32）提升管柱前，应将吊卡销插到位。

（33）在起下作业过程中，控制下放速度，禁止猛提猛放，在初提管柱时，应缓慢操作。

（34）液压钳需安装防护装置。

（35）检修液压钳时，作业机司机必须将离合器分开并进行监控。

（36）井口操作人员注意力应保持集中。

二、造腔施工准备

（一）造腔施工前准备工作流程及重点管控风险

造腔施工前准备工作流程如图 1-5-8 所示。

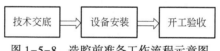

图 1-5-8　造腔前准备工作流程示意图

造腔施工前准备工作重点管控风险见表 1-5-8。

表 1-5-8　重点管控风险

序号	作业名称	风险描述	风险危害
1	施工准备	设备安装或是摆放过程中设备倾倒	人员受伤 设备损坏
2		现场电源线有裸露造成人员触电	人员受伤
3		吊装过程中人员站位不正确，吊装过程中有人员在摆动范围内经过	人员受伤 设备损坏
4		现场未配备垃圾桶，污水收集桶等垃圾处理装置	环境污染

（二）主要安全管控要点

（1）作业前进行安全技术交底。

（2）佩戴好劳动防护用品，人员工牌和臂章佩戴无误。

（3）向作业人员进行外伤初步救治、应急药品的使用和复苏等内容的培训，配备相应的应急药品。

（4）作业现场对生活垃圾和施工废品进行分类处理，并划分专门的处理区域。

（5）确保现场的用电设备具有相应的合格证，并对需要检验的设备进行设备检验，确保设备完整性。

（6）吊车操作手必须具备操作手资格证并配有指挥员。

（7）摆放设备前应确认地面承载力，如在土质松软地段必须进行钢板铺设等防沉陷、防倾倒措施。

（8）在机械操作时必须要有专项负责人对操作手进行监督作业。

三、通井作业

（一）通井作业流程及重点管控风险

通井作业流程如图1-5-9所示。

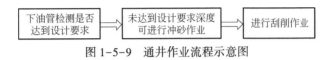

图 1-5-9　通井作业流程示意图

通井作业重点管控风险见表1-5-9。

表 1-5-9　重点管控风险

序号	作业名称	风险描述	风险危害
1	通井作业	未使用规定的通径规作业，刮削设备安装不牢固，作业时起下通井规速度过快或是过慢	设备受损卡井
2		冲砂作业未按照设计压力进行冲沙，井口未做钻井液处理措施	人员受伤设备受损环境污染
3		操作人员在使用液压大钳时脱落砸伤，人员在登井架或是检查通井机防碰天车时未系安全带	跌落机械伤害

（二）主要安全管控要点

（1）作业前进行安全技术交底。

（2）使用刮削设备前对刮削设备进行检查，确保刮削设备尺寸符合设计施工要求。

（3）确保通径规不存在裂痕、缺口、油污等影响作业的风险。

（4）井口挖掘井坑并对井坑进行防渗漏处理，以防井内污水溢流造成环境污染。

（5）安装通井装置时人员操作器具必须规范，确保现场登高人员安全带使用情况。

四、下造腔外管作业

（一）下造腔外管作业流程及重点管控风险

下造腔外管作业流程如图1-5-10所示。

下造腔外管作业重点管控风险见表1-5-10。

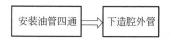

图 1-5-10　下造腔外管作业流程示意图

表 1-5-10　重点管控风险

序号	作业名称	风险描述	风险危害
1	下造腔外管作业	安装油管四通时人员站位不正确，井坑上方防滑倒措施不完善	人员跌落 机械伤害
2		地形恶劣，未修筑作业平台，设备靠近沟边作业或停放，河流滩地、水网地段、淤泥地段、沼泽地段等承载力差等造成设备倾覆、沉陷	人员伤亡 设备损坏
3		安装油管四通前时油管四通接口处有缺陷或油污	设备损坏
4		下造腔外管前未清洗管口，管口对接处不牢固	设备损坏
5		下造腔外管时触发防碰天车装置	设备损坏
6		下造腔外管时悬挂器密封件失效	设备损坏
7		管柱下入遇阻，管柱脱落	井筒受损

（二）主要安全管控要点

（1）作业前进行安全技术交底。

（2）佩戴好劳动防护用品。

（3）安装油管四通时人员不可直面接口处。

（4）安装前对油管四通进行检查是否存在油污、缺口等，及时进行处理更换。

（5）作业前确保设备运转良好以及安全防护装置完好效。

（6）设备运行和停止时与沟边保持安全距离。

（7）土质松软等地质条件差的地段采取铺设钢浮板等措施。

（8）下管柱前应对悬挂器密封件进行检查，符合要求时进行作业，如有磨损或裂痕停止作业及时更换。

（9）冲洗井筒及管柱，保持井筒及管柱清洁畅通。

（10）使用通径规等工具通井，确保井筒畅通。

（11）脱落管柱的鱼顶在井筒内，应进行打捞作业。

（12）脱落管柱掉在盐穴内，若不影响下阶段造腔可不做处理。

（13）对于不溶物堵塞，打压、憋压、冲洗等操作解堵，若不能解堵，起出管柱。

五、下造腔内管作业

（一）下造腔内管作业流程及重点管控风险

下造腔内管作业流程如图 1-5-11 所示。下造腔内管作业重点管控风险见表 1-5-11。

图 1-5-11　下造腔内管作业流程示意图

表 1-5-11　重点管控风险

序号	作业名称	风险描述	风险危害
1	下造腔内管作业	下造腔内管时人员站位不正确，井坑上方防滑倒措施不完善	人员跌落 机械伤害
2		未对修井机进行作业前检查	设备损坏
3		下造腔内管前未清洗管口，管口对接处不牢固	设备损坏
4		下造腔内管时触发防碰天车装置	设备损坏
5		管柱下入遇阻，管柱脱落	井筒受损

（二）主要安全管控要点

（1）作业前进行安全技术交底。

（2）佩戴好劳动防护用品。

（3）作业前对造腔内管管口进行清洗。

（4）作业前确保设备运转良好及安全防护装置完好有效。

（5）吊卡或吊环牢固、平稳。

（6）作业半径范围内禁止人员通行和停留。

（7）严格按规程指挥、作业，安排专人监护。

（8）自外而内顺序取管，禁止从底层抽管。

（9）作业前确保设备、线路、漏电保护器等完好。

（10）冲洗井筒及管柱，保持井筒及管柱清洁畅通。

（11）使用通径规等工具通井，确保井筒畅通。

（12）脱落管柱的鱼顶在井筒内，应进行打捞作业。

（13）脱落管柱掉在盐穴内，若不影响下阶段造腔可不做处理。

（14）对于不溶物堵塞，打压、憋压、冲洗等操作解堵，若不能解堵，起出管柱。

六、连接造腔循环管线

（一）连接造腔循环管线工作流程及重点管控风险

连接造腔循环管线工作流程如图 1-5-12 所示。

图 1-5-12　连接造腔循环管线工作流程示意

连接造腔循环管线工作重点管控风险见表 1-5-12。

表 1-5-12　重点管控风险

序号	作业名称	风险描述	风险危害
1	连接造腔循环管线	超载使用小绞车	人员伤害 设备受损
2		作业前未检查绞车各连接部件固定是否牢靠，吊钩是否有自锁、钢丝绳是否符合安全规定	人员受伤 设备受损
3		连接管线时人员站位不正确，未确保管线是否连接完整	人员受伤 设备受损
4		所使用倒链的规格型号与液压钳质量不配套	人员受伤 设备受损
5		液压钳与尾绳之间的夹角小于90°	人员受伤 设备受损

（二）主要安全管控要点

（1）现场进行安全技术交底，有专人对工艺工序进行监督实施。

（2）检查绞车各连接部件固定牢靠，吊钩有自锁、钢丝绳符合安全规定，不应超载使用绞车。

（3）绞车的操作要平稳，控制小绞车起放速度，应目视吊钩、吊物及吊绳，不得挂、卡其他物体。

（4）液压钳液压源工况良好、密封、卫生清洁、不刺不漏。

（5）液压钳各部位固定螺栓必须紧固。

（6）液压钳尾绳的固定高度必须和液压钳的高度一致，液压钳与尾绳之间的夹角不得小于90°。

（7）所使用倒链的规格型号与液压钳质量配套。

七、注入保护液

（一）注入保护液工作流程及重点管控风险

注入保护液工作流程如图 1-5-13 所示。

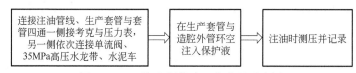

图 1-5-13　注入保护液工作流程示意图

注入保护液工作重点管控风险见表 1-5-13。

表 1-5-13　重点管控风险

序号	作业名称	风险描述	风险危害
1	注入保护液	连接保护液与油管四通时未对硬管线进行清洗	设备受损
2		硬管线连接头下方未做防污染措施	环境污染
3		注入保护液时未对压力进行监测记录	设备受损 地下构筑物受损
4		未对现场进行火源排查或者现场设备未做防静电措施	火灾爆炸

（二）主要安全管控要点

（1）组织危险源识别，针对危险源识别进行风险评估、风险控制和削减与监测。

（2）组织全员安全教育和培训，作业人员应持证上岗。

（3）按照相关规定，配备配齐劳动防护用品。

（4）油罐车附近必须立有警示标识如"禁止烟火"等。

（5）安装连接管线时必须对连接口进行防渗漏测试。

（6）作业前对现场机械设备和作业人员都安装或创建防静电措施。

（7）注入保护液时应对现场油罐车和油管四通上方的压力表进行监测并记录。

八、造腔测井作业

（一）造腔测井作业工作流程及重点管控风险

造腔测井作业工作流程如图1-5-14所示。

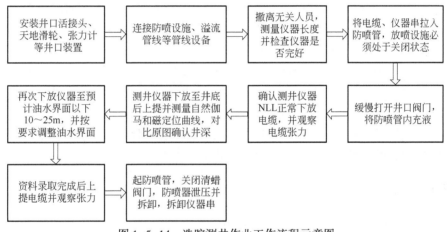

图1-5-14　造腔测井作业工作流程示意图

造腔测井作业工作重点管控风险如表1-5-14所示。

表1-5-14　重点管控风险

序号	作业名称	风险描述	风险危害
1	造腔测井作业	用手代替工具作业、违章操作、注意力分散、设备部件或安全装置失效	人员伤害 设备损坏
2		吊索疲劳损伤、吊索挤压破股、吊点脱开	人员伤害 设备损坏
3		工具串未进入防喷管关闭测试阀门	高压伤人
4		绞车未固定，或连接件松动	设备损坏
5		防喷头泄漏	高压伤人
6		开阀门速度快	人员伤害 设备损坏
7		生活垃圾及工业垃圾未回收	环境污染

（二）主要安全管控要点

（1）对一般井编制 HSE 作业指导书，对作业难度大、危险程度高的复杂井编制特殊作业方案并报主管部门批准。

（2）检查作业车辆、设备、仪器性能，确认车辆设备完好、测井仪器工作正常。如发现影响安全生产的隐患，应立即整改并做好记录。

（3）检查、配备必要的劳动防护用品，如安全帽、防护铅衣等。

（4）检查、配备消防器材、岗位工具、用具等。

（5）人员站位置要符合安全原则，起吊专人指挥，防止碰到井场井口设备。

（6）开关清蜡阀门要慢，站位正确，侧对阀门。

（7）工具串过井下变径处要慢，张力计完好。

（8）作业区用挂警戒牌，用隔离带隔离。

（9）确认工具串进入防喷管内，开关阀门确认圈数。

（10）按照物料清单严格核实，回收物料，清理设备，收拾工具，保持物料的整洁齐全，回收监测检查放射源。

（11）测井项目如有放射性测井时，小队提源员和护源员在临出发时严格按规定到源库借出放射源，且在使用前后必须随时存放在储源罐内。装有放射源的工程车辆不得停在居民生活区和办公场所等地方，确保放射源安全。

（12）从测井公司到作业现场行车安全。临出发时，测井小队长（兼职 HSE 管理员）应进行车辆安全行驶讲话，交代正确行驶路线。行驶途中，测井车辆要列队行驶，保持车距，前后照应；长途行驶，中途应停车检查。遇有冰雪路面、通过桥涵或涉水以及风雪、雨雾天气，应减速行驶，必要时应由人先探路，确保安全。驾驶员要严格按国家交通法规和井场交通安全管理规定驾驶车辆，保证人员、车辆、设备安全。

九、注水造腔

（一）注水造腔工作流程及重点管控风险

注水作业工作流程如图 1-5-15 所示。

图 1-5-15　注水造腔工作流程示意

注水造腔工作重点管控风险见表 1-5-15。

表 1-5-15　重点管控风险

序号	作业名称	风险描述	风险危害
1	注水造腔	注水造腔过程中油水界面失控	腔体受损
2		注水压力与设计压力不符，或是注水流量与设计流量不否导井喷等	设备受损
3		注水时未按照工艺流程进行作业	地下构筑物受损

序号	作业名称	风险描述	风险危害
4	注水造腔	注水站内流程切换错误	设备受损 人员伤害
5		开关阀门操作过程中压力波动剧烈	设备受损
6		离心泵运行中污油渗漏；设备接地线未接好或泵房内湿度过大	触电、火灾 设备受损
7		大罐内未及时清淤，或清淤过程中人员未佩戴防护用品，未按作业规程进行作业	人员伤害 设备受损
8		阀门操作、保养过程中阀门基础下沉、倾斜、开裂或阀门卡死、泄漏	人员伤害 设备受损
9		设备运行过程中仪表失灵，无法上传数据	设备受损
10		汛期大规模降雨的冲刷以及注水、注气管线上方覆土层松软，造成该处管线上方回填土流失严重	设备受损

（二）主要安全管控要点

（1）作业前参加注水工序安全交底。

（2）注水站对注入的水量要进行实时控制，并监测记录。

（3）严格按规程指挥、作业。

（4）注水作业过程中对卤水中钠离子、镁离子定期进行检测。

（5）现场设备作业前进行试运转。

（6）人员禁止面对井口采卤水进出口方向。

（7）作业时禁止其他人员靠近。

（8）严格执行操作规程，操作时要认真核对设备名称和编号，操作时有专人监护。

（9）开关阀门时按照操作规程缓慢操作。

（10）清洗大罐时需办理作业票并严格按进入有限空间作业制度执行。

（11）加强对阀门基础的巡检，随时监控，发现问题及时上报处理；定期对阀门进行灵活性检查及调试；定期对阀门加注润滑脂。

（12）定期对检测仪表进行检查和标定。

（13）加强管道巡护，发现水毁点立刻加以防护，如露管处用土回填夯实。

（14）作业过程中根据作业情况定期对腔体内的油水界面进行检测，如油水界面达不到设计要求及时进行主保护液作业。

十、造腔维护性作业前准备

（一）造腔维护性作业前准备流程及重点管控风险

造腔维护性作业前准备流程如图1-5-16所示。

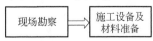

图1-5-16　造腔维护性作业前准备流程示意图

造腔维护性作业前准备重点管控风险见表 1-5-16。

表 1-5-16　重点管控风险

序号	作业名称	风险描述	风险危害
1	现场勘察	行人、车辆较多，路况复杂，易发生交通事故	人员伤害
2		现场面积不满足作业要求，设施不牢固，不承重，导致防洪设施损坏	设备损坏
3		现场三线过低无人指挥车辆导致挂断线路、人员触电、通信中断	人员伤亡设备损坏
4		不安定因素发生盗抢、阻工、寻衅滋事	人员伤亡设备损坏
5		遇到暴雨、雷击、洪水淹没、飓风、风暴潮或有居民、养殖池、盐池、滩涂、湿地等	环境污染人员伤害财产损失
6		吊装过程中没有试吊或者是选择合适的千斤板或枕木；起吊被吊物后旋转半径内有人员停留或通过，吊车司机操作不稳或未捆绑	人员伤亡设备损坏

（二）主要安全管控要点

（1）控制车速缓慢通过尽量避开此线路。

（2）由甲方协调相关方同意，必要时采取相关措施，对不符合要求的设施铺设钢板或加固。

（3）提前要求甲方改线或断电，并安排专人挑线。

（4）尽量不发生冲突，及时报警，熟悉及时启动应急处置预案。

（5）关注地方或上级部门预警信息，有预警时加固设备设施或人员设备撤离，现场做好相关方告知及防污染措施。

（6）审查吊车司机资格证，由吊车司机根据地面松软选择宽度适宜千斤板或枕木确保吊车稳定不下陷不倾斜，并由指挥人员指挥吊车试吊，高度为 10~20cm。

十一、搬迁作业

（一）搬迁作业工作流程及重点管控风险

搬迁作业工作流程如图 1-5-17 所示。

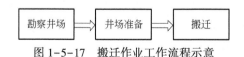

勘察井场 ⟹ 井场准备 ⟹ 搬迁

图 1-5-17　搬迁作业工作流程示意

搬迁作业工作重点管控风险见表 1-5-17。

表 1-5-17　重点管控风险

序号	作业名称	风险描述	风险危害
1	搬迁作业	无人指挥，起吊被吊物后旋转半径内有人员停留或通过，吊车司机操作不平稳	人员伤害设备受损
2		修井机轴头断裂，传动轴脱落，油箱漏油起火，中途熄火，无法转向，非专用轮胎，易爆胎，停车或发生事故无法修复	人员受伤设备受损
3		井架未锁死固定、井架变形、灯光、仪表失灵司机判断失误	设备受损

（二）主要安全管控要点

（1）确保指挥人员指挥吊车起吊至合适高度刹车，待绳套绷紧后停车，所有人员撤离到安全位置，指挥员指挥卡车驶离作业范围驶离井场，确认各吊点绳套挂好，发出起吊指令缓慢起吊，确保绳套无挂卡。

（2）行车前检查到位如螺栓（螺钉）必须紧固到位，油箱无漏油、油量充足，方向转动灵活，专用备胎气压充足、无裂纹、老化，随车工具齐全、完好。

（3）要求司机行车或作业前对车辆进行仔细检查排除，如仪表灯光、倒车镜等，车辆启动前对井架进行检查是否上锁。

（4）搬迁作业前对人员进行安全教育并要求穿戴防护用品和安全帽进行作业。

十二、退保护液作业

（一）退保护液作业工作流程及重点管控风险

退保护液作业工作流程如图 1-5-18 所示。

图 1-5-18　退保护液作业流程示意图

退保护液作业工作重点管控风险见表 1-5-18。

表 1-5-18　重点管控风险

序号	作业名称	风险描述	风险危害
1	退保护液作业	现场操作人员没有按照要求将退油管线进行连接到位	人员伤害、刺漏、环境污染
2		人员连接管线时距离井坑过近造成跌落	人员受伤
3		退保护液过程中井口压力未进行检测	刺漏

（二）退保护剂作业安全管控要点

（1）作业前进行安全技术交底，并由现场技术人员指导作业。

（2）现场标注出"注意跌落"等安全警示标语。

（3）对退油管线连接前进行清洗冲刷。

（4）在管线连接处铺设防渗布等防污染措施。

（5）作业完成前确认井口压力归零。

十三、立井架、拆井口作业

（一）立井架、拆井口作业流程及重点管控风险

立井架、拆井口作业流程如图 1-5-19 所示。立井架、拆井口作业重点管控风险见表 1-5-19。

立井架 ⟹ 开工准备 ⟹ 开工验收

图 1-5-19 立井架、拆井口作业流程示意图

表 1-5-19 重点管控风险

序号	作业名称	风险描述	风险危害
1	立井架、拆井口	作业前未检查绞车各连接部件固定是否牢靠，吊钩是否有自锁、钢丝绳是否符合安全规定	人员伤害
2		风速过快，起升过程中井架受侧风影响，发生侧翻，或者是伸缩缸有空气，造成在起升井架时井架突然下落	人员伤亡设备损坏
3		作业人员经验少、风险意识差、应急能力弱；监控人员缺乏安全意识；防护用具数量不足	人员伤亡设备损坏
4		操作修井机人员未非专业人员。支腿作业，误操作导致设备倾倒	人员伤亡设备损坏
5		登高作业时未系安全作业，敲击作业未佩戴护目镜	人员受伤
6		所使用倒链的规格型号与液压钳质量不配套	人员受伤机械伤害

（二）主要安全管控要点

（1）作业前进行安全技术交底，作业时现场有专职安全员维护现场秩序与安全。

（2）作业前确认天气是否适合作业，如作业过程突发天气变化，现场负责人及时安排现场人员对现场正在施工的机械进行加固，然后及时撤离。

（3）提高现场人员的安全防范意识，作业前提前清点防护用具和人员穿戴情况。

（4）严格按规程指挥、作业，安排专人监护。

（5）现场验收时必须要确保现场器具摆放规范，设备架设无异常，如有不符及时更改。

（6）检查绞车各连接部件固定牢靠，吊钩有自锁、钢丝绳符合安全规定；不应超载使用绞车。

（7）绞车的操作要平稳，控制小绞车起放速度，应目视吊钩、吊物及吊绳，不得挂、卡其他物体。

（8）液压钳液压源工况良好、密封、卫生清洁、不刺不漏。

（9）液压钳各部位固定螺栓必须紧固。

（10）液压钳尾绳的固定高度必须和液压钳的高度一致，液压钳与尾绳之间的夹角不得小于90°。

（11）所使用倒链的规格型号与液压钳质量配套。

十四、起造腔内管作业

（一）起造腔内管作业流程及重点管控风险

起造腔内管作业流程如图 1-5-20 所示。

图1-5-20　起造腔内管作业流程示意图

起造腔内管作业重点管控风险见表1-5-20。

表1-5-20　重点管控风险

序号	作业名称	风险描述	风险危害
1	起造腔内管	未设置警戒区域和监护人，起管柱方向不正确，人员站在管柱下方	设备损坏 人员伤亡
2		未按期对大绳进行检查，未按要求对起重设备进行检查，未设置警戒区域和监护人等造成起重伤害	人员伤亡
3		起造腔内管时触发防碰天车装置	设备损坏
4		管柱遇卡，未按要求起造腔内管，使内管变形或是掉落	设备损坏
5		作业前未对设备刹车情况进行检查	设备损坏

（二）主要安全管控要点

（1）作业前进行安全技术交底。

（2）定期由专业人员对大绳、绞绳等进行检查，对不合格的大丝绳或绞绳进行破坏性报废处理。

（3）按要求对起修井机进行年检，若吊卡使用频率较高则缩短检查周期。

（4）设置起管柱警戒区域，并安排专人监护。

（5）严格按规程指挥、作业。

（6）反复多次下方、上提管柱，最大上提载荷不应超过管柱、接箍抗拉的安全值。

（7）若管柱弯曲或者被埋无法起出，开展割管作业，确保管柱可以被顺利起出。

十五、调整造腔外管

（一）调整造腔外管工作流程及重点管控风险

调整造腔外管工作流程如图1-5-21所示。

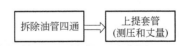

图1-5-21　调整造腔外管工作流程示意图

调整造腔外管工作重点管控风险见表1-5-21。

表1-5-21　重点管控风险

序号	作业名称	风险描述	风险危害
1	调整造腔外管	未设置警戒区域和监护人，人员站位不正确，阀门、试压头爆裂的伤害造成的物体打击、机械伤害	人员伤害 设备损坏 土壤环境污染

续表

序号	作业名称	风险描述	风险危害
2	调整造腔外管	操作坑内有积水，且无安全防护栏造成的跌落受伤	人员伤亡
3		电气设备及电缆线存在隐患造成的触电	人员伤亡
4		未按期对吊带、钢丝绳进行检查，未按要求对起重设备进行检查，未设置警戒区域和监护人	人员伤害设备损坏

（二）主要安全管控要点

（1）作业前进行安全技术交底。

（2）严格执行作业许可制度，涉及的高风险作业严格执行安全管控要求。

（3）调整造腔外管过程中，操作坑设置防护栏，且及时排出积水。

（4）对起重设备进行检查，确保完好无损。

（5）设置警戒区域，安排专人监护，周围规定范围内无建筑物和人员，严禁正对建筑物和人群聚集处。

十六、声呐测腔

（一）声呐测腔工作流程及重点管控风险

声呐测腔工作流程如图 1-5-22 所示。

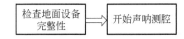

图 1-5-22　声呐测腔工作流程示意图

声呐测腔工作重点管控风险见表 1-5-22。

表 1-5-22　重点管控风险

序号	作业名称	风险描述	风险危害
1	声呐测腔	检测设备未进行接地处理，下声呐检测设备前未对设备进行检验	人员伤害设备损坏
2		下井前对周围可能产生噪声的设备未做处理，人员未做防噪声防护	人员伤害设备损坏
3		设备线路裸露	触电

（二）主要安全管控要点

（1）作业队伍到达现场前，应全面了解掌握作业井的工况和资料，并编制检测施工设计方案。

（2）应按检测施工设计方案要求及操作规程，对声呐仪器和设备进行调校，保证仪器和设备技术性能良好。

（3）地面中心处理机、电缆、井下仪器组装连接后完成地面调试。检测仪器与电缆接地安全可靠。

（4）由检测技术员负责指挥测井车电缆的提升和下放，以固井套管鞋的深度记录为准，校准声呐检测深度。

十七、完成调整造腔外管

（一）调整造腔外管工作流程及重点管控风险

调整造腔外管工作流程如图1-5-23所示。

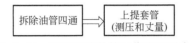

图1-5-23　调整造腔外管工作流程示意图

调整造腔外管工作重点管控风险见表1-5-23。

表1-5-23　重点管控风险

序号	作业名称	风险描述	风险危害
1	调整造腔外管	未设置警戒区域和监护人，人员站位不正确，阀门、试压头爆裂的伤害造成的物体打击、机械伤害	人员伤害、设备损坏、土壤环境污染
2		操作坑内有积水，且无安全防护栏造成的跌落受伤	人员伤亡
3		电气设备及电缆线存在隐患造成的触电	人员伤亡
4		未按期对吊带、钢丝绳进行检查，未按要求对起重设备进行检查，未设置警戒区域和监护人	人员伤害、设备损坏

（二）主要安全管控要点

（1）作业前进行安全技术交底。

（2）严格执行作业许可制度，涉及的高风险作业严格执行安全管控要求。

（3）调整造腔外管过程中，操作坑设置防护栏，且及时排出积水。

（4）对起重设备进行检查，确保完好无损。

（5）设置警戒区域，安排专人监护，周围规定范围内无建筑物和人员，严禁正对建筑物和人群聚集处。

十八、完成调整造腔内管

（一）完成造腔内管工作流程及重点管控风险

完成造腔内管工作流程如图1-5-24所示。

完成造腔内管工作重点管控风险见表1-5-24。

图1-5-24　完成造腔内管工作流程示意图

表 1-5-24　重点管控风险

序号	作业名称	风险描述	风险危害
1	完成调整造腔内管	操作修井机人员为非专业人员；支腿作业，误操作	人员伤害设备受损
2		修井机游动系统或液控系统不佳，修井机吊卡和大绳损坏或断裂	人员伤害设备损坏
3		未做调整前设备检查，如油料、大绳、刹车片、防碰装置	设备损坏
4		未扣合即上提导致管具脱落，猛提猛放，将油管外螺纹提至内螺纹以上，用钢丝刷清理螺纹	人员伤害设备损坏
5		敲击作业时未佩戴护目镜	人员伤害

（二）安全管控要点

（1）作业前进行安全技术交底。

（2）设置警戒区，安排专人监护，严禁无关人员进入。

（3）给设备机具加油时，设备应熄火并应有防油落地措施。

（4）作业前对设备主要部位作业前检查并留有记录。

（5）敲击作业时佩戴安全防护装置。

十九、安装采卤井井口

（一）安装采卤井井口工作流程及重点管控风险

安装采卤井井口工作流程如图 1-5-25 所示。

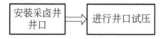

图 1-5-25　安装采卤井井口工作流程示意图

安装采卤井井口工作重点管控风险见表 1-5-25。

表 1-5-25　重点管控风险

序号	作业名称	风险描述	风险危害
1	安装采卤井井口	吊装过程中大绳断裂或刹车片磨损严重	人员伤亡、设备损坏
2		井口安装时未安装防滑倒和防掉落设施，人员出现跌落滑倒	人员受伤
3		作业过程中人员与机械设备安全距离不足等造成的机械伤害	人员伤亡
4		安装压力表前未对压力表进行校准	设备损坏
5		作业过程中连接的硬管线破损造成刺漏	高压伤人

（二）安全管控要点

（1）作业前进行安全技术交底。

（2）严格执行作业许可制度。

（3）正确佩戴劳动保护用品。

（4）人员不得面对井口或者采卤装置站立。

（5）对连接高低压的管线封闭性进行检查，确保完好无损。

二十、放井架、连流程

（一）放井架、连流程工作流程及重点管控风险

放井架、连流程工作流程如图1-5-26所示。

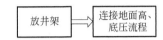

图1-5-26 放井架、连流程工作流程示意图

放井架、连流程工作重点管控风险见表1-5-26。

表1-5-26 重点管控风险

序号	作业名称	风险描述	风险危害
1	放井架、连流程	放井架过程中人员分工不明确，井架缆绳阻挂	人员受伤 设备损坏
2		敲击作业中人员未佩戴护目镜	人员受伤
3		安装压力表前未对压力表进行校准	设备损坏
4		设备出现故障或安全防护装置缺失、失效等，作业人员与机械设备安全距离不足等造成的机械伤害	人员伤亡 设备损坏

（二）主要安全管控要点

（1）作业前进行安全技术交底。

（2）设置警戒区，安排专人监护，严禁无关人员进入。

（3）连接高低压流程时人员不可面对出口进行安装，连接后进行试运行。

（4）作业前对设备主要部位作业前检查并留有记录。

（5）敲击作业时佩戴安全防护装置。

（6）配重措施施工过程中严格执行吊装作业许可制度，严格执行起重作业"十不吊"规定，并根据吊装方案正确选用起重设备与吊索具，并确保完好。

二十一、注保护液作业

（一）注保护液工作流程及重点管控风险

注保护液主要工作流程如图1-5-27所示。

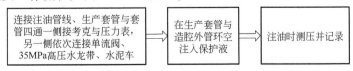

图1-5-27 注保护液主要工作流程示意图

注保护液主要工作重点管控风险见表1-5-27。

表1-5-27　重点管控风险

序号	作业名称	风险描述	风险危害
1	注入保护液	连接保护液与油管四通时未对硬管线进行清洗	设备受损
2		硬管线连接头下方未做防污染措施	环境污染
3		注入保护液时未对压力进行监测记录	设备受损 地下构筑物受损
4		未对现场进行火源排查或者现场设备未做防静电措施	火灾爆炸
5		现场未对操作人员进行安全教育培训，发现危险情况人员对应急措施不熟悉	设备倾覆、人员伤亡

（二）主要安全管控要点

（1）油罐接口处设防渗措施，做危险废物回收和处理。

（2）油罐爬梯及罐顶扶手、护栏、踏板牢固，开口处设置警示标志。

（3）油罐管使用专用卡具连接。

（4）配戴口罩，设防风围挡。

（5）控制保护液压力，严格按照施工方案执行。

（6）定期检查管路并定期更换。

（7）油罐车周围设置隔离带，保持安全距离，严禁烟火，配备消防器材。

第三节　注采完井工程

一、注采完井工程概述

（一）注采完井工程施工工序及通用风险

注采完井工程施工工序如图1-5-28所示。

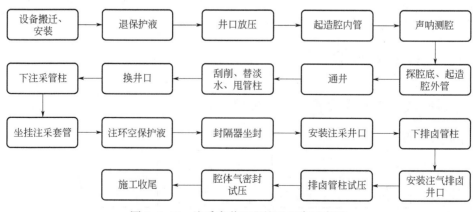

图1-5-28　注采完井工程施工工序示意图

注采完井工程通用管控风险见表1-5-28。

表1-5-28 注采完井工程通用管控风险

序号	风险名称	风险描述	风险危害
1	井场着火	管线泄漏	污染环境 设备损坏 人员伤亡
		腐蚀开焊	
		危险区吸烟、动火	
		设备、设施未设接地装置	
		未穿戴劳保用品	
		使用非防爆电器	
		铁制工具撞击火花	
2	井架倾倒	绷绳断丝超过6丝以上或断股	设备损坏 人员伤亡
		绷绳安装不规范	
		二层台锁紧装置失效	
		千斤支腿失效	
		五级以上大风立放井架	
		起升液缸液压不足	
		立放井架时，液压缸未排空	
		井架开焊、变形	
		机车基础不稳	
		地锚钻在原地锚坑内	
		底座、千斤和地锚在水中浸泡	
3	刹车失灵	刹车鼓、刹车片磨损严重	设备损坏 人员伤亡
		丝杠调节位置不对	
		离合器未分开	
		负荷太重	
4	大绳断脱	安全超大绳负荷	设备损坏 人员伤亡
		操作失误	
		大绳断丝6丝以上或断股	
		死绳端固定不牢	
		滚筒上大绳圈数不足	
		活绳头在滚筒是固定不牢	
		吊车拔杆伸至电线	
5	单吊环	未使用防掉吊卡销	人员伤亡
		保险绳断脱	
		吊卡销未插到位	
		操作不平稳	
		初提升速度过快	
		人员配合不协调	

续表

序号	风险名称	风险描述	风险危害
6	液压钳绞手	液压钳无防护装置	人员伤亡
		司机在检修液压钳时未分开离合器	
		井口操作人员思想麻痹	

（二）通用安全管控要点

（1）管线在使用前要试压合格。

（2）巡回检查大罐、管线焊接处，发现开焊，及时修理。

（3）井场悬挂"禁止烟火"标志牌，禁止吸烟、动用明火需办理手续。

（4）发电机、钻井泵等大型设备要设接地装置，所有施工管线固定。

（5）监督所有施工人员均穿戴劳保用品。

（6）井场配备防爆电器，报消防车值班。

（7）井场进入车辆戴防火帽，报消防车值班。

（8）巡回检查时，发现绷绳断丝12丝以上或断股，应及时更换。

（9）绷绳绳距、绳卡、地锚安装应符合规范。

（10）安装时，检查二层台锁紧装置的有效性。

（11）巡回检查千斤支腿的有效性。

（12）禁止五级以上大风立放井架。

（13）检查液缸液压在机车允许范围内。

（14）立放井架时，液压缸应排出空气。

（15）巡回检查井架，发现开焊、变形要及时修理。

（16）巡回检查机车基础，发现不平稳时，进行整改或采取措施。

（17）地锚不允许钻在原地锚坑内，应钻在硬地上。

（18）井口必须挖溢流池，地锚周围的水及时排走。

（19）巡回检查，刹车鼓、刹车片磨损严重时，应及时更换。

（20）调节丝杠至合适位置。

（21）刹车时，离合器应分开。

（22）根据井内管柱负荷，选择合适的作业机。

（23）禁止超大绳安全负荷作业。

（24）作业机司机持证上岗。

（25）巡回检查大绳，发现每捻距断丝6丝以上或断股，应及时更换。

（26）安装死绳时，应将死绳固定牢固，每班进行检查。

（27）保证游动滑车处最低位置时滚筒上大绳圈数不少15圈。

（28）巡回检查活绳头在滚筒上的牢固情况。

（29）禁止在高压线下进行吊装作业。

（30）负责配备防掉吊卡销。

（31）提升管柱前，应检查保险绳的有效性。

（32）提升管柱前，应将吊卡销插到位。

（33）在起下作业过程中，控制下放速度，禁止猛提猛放在初提管柱时，应缓慢操作。

（34）液压钳需安装防护装置。

（35）检修液压钳时，作业机司机必须将离合器分开并进行监控。

（36）井口操作人员注意力应保持集中。

二、设备搬迁、安装

（一）设备搬迁、安装工作流程及重点管控风险

设备搬迁、安装工作流程如图1-5-29所示。

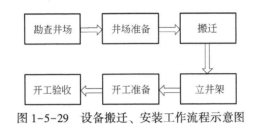

图1-5-29　设备搬迁、安装工作流程示意图

设备搬迁、安装工作重点管控风险见表1-5-29。

表1-5-29　重点管控风险

序号	作业名称	风险描述	风险危害
1	造腔施工准备	设备安装或是摆放过程中设备倾倒	人员受伤 设备损坏
2		现场电源线有裸露造成人员触电	人员受伤
3		吊装过程中人员站位不正确，吊装过程中有人员在摆动范围内经过	人员受伤 设备损坏
4		现场未配备垃圾桶，污水收集桶等垃圾处理装置	环境污染

（二）主要安全管控要点

（1）作业前进行安全技术交底。

（2）佩戴好劳动防护用品，人员工牌和臂章佩戴无误。

（3）向作业人员进行外伤初步救治、应急药品的使用和复苏等内容的培训，配备相应的应急药品。

（4）作业现场对生活垃圾和施工废品进行分类处理，并划分专门的处理区域。

（5）确保现场的用电设备具有相应的合格证，并对需要检验的设备进行设备检验，确保设备完整性。

（6）吊车操作手必须具备操作手资格证并配有指挥员。

（7）摆放设备前应确认地面承载力，如在土质松软地段必须进行钢板铺设等防沉陷、防倾倒措施。

（8）在机械操作时必须要有专项负责人对操作手进行监督作业。

三、退保护液作业

（一）退保护液作业流程及重点管控风险

退保护液作业流程如图1-5-30所示。

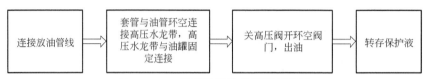

图1-5-30　退保护液作业流程示意图

退保护液作业重点管控风险见表1-5-30。

表1-5-30　重点管控风险

序号	作业名称	风险描述	风险危害
1	退保护液作业	放油管线与阀门和油罐连接不牢固，连接处下方没防渗漏装置	环境污染
2		作业前未观察保护液压力，人员站位不正确或正对阀门口	人员受伤设备受损
3		作业过程中管线脱落或松动造成管线甩摆、刺漏	高压伤人物体打击

（二）主要安全管控要点

（1）作业前进行安全技术交底。

（2）作业范围内按照标准化要求布置目视化，如"禁止烟火"等。

（3）转存的保护液必须按现场要求存放到合适位置并进行隔离。

（4）退保护液前确保管线无损，连接无问题，按照方案进行退保护液。

（5）退保护液过程中，人员不可站立在管线两侧摆动范围内。

四、井口放压作业

（一）井口放压作业流程及重点管控风险

井口放压作业流程如图1-5-31所示。

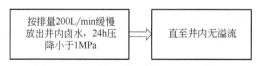

图1-5-31　井口放压作业流程示意图

井口放压作业重点管控风险见表1-5-31。

表 1-5-31　重点管控风险

序号	作业名称	风险描述	风险危害
1	井口放压作业	未对现场需要的放压装置进行检查	设备损坏
2		未对井坑溢流处进行防渗漏处理	环境污染
3		井口压力表未进行检验或压力表损坏	设备损坏
4		放压过程中人员站位不正确，或未按方案进行放压	人员伤害 设备损坏

（二）主要安全管控要点

（1）作业前进行安全技术交底。

（2）严格按规程指挥、作业，安排专人监护。

（3）作业前确保设备运转良好以及安全防护装置完好有效。

（4）设备运行和停止时与人员保持安全距离。

（5）对构筑物进行排查、清理、统计，设置明显标识，告知操作手和现场监护人员。

五、起造腔内管作业

（一）起造腔内管作业流程及重点管控风险

起造腔内管作业流程如图 1-5-32 所示。

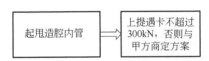

图 1-5-32　起造腔内管作业流程示意图

起造腔内管作业重点管控风险见表 1-5-32。

表 1-5-32　重点管控风险

序号	作业名称	风险描述	风险危害
1	起造腔内管作业	未设置警戒区域和监护人，起管柱方向不正确，人员站在管柱下方	设备损坏 人员伤亡
2		未按期对大绳进行检查，未按要求对起重设备进行检查，未设置警戒区域和监护人等造成起重伤害	人员伤亡
3		起造腔内管时触发防碰天车装置	设备损坏
4		未按要求起造腔内管，使内管变形或是掉落	设备损坏

（二）主要安全管控要点

（1）作业前进行安全技术交底。

（2）定期由专业人员对大绳、绞绳等进行检查，对不合格的大丝绳或绞绳进行破坏性报废处理。

（3）按要求对起修井机进行年检，若吊卡使用频率较高则缩短检查周期。

（4）设置吊装警戒区域，并安排专人监护。

（5）严格按规程指挥、作业。

（6）反复多次下放、上提管柱，最大上提载荷不应超过管柱、接箍抗拉的安全值。

（7）若管柱弯曲或者被埋无法起出，开展割管作业，确保管柱可以被顺利起出。

六、声呐测腔

（一）声呐测腔工作流程及重点管控风险

声呐测腔工作流程如图 1-5-33 所示。

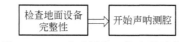

图 1-5-33　声呐测腔工作流程示意图

声呐测腔工作重点管控风险见表 1-5-33。

表 1-5-33　重点管控风险

序号	作业名称	风险描述	风险危害
1	声呐测腔	检测设备未进行接地处理	人员伤害 设备损坏
2		下井前对周围可能产生噪声的设备未做处理，人员未做防噪声防护	人员伤害 设备损坏
3		设备线路裸露	触电

（二）主要安全管控要点

（1）作业队伍到达现场前，应全面了解掌握作业井的工况和资料，并编制检测施工设计方案。

（2）应按检测施工设计方案要求及操作规程，对声呐仪器和设备进行调校，保证仪器和设备技术性能良好。

（3）地面中心处理机、电缆、井下仪器组装连接后完成地面调试。检测仪器与电缆接地安全可靠。

（4）由检测技术员负责指挥测井车电缆的提升和下放，以固井套管鞋的深度记录为准，校准声呐检测深度。

七、探腔底、起造腔外管

（一）探腔底、起造腔外管工作流程及重点管控风险

探腔底、起造腔外管工作流程如图 1-5-34 所示。探腔底、起造腔外管工作重点管控风险见表 1-5-34。

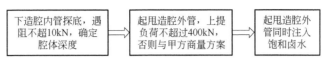

图 1-5-34　探腔底、起造腔外管工作流程示意图

表 1-5-34　重点管控风险

序号	作业名称	风险描述	风险危害
1	探腔底、起造腔外管	未卤水饱和度进行检测就进行注入	地下结构损坏环境污染
2		未按操作票流程进行操作	设备损坏
3		注入饱和卤水时对井坑未做防渗漏装置	环境污染
4		未设置警戒区域和监护人，起管柱方向不正确，人员站在管柱下方	设备损坏人员伤亡
5		未按期对大绳进行检查，未按要求对起重设备进行检查，未设置警戒区域和监护人等造成起重伤害	人员伤亡
6		起造腔内管时触发防碰天车装置	设备损坏
7		未按要求起造腔内管，使内管变形或是掉落	设备损坏

（二）主要安全管控要点

（1）组织危险源识别，针对危险源识别进行风险评估、风险控制、削减与监测。

（2）组织全员安全教育和培训，作业人员应持证上岗。

（3）注水作业前确保卤水已达到设计饱和度。

（4）现场有专职指挥和疏散人员，人员不在起造腔外管的作业范围内逗留。

（5）定期由专业人员对大绳、绞绳等进行检查，对不合格的大丝绳或绞绳进行破坏性报废处理。

（6）按要求对起修井机进行年检，若吊卡使用频率较高则缩短检查周期。

（7）设置起管警戒区域，并安排专人监护。

（8）严格按规程指挥、作业。

八、通井

（一）通井作业工作流程及重点管控风险

通井作业工作流程如图 1-5-35 所示。

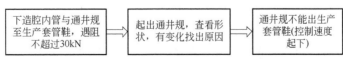

图 1-5-35　通井作业工作流程示意

通井作业工作重点管控风险见表 1-5-35。

表 1-5-35　重点管控风险

序号	作业名称	风险描述	风险危害
1	通井作业	未使用规定的通径规作业，刮削设备安装不牢固，作业时起下通径规速度过快	设备受损 卡井
2		操作人员在使用液压大钳时脱落砸伤，人员在登井架或是检查通井机防碰天车时未系安全带	跌落 机械伤害

（二）主要安全管控要点

（1）作业前参加通井安全交底。

（2）必须选用符合实际方案的通径规，作业前确保通径规不存在裂痕、缺口、油污等影响作业的风险，确保设备安装牢靠后进行通井作业，按照要求控制通径规速度。

（3）井口挖掘井坑并对井坑进行防渗漏处理，以防井内污水溢流造成环境污染。

（4）安装通井装置时人员操作器具必须规范，确保现场登高人员安全带使用情况。

九、刮削、替淡水、甩管柱作业

（一）刮削、替淡水、甩管柱作业流程及重点管控风险

刮削、替淡水、甩管柱作业流程如图 1-5-36 所示。

图 1-5-36　刮削、替淡水、甩管柱作业流程示意图

刮削、替淡水、甩管柱作业重点管控风险见表 1-5-36。

表 1-5-36　重点管控风险

序号	作业名称	风险描述	风险危害
1	刮削、替淡水、甩管柱作业	刮削设备安装不牢固，地面人员站位不正确	人员受伤 设备受损
2		甩管柱作业前未对修井机进行检查	人员受伤
3		未按方案进行刮削作业	设备受损 腔体受损

（二）主要安全管控要点

（1）作业前进行安全技术交底。

（2）刮削设备安装时人员站位正确，不可站在设备下方。

（3）刮削作业时控制挂下速度，按照方案内速度和次数进行刮削。

（4）作业前对修井机进行检查。

十、换井口

（一）换井口工作流程及重点管控风险

换井口工作流程示意如图1-5-37所示。

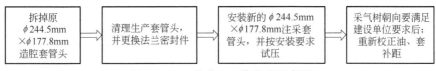

图1-5-37　换井口工作流程示意图

换井口工作重点管控风险见表1-5-37。

表1-5-37　重点管控风险

序号	作业名称	风险描述	风险危害
1	换井口	安装注采套管头之前未进行清理	设备损坏
2		井口安装时未安装防滑倒和防掉落设施，人员出现跌落滑倒	人员受伤
3		作业过程中人员与机械设备安全距离不足等造成的机械伤害	人员伤亡

（二）主要安全管控要点

（1）井口安装防滑和防跌落措施。

（2）确认安装的作业台符合作业要求后进行作业。

（3）安装设备时人员需站在设备侧方。

（4）严禁超重绞车作业和违章指挥与操作；修井机支腿铺设垫木或钢板保持作业稳固，与作业坑边缘保持安全距离，作业前检查设备、绞绳保持完好；绞车轨迹下严禁站人。

（5）严格执行施工方案和操作规程严禁违规操作。

十一、下注采管柱作业

（一）下注采管柱作业流程及重点管控风险

下注采管柱作业流程如图1-5-38所示。

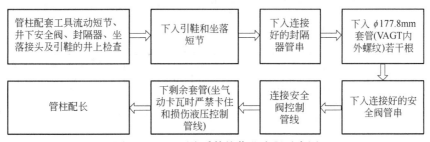

图1-5-38　下注采管柱作业流程示意图

下注采管柱作业重点管控风险见表1-5-38。

表1-5-38　重点管控风险

序号	作业名称	风险描述	风险危害
1	下注采管柱作业	下造腔内管时人员站位不正确，井坑上方防滑倒措施不完善	人员跌落 机械伤害
2		未对修井机进行作业前检查	设备损坏
3		下造腔内管前未清洗管口，管口对接处不牢固	设备损坏
4		下造腔内管时触发防碰天车装置	设备损坏
5		管柱堵塞，管柱脱落，管柱下入遇阻	设备损坏

（二）主要安全管控要点

（1）作业前进行安全技术交底。

（2）佩戴好劳动防护用品。

（3）作业前对造腔内管管口进行清洗。

（4）作业前确保设备运转良好及安全防护装置完好有效。

（5）吊卡或吊环牢固、平稳。

（6）作业半径范围内禁止人员通行和停留。

（7）严格按规程指挥、作业，安排专人监护。

（8）自外而内顺序取管，禁止从底层抽管。

（9）作业前确保设备、线路、漏电保护器等完好。

（10）冲洗井筒及管柱，保持井筒及管柱清洁畅通。

（11）使用通径规等工具通井，确保井筒畅通。

（12）脱落管柱的鱼顶在井筒内，应进行打捞作业。

（13）脱落管柱掉在盐穴内，若不影响下阶段造腔可不做处理。

（14）对于卤水结晶堵塞，注入淡水浸泡、冲洗解堵，若不能解堵，若不能解堵，起出管柱。

（15）对于不溶物堵塞，打压、憋压、冲洗等操作解堵，若不能解堵，起出管柱。

十二、坐挂注采套管作业

（一）坐挂注采套管作业流程及重点管控风险

坐挂注采套管作业流程如图1-5-39所示。

图1-5-39　坐挂注采套管作业流程示意图

坐挂注采套管作业重点管控风险见表1-5-39。

表 1-5-39　重点管控风险

序号	作业名称	风险描述	风险危害
1	坐挂注采套管	设备出现故障或安全防护装置缺失、失效，作业人员与机械设备安全距离不足造成的机械伤害	人员伤亡 设备损坏
2		试压前未对试压设备进行检测	设备损坏

（二）主要安全管控要点

（1）作业前进行安全技术交底。

（2）佩戴好劳动防护用品。

（3）严格按规程指挥、作业，安排专人监护。

（4）作业前确保设备运转良好以及安全防护装置完好有效。

（5）试压前测压设备必须经过检测，作业过程中必须要求压力达到设计要求才可进行下步作业。

十三、注环空保护液

（一）注环空保护液工作流程及重点管控风险

注环空保护液工作流程如图 1-5-40 所示。

图 1-5-40　注环空保护液工作流程示意图

注环空保护液工作重点管控风险见表 1-5-40。

表 1-5-40　重点管控风险

序号	作业名称	风险描述	风险危害
1	注环空保护液	连接保护液与油管四通时未对硬管线进行清洗	设备受损
2		硬管线连接头下方未做防污染措施	环境污染
3		注入保护液时未对压力进行监测记录	设备受损 地下构筑物受损
4		未对现场进行火源排查或者现场设备未做防静电措施	火灾爆炸

（二）主要安全管控要点

（1）组织危险源识别，针对危险源识别进行风险评估、风险控制、削减与监测。

（2）组织全员安全教育和培训，作业人员应持证上岗。

（3）按照相关规定，配备配齐劳动防护用品。

（4）油罐车附近必须立有警示标志如"禁止烟火"等。

（5）安装连接管线时必须对连接口进行防渗漏测试。

（6）作业前对现场机械设备实施防静电措施，作业人员佩戴防静电用品。

（7）注入保护液时应对现场油罐车和油管四通上方的压力表进行监测并记录。

十四、封隔器坐封

（一）封隔器坐封工作流程及重点管控风险

封隔器坐封工作流程如图 1-5-41 所示。

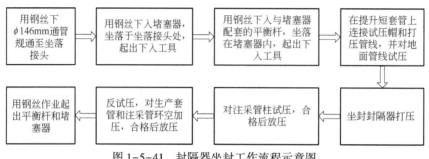

图 1-5-41　封隔器坐封工作流程示意图

封隔器坐封工作重点管控风险见表 1-5-41。

表 1-5-41　重点管控风险

序号	作业名称	风险描述	风险危害
1	封隔器坐封	加压过程中人员面对四通站立，阀门刺漏	人员伤亡 高压伤人 设备损坏
2		在连接试压帽和打压管线时人员佩戴安全带操作	人员跌落
3		安装压力表前未对压力表进行校准	设备损坏

（二）主要安全管控要点

（1）对作业所需要的器具和仪器使用前必须经过校准或检验。

（2）确认安装的作业台符合作业要求后进行作业。

（3）人员上操作台时必须系安全带，不可在通道上逗留。

（4）试压作业过程中人员撤出作业范围内，并有专职人员看护。

十五、安装注采井口

（一）安装注采井口工作流程及重点管控风险

安装注采井口工作流程如图 1-5-42 所示。

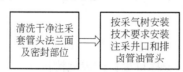

图 1-5-42　安装注采井口工作流程示意图

安装注采井口工作重点管控风险见表1-5-42。

表1-5-42　重点管控风险

序号	作业名称	风险描述	风险危害
1	安装注采井口	作业过程中绞绳断裂或刹车片磨损严重	人员伤亡设备损坏
2		井口安装时未安装防滑倒和防掉落设施，人员出现跌落滑倒	人员受伤
3		作业过程中人员与机械设备安全距离不足	人员伤亡

（二）主要安全管控要点

（1）对作业所需要的器具和仪器使用前必须经过校准或检验。

（2）确认安装的作业台符合作业要求后进行作业。

（3）人员操作液压大钳时站位方向准确。

（4）井坑做防滑防跌倒措施。

（5）作业过程中必须严格按规程指挥、作业，安排专人监护。

十六、下排卤管柱作业

（一）下排卤管柱作业流程及重点管控风险

下排卤管柱作业流程如图1-5-43所示。

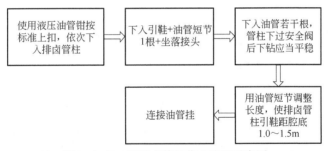

图1-5-43　下排卤管柱作业流程示意图

下排卤管柱作业重点管控风险见表1-5-43。

表1-5-43　重点管控风险

序号	作业名称	风险描述	风险危害
1	下排卤管柱作业	下排卤管柱时人员站位不正确，井坑上方防滑倒措施不完善	人员跌落机械伤害
2		未对修井机进行作业前检查	设备损坏
3		下排卤管柱前未清洗管口，管口对接处不牢固	设备损坏
4		下排卤管柱时触发防碰天车装置	设备损坏
5		管柱堵塞，管柱脱落，管柱下入遇阻	设备损坏

（二）主要安全管控要点

（1）作业前进行安全技术交底。

（2）佩戴好劳动防护用品。

（3）作业前对造腔内管管口进行清洗。

（4）作业前确保设备运转良好及安全防护装置完好有效。

（5）吊卡或吊环牢固、平稳。

（6）作业半径范围内禁止人员通行和停留。

（7）严格按规程指挥、作业，安排专人监护。

（8）自外而内顺序取管，禁止从底层抽管。

（9）作业人员与机械设备保持安全距离。必要时修筑作业平台。

（10）设备运行和停止时与井边保持安全距离。

（11）设置明显标识，将操作要求告知操作手和现场监护人员。

（12）冲洗井筒及管柱，保持井筒及管柱清洁畅通。

（13）使用通径规等工具通井，确保井筒畅通。

（14）脱落管柱的鱼顶在井筒内，应进行打捞作业。

（15）脱落管柱掉在盐穴内，若不影响下阶段造腔可不做处理。

（16）对于卤水结晶堵塞，注入淡水浸泡、冲洗解堵，若不能解堵，起出管柱。

（17）对于不溶物堵塞，打压、憋压、冲洗等操作解堵，若不能解堵，起出管柱。

十七、安装注气排卤井口

（一）安装注气排卤井口工作流程及重点管控风险

安装注气排卤井口工作流程如图 1-5-44 所示。

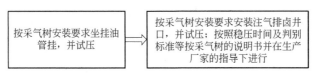

图 1-5-44　安装注气排卤井口工作流程示意图

安装注气排卤井口工作重点管控风险见表 1-5-44。

表 1-5-44　重点管控风险

序号	作业名称	风险描述	风险危害
1	安装注气排卤井口	绞绳断裂或刹车片磨损严重	人员伤亡 设备损坏
2			
3		井口安装时未安装防滑倒和防掉落设施，人员出现跌落滑倒	人员受伤
4		作业过程中人员与机械设备安全距离不足等造成的机械伤害	人员伤亡
		安装压力表前未对压力表进行校准	设备损坏

（二）主要安全管控要点

（1）对作业所需要的器具和仪器使用前必须经过校准或厂家检验。

（2）确认安装的作业台符合作业要求后进行作业。

（3）作业前对绞车的安全设施进行检查。

（4）操作人员持证上岗。

（5）安装人员站位准确，了解操作规程。

十八、排卤管柱试压

（一）排卤管柱试压工作流程及重点管控风险

排卤管柱试压工作流程如图1-5-45所示。

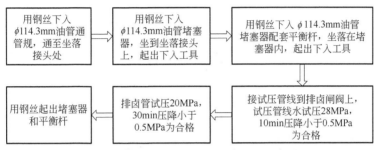

图1-5-45　排卤管柱试压工作流程示意图

排卤管柱试压工作重点管控风险见表1-5-45。

表1-5-45　重点管控风险

序号	作业名称	风险描述	风险危害
1	排卤管柱试压	安装压力表前未对压力表进行校准，试压过程中排卤管柱压力过大造成刺漏	设备损坏
2		作业过程中注水管线连接有破损或是断裂	人员伤害

（二）主要安全管控要点

（1）对作业所需要的器具和仪器使用前必须经过校准或检验。

（2）确认安装的作业台符合作业要求后进行作业。

（3）连接阀下必须装有防渗漏装置。

（4）严格执行施工方案和操作规程严禁违规操作进行试压，实时监测压力值，不可超过设计压力。

（5）试压过程中人员不可以正对阀门口站立，规范人员站位，有专人做现场指挥。

十九、气密封试压

（一）气密封试压工作流程及重点管控风险

气密封试压工作流程如图1-5-46所示。

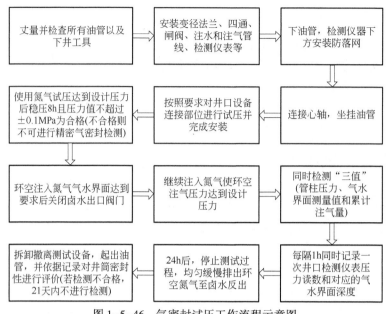

图 1-5-46　气密封试压工作流程示意图

气密封试压工作重点管控风险见表 1-5-46。

表 1-5-46　重点管控风险

序号	作业名称	风险描述	风险危害
1	气密封试压	作业过程中人员与机械设备安全距离不足等造成的机械伤害，或是人员站位不正确	人员伤亡
2		注氮过程氮气泄漏导致人员窒息、冻伤	人员伤亡
3		非专业人员误操作阀门，气水界面失控	腔体受损
4		井口压力表、流量计失效	设备受损
5		作业过程中注入的氮气压力过大，井口放喷器失效	刺漏

（二）主要安全管控要点

（1）对作业所需要的器具和仪器使用前必须经过校准或检验。

（2）确认安装的作业台符合作业要求后进行作业。

（3）严格执行施工方案和操作规程，严禁违规操作进行试压。

（4）试压过程中人员不可以正对阀门口站立，规范人员站位，有专人做现场指挥。

（5）注氮气时井口处不可以站人，对氮气的注入量与注入压力要实时进行监测记录，出现异常及时处理。

二十、施工收尾

（一）施工收尾工作流程及重点管控风险

施工收尾工作流程如图 1-5-47 所示。

图 1-5-47　施工收尾工作流程示意图

施工收尾工作重点管控风险见表 1-5-47。

表 1-5-47　重点管控风险

序号	作业名称	风险描述	风险危害
1	施工收尾	现场垃圾未及时清理带走	环境污染
2		吊车停放地点地面塌陷，或支腿时未铺设钢板的措施	设备倾倒
3		吊装过程中作业半径内有人员通过	机械伤害
4		现场防雷接地不规范或不齐全	设备损坏

（二）主要安全管控要点

（1）柴油发电机组能够随时启动应急供电，防雷接地网接地可靠，测试合格。

（2）火灾自动检测报警系统已投用且运行可靠，可燃气体检测报警系统已投用且运行可靠。

（3）消防道路畅通，消防器材按规定配备齐全。

（4）施工完成后现场的垃圾进行处理，恢复井场设备。

第四节　注气排卤工程

一、注气排卤工程概述

（一）注气排卤工程施工工序及通用风险

注气排卤工程施工工序如图 1-5-48 所示。

图 1-5-48　注气排卤工程施工工序示意图

注气排卤工程通用管控风险见表 1-5-48。

表 1-5-48　注气排卤工程通用管控风险

序号	风险名称	风险描述	风险危害
1	井场着火	管线泄漏	污染环境 设备损坏 人员伤亡
		腐蚀开焊	
		危险区吸烟、动火	
		设备、设施未设接地装置	

续表

序号	风险名称	风险描述	风险危害
1	井场着火	未穿戴劳保用品	污染环境 设备损坏 人员伤亡
		使用非防爆电器	
		铁制工具撞击火花	
2	现场管理	现场未按标准进行标识作业状态和危险物识别	设备损坏 人员伤亡
3	电气作业	未经允许无防护设施触摸用电设备	设备损坏 触电
		避雷针、避雷线及其引下线锈蚀断开	
		防雷接地电阻大于规定值	
		未安装漏电保护器或漏电保护器损坏	
		电线敷设不当	

（二）通用安全管控要点

（1）管线在使用前要试压合格。

（2）巡回检查大罐、管线焊接处，发现开焊，及时修理。

（3）井场悬挂"禁止烟火"标志牌，禁止吸烟，动用明火需办理手续。

（4）发电机、排卤泵等大型设备要设接地装置，所有施工管线固定。

（5）监督所有施工人员均穿戴劳保用品。

（6）气量较大的井场，配备防爆电器，报消防车值班。

（7）气量较大的井场，进入车辆戴防火帽，报消防车值班。

（8）井场入口处应设置井场平面图和入场须知。

（9）井场布局应符合标准要求，地面平整无杂物、无油污，应制订防积水、防滑措施。

（10）安全标志至少应有：必须戴安全帽；禁止烟火；必须系安全带；当心触电；当心机械伤人；当心高压工作区；当心落物伤人；当心井喷，当心环境污染。

（11）作业现场应设置不少于2个风向标，风向标应设置在现场便于观察到的地方。风向标应挂在有光照的地方。

二、注气排卤准备

（一）注气排卤准备工作流程及重点管控风险

注气排卤准备工作流程如图1-5-49所示。

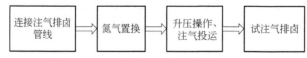

图1-5-49　注气排卤准备工作流程示意图

注气排卤准备工作重点管控风险见表1-5-49。

表 1-5-49　重点管控风险

序号	作业名称	风险描述	风险危害
1	试注气排卤	氮气置换过程氮气泄漏导致人员窒息、冻伤；管线刺漏，设备安装不牢或甩管绑扎脱落	人员中毒窒息物体打击
2		注气升压和试注气排卤过程天然气泄漏，导致着火、爆炸等；阀门开关状态不当，导致管线或设备憋压	着火、爆炸、物体打击、设备损坏
3		现场操作平台的攀梯或护栏损坏	人员跌落

（二）主要安全管控要点

（1）操作人员熟悉操作规程，持证上岗、操作及保驾人员已熟知投产方案且经过实际操作演练；佩戴好劳动防护用品，并熟练使用救生器材。

（2）柴油发电机组能够随时启动应急供电；防雷接地网接地可靠，测试合格。

（3）作业人员携带有效的通信工具，作业人员之间相互留通信方式。

（4）火灾自动检测报警系统已投用且运行可靠；可燃气体检测报警系统已投用且运行可靠。

（5）消防水系统已投用，消防道路畅通，消防器材按规定配备齐全。

（6）压力容器经当地质检部门检验合格。

（7）各种阀门经注脂开关灵活，安全阀、流量计及各种仪器仪表校验合格。

（8）按规定进行 ESD 系统测试，确保系统操控灵活准确。

（9）所有工艺管线、设备、阀门刷漆完毕，并标识清晰醒目。

三、注气排卤

（一）注气排卤工作流程及重点管控风险

注气排卤工作流程如图 1-5-50 所示。

图 1-5-50　注气排卤工作流程示意图

注气排卤工作重点管控风险见表 1-5-50。

表 1-5-50　重点管控风险

序号	作业名称	风险描述	风险危害
1	注气排卤	阀门基础下沉、倾斜、开裂冰堵现象造成分离器憋压，法兰连接渗漏或管线开焊泄漏	设备损坏、天然气泄漏、着火、环境污染
2		排卤运行过程中排卤压力仪表长期无专人进行定期检测造成仪表失灵或损坏	设备损坏、爆炸、污染环境
3		注气运行时紧固件、连接件松动、脱落	设备损坏人员受伤
4		注气排卤运行过程中排卤管道长期未进行淡水冲洗，导致盐晶堵塞	设备损坏

序号	作业名称	风险描述	风险危害
5	注气排卤	后期注气排卤过程中卤水中的天然气含量超标，未及时调整注气量造成管线或井口泄漏	环境污染 设备损坏
6		注气排卤后期未及时检测排卤量从而造成气水界面失衡	设备受损
7		注气排卤过程中排卤管柱断裂	腔体受损
8		注气排卤过程中天然气窜入卤水罐	爆炸

（二）主要安全管控要点

（1）排卤管柱投入使用前进行水试压，保证不泄漏，对连接件进行紧固，日常运行中加强巡检。

（2）定期检查，对阀门加注密封脂，对严重内漏阀门实施更换。

（3）排卤过程中应做好排卤量、排卤流量、排卤压力、排卤回压等重要排卤参数的日报表；分析井口压力、井筒气柱压力、腔体内压力、井筒卤水柱压力、排卤管线的压降系数、排卤口出口回压的压力平衡关系。

（4）在整个注气排卤过程中排出的卤水必须经过卤水罐进行气液分离。

（5）在采出卤水期间，存在着压降和温度降低因素，因而造成排卤管内盐的再结晶，必须用淡水定期冲洗排卤管。

（6）在排卤过程中 ESD 阀必须处于工作状态下，反冲洗操作后 ESD 控制开关阀应立即复位。另外要定期对 ESD 阀进行性能测试。

（7）按规定进行值班和巡检，发现异常情况及时汇报处理。

（8）注气排卤后期过程中需对卤水中的天然气含量及时进行监测，从而调整阀门控制注气量与排卤量，定期对气水界面检测，确保安全储气。

第六章　不压井作业工程

一、不压井作业工程概述

（一）不压井作业工程施工工序及通用风险

不压井作业工程施工工序如图 1-6-1 所示。

图 1-6-1　不压井作业工程施工工序示意图

不压井作业工程通用管控风险见表 1-6-1。

表 1-6-1　不压井作业工程通用管控风险

序号	风险名称	风险描述	风险危害
1	人员伤害	安全意识不强	人员伤亡 设备损坏
		违章指挥、违章施工、违反劳动纪律	
		操作失误	
		配合不当	
2	安装伤害	钢丝绳套老化	人员伤亡 设备损坏
		其他连接件不紧固	
		地面潮湿、光滑	
		配合不当	
		指挥不当、操作失误	
3	高压伤害	高压管线刺漏	人员伤亡 设备损坏 环境污染
		施工时跨越高压管线	
		高压管线未固定	
		紧固管线时未放压	
		高压管线未试压	
		管线不能满足压力要求	
		施工时压力激动过大	
4	管柱飞出	卡瓦或配件损坏	人员伤亡 设备损坏 井喷
		井内管柱数量不清	
		防顶点不准	
		同时打开两个防顶卡瓦	
		井口压力不准	

续表

序号	风险名称	风险描述	风险危害
5	油管落井	油管质量差	设备损坏 井喷
		操作失误	
		卡瓦及其配件损坏	
6	卡瓦失灵	卡瓦使用时间过长	人员伤亡 设备损坏 井喷
		卡瓦磨损严重	
		其他部件老损失效	
		液压件密封不严	
		卡瓦和牙槽不符	
7	井喷	防喷器刺漏、失灵	人员伤亡 设备损坏
		操作失误	
		堵塞器失灵	
		液压管线刺漏,防喷器不正常工作	
		防喷器关闭压力设置不正确	
8	高空坠落	5级以上大风作业	人员伤亡
		护栏损坏	
		未系安全带	
		安全带损坏、老化	
		安全带固定不牢固	
9	液压钳绞手	液压钳无防护装置	人员伤亡
		维修时未分开离合器	
		油管挂卡、井内管柱	
		井口操作人员思想麻痹	
10	落物砸伤	吊卡销未拴保险绳	人员伤亡 设备损坏
		吊装不当	
11	井场着火	管线设备不密封、天然气窜漏	人员伤亡 设备损坏 环境污染
		井场使用手机	
		静电、撞击、施工车辆火花	

(二)通用安全管控要点

(1)增强员工的安全意识,加强安全施工相关知识学习。

(2)逃生设备安全有效并明确逃生路线。

(3)现场指挥和现场监督要及时沟通。

(4)使用专用、合格的钢丝绳套,使用前认真检查,超过使用期限的坚决不用。

(5)安装前检查不压井作业机的连接件,确保连接紧固。

(6)安装前清理井口,确保井口周边不滑。

(7)安装过程中有专人指挥。

(8)使用合格的满足压力要求的管线,施工前试压合格。

（9）管线固定牢靠。

（10）施工期间严禁跨越管线，非工作人员远离施工区域。

（11）召开安全会明确目的和要求，分工明确。

（12）操作台要保持两人并相互检查提醒，控制起下速度。

（13）卡瓦自锁系统确保启用。

（14）根据井口压力确定上顶力、平衡点并要考虑安全系数。

（15）施工前检查卡瓦及配件，发现损坏或磨损严重要及时更换。

（16）施工前检查卡瓦及相关部件，发现磨损严重及时更换。

（17）施工前及施工过程中清理牙槽内的脏物。

（18）施工前对防喷器认真全面检查。

（19）使用合格的油管堵塞器并由专业施工队伍下入。

（20）施工中注意检查液压管线、蓄能器压力及液压油，保证液压系统正常工作。

（21）施工前一定要按照规定试压。

（22）5级以上大风停止作业。

（23）司钻要密切注意观察滑车和操作台。

（24）施工前巡回检查护栏和攀梯，发现损坏及时修理或更换。

（25）超过2m以上的作业必须系安全带，系安全带前应认真检查安全带。

（26）将安全带固定在牢固的地方。

（27）液压钳必须安装防护装置。

（28）维修液压钳时必须将离合器分开。

（29）提升管柱前完全松开顶丝。

（30）提升管柱前应先进行试提。

（31）提升管柱时要匀速缓慢并注意观察重力变化。

（32）起下作业前检查吊卡销，拴好保险绳。

（33）高空作业的小件物品必须拴好保险绳。

（34）管线使用前要试压合格。

（35）施工车辆要戴好防火帽。

（36）井场照明必须采用防爆措施。

（37）设备在上井作业前要进行检查。

（38）防喷器要进行试压，确保密封。

（39）认真检查所有法兰连接和钢圈槽及连接螺栓，保证符合要求。

（40）开工前用清水严格按设计进行逐级试压，发现有漏失点及时进行处理。

（41）管线连接必须加密封垫并保证连接牢固，试压合格。

二、投捞堵塞器及坐封静压桥塞作业

（一）投捞堵塞器及坐封静压桥塞工作流程及重点管控风险

投捞堵塞器及坐封静压桥塞工作流程如图1-6-2所示。

投捞堵塞器及坐封静压桥塞工作重点管控风险见表1-6-2。

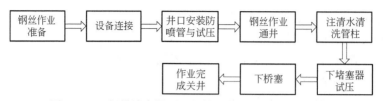

图 1-6-2 投捞堵塞器及坐封静压桥塞工作流程示意图

表 1-6-2 投捞堵塞器及坐封静压桥塞工作重点管控风险

序号	作业名称	风险描述	风险危害
1	投捞堵塞器及坐封静压桥塞作业	物体打击、高处坠落、机械伤害	人员受伤设备损坏
2		井喷、高压伤害	人员受伤气体泄漏

（二）主要安全管控要点

（1）确保入井工具串全部上紧。

（2）BOP 功能测试，测试井口阀门状况。

（3）专人指挥安装钢丝/电缆设备。

（4）对防喷器及防喷管进行试压，无关人员远离。

（5）试压前将钢丝电缆工具串上提至最顶部，防止试压时工具串窜动。

（6）按井控要求选择合适尺寸通径规，通径遇阻后反复上提下放（如有必要进行刮削作业）直至通径成功。

（7）控制钢丝/电缆作业下放速度，操作手实时监测张力表变化。

（8）按照施工方案要求深度坐封桥塞或堵塞器。

（9）确保送入工具全部起出至防喷管内。

（10）验封时缓慢放压，防止桥塞或堵塞器受冲击。

三、井口安装

（一）井口安装工作流程及重点管控风险

井口安装工作流程如图 1-6-3 所示。

图 1-6-3 井口安装工作流程示意图

井口安装工作重点管控风险见表 1-6-3。

表 1-6-3 井口安装工作重点管控风险

序号	作业名称	风险描述	风险危害
1	井口安装	井场内未设置警示标志，现场消防器材缺失或未定期检验	人员伤害
2		闸阀未放置在稳妥位置，未将易损坏部位和部件保护好，旋塞阀和油管挂连接不牢固	设备损坏
3		井口装置裸露薄弱位置要未进行加固，防喷器组未进行固定	人员受伤设备损坏
4		试压前没有检查试压设备、管线的阀门开关状态，阀门开关是否灵活	设备损坏
5		拆卸采油树时天然气泄漏	爆炸

（二）主要安全管控要点

（1）专人巡视井场，阻止非施工人员进入施工现场。

（2）井场内应禁止烟火。

（3）井场内严禁使用明火、电气焊等，并在明显处设立警示标志。需动明火时，严格执行动用明火审批程序。

（4）井场照明采用防爆灯和防爆开关。

（5）作业现场消防设施、灭火器材应齐全、完好。

（6）进入井场的车辆排气管应装有阻火器。

（7）非特殊情况，应避免夜间带压施工。

（8）施工前由技术人员向现场所有施工人员进行详细的设计交底。

（9）拆卸采气树进行可燃气体的实时检测，吊闸阀时要平稳，以防损坏部件。

（10）闸阀放置在稳妥位置，将易损坏部位和部件保护好。

（11）提升油管与油管挂连接要牢固，确保可以提起全井油管悬重，旋塞阀提前连接至提升油管。

（12）安装旋塞阀时要防止工具、杂物掉入井内。

（13）安装后要检查旋塞阀是否关闭。

（14）测量油管挂的外径，验证油管挂能否通过安全防喷器。

（15）检查顶丝是否满足作业要求。

（16）钢圈槽擦拭干净、检查确保钢圈槽无损伤。

（17）螺栓螺母上卸灵活。

（18）吊装时有专人指挥，吊装点保持平衡，吊索牢固，吊车平稳吊装。

（19）井口装置裸露薄弱位置要进行加固，防喷器组要用缆绳固定。

（20）液控箱操作手柄要与防喷器型号对应，手柄开关位置应与工作状态一致。

（21）螺纹用密封带缠好，上紧，所有管线要固定牢靠。

（22）尽可能减少弯头的使用，减小气体放压时的阻力。

（23）试压时无关人员远离试压区。

（24）试压前认真检查所有试压设备、管线的阀门开关状态是否正确，阀门开关是否灵活。

（25）泵车操作手听从试压负责人的指挥，没有指令不得启停泵车。

（26）现场试压过程要有记录，由现场监督或作业队带班干部签字认可。

四、起排卤管柱与施工收尾

（一）起排卤管柱与施工收尾工作流程及重点管控风险

起排卤管柱与施工收尾工作流程如图 1-6-4 所示。

图 1-6-4　起排卤管柱与施工收尾工作流程示意图

起排卤管柱与施工收尾工作重点管控风险见表 1-6-4。

表 1-6-4　起排卤管柱与施工收尾重点管控风险

序号	作业名称	风险描述	风险危害
1	起排卤管柱与施工收尾	未配备合适的悬挂装置	物体打击设备损坏
2		未使用符合的防顶卡瓦和承重卡瓦	设备损坏
3		井口上方摆放小物件或小工具	设备损坏
4		未进行不压井作业机使用前的安全检查	人员受伤
5		吊装作业前未进行检查吊带、刹车片等设备	设备损坏
6		不压井作业排卤管柱提出安全阀上方后，高压气体泄出	人员受伤
7		起管柱期间，天然气从油管内、环空窜气，井口发生井喷	人员受伤设备损坏

（二）主要安全管控要点

（1）技术交底、JSA 分析、班前会、作业票办理。

（2）起油管悬挂器前，试开关卡瓦组、防喷器组，试起下举升杆，确保各系统灵活好用，并处于正常工作状态，然后将各系统调整到设计数值并锁定。

（3）确保提升油管的安全性能，保证上紧上满扣，能够提起全井负荷。

（4）平衡压力听从指挥，确认各项工作准确无误，进行压力平衡。

（5）提升管柱前完全松开顶丝，试提油管悬挂器，在油管安全负荷的前提下，按指挥人员指令提升负荷再操作。

（6）丈量好防喷器组各部距离、顶丝长度，计算好上提高度，缓慢操作，防止刮碰出现事故。

（7）油管挂通过安全阀和卡瓦时，有专人看护，防止高压气体冲击伤人或刮坏卡瓦。

（8）油管挂离开油管头四通后，液控操作手应观察悬重变化。

（9）非特殊情况（如抢险），应避免夜间带压施工。

（10）起油管时，操作平稳，计算好油管接箍位置，关闭卡瓦时避开接箍。

（11）精确计算平衡点，提前准备启动防顶卡瓦。

（12）施工前检查防喷器、卡瓦等关键设备配件，发现损坏或磨损严重要及时更换。

（13）施工前及施工过程中注意检查液压管线、蓄能器压力及液压油，保证液压系统正常工作。

（14）液压钳必须安装防护装置，维修液压钳时必须切断液力源，液压钳尾绳固定规范，经常检查尾绳固定螺栓，不准两人同时操作液压钳。

（15）起下作业经常检查吊卡销，拴好保险绳。

（16）休息时，关闭油管旋塞阀、防喷器半封。

（17）高处作业必须系安全带，上下设备使用防坠器。

（18）作业过程中，严防井下落物。

（19）吊设备前检查好吊索，确保安全。

第七章　安全监督检查要求及不符合项处理

第一节　检查频次

一、建设单位上级管理职能部门安全监督检查频次

上级管理职能部门半年开展一次施工现场 HSE 检查，重点项目开展季度专项检查，依据安全生产法律法规、规章制度和标准规范，对工程建设进行监督与控制。

二、建设单位职能部门安全监督检查频次

组织开工前验收，工程建设过程定期检查及定期项目例会检查。

三、建设单位项目部安全监督检查频次

由驻井安全监督按安全监督检查规范不定期检查。

四、施工单位安全监督检查频次

施工单位组织项目经理、工程技术人员及生产骨干等相关人员每周应进行一次检查。

五、施工单位岗位安全检查频次

岗位安全检查由当班岗位人员按照岗位职责对本岗位所涉及的工作范围进行检查，检查频次分类为：

（1）交接班人员在交接班前进行检查。

（2）不进行倒班的人员应每天进行检查。

（3）班中应不定时按巡回检查路线进行检查。

第二节　各层级检查要点

一、建设单位上级管理职能部门安全检查要点

（一）安全管理检查要点

贯彻执行国家和地方政府有关危险化学品、消防、道路交通、特种设备、重大危险源以及建设项目安全设施"三同时"工作的法律、法规和标准。

（二）现场安全检查要点

现场安全检查要点应包括井场、远程控制台、井口装置、节流管汇、压井管汇循环系统、固控系统、泵房、机房、井电房、钻台、井架、综合录井室、消防室、油灌区、发电房、锅炉房、防污染设施、生活区（野营房、食堂）、会议室、值班室等。

二、建设单位职能部门安全检查要点

（一）安全管理检查要点

安全管理检查要点应包括安全管理组织机构、安全基础管理、劳动防护用品、井控管理、防硫化氢管理、安全防护设备设施、环境管理及清洁生产、钻井设备设施管理、电气安全管理、防冻保暖安全措施、施工工序过程的安全控制复杂及井下事故处理、联合作业安全管理。

（二）现场安全检查要点

现场安全检查要点应包括井场、远程控制台、井口装置、节流管汇、压井管汇、循环系统、固控系统、泵房、机房、井电房、钻台、井架、综合录井室、消室、油灌区、发电房、锅炉房、防污染设施、生活区（野营房、食堂）会议室、值班室等。

三、建设单位项目部安全监督检查

（一）主要职责

（1）监督作业现场各单位贯彻落实国家安全生产法律法规和执行标准、操作规程、安全规章制度。

（2）监督作业现场开展各项安全活动，开展隐患排查并督促落实隐患整改措施，及时制止、纠正、处罚"三违"行为。

（3）监督作业现场落实属地管理职责。

（4）掌握大型施工、特殊作业的施工方案、安全技术措施并监督执行。

（二）安全检查要点

安全检查要点应包括安全管理组织机构、安全基础管理、劳动防护用品、井控管理、防硫化氢管理、安全防护设备设施、环境管理及清洁生产设备设施安全管理、电气安全管理、施工工序过程的安全控制、高危作业安全管理、特殊及联合作业安全管理。

（三）现场检查点

现场检查要点应包括值班室、远程控制台、井口装置、节流管汇、压井管汇、循环系统、固控系统、泵房、机房、井电房、钻台、综合录井室、消防室、锅炉房、井场、油灌区、发电房、防污染设施、生活区、会议室。

四、施工单位安全监督检查

（一）安全检查内容

安全检查内容应包括安全基础管理、井控管理、防硫化氢的管理、安全防护设备设施、环境管理及清洁生产、施工设备设施管理、电器安全管理、施工工序过程的安全控制。

（二）巡回检查点

巡回检查点应包括远程控制台、井口装置、节流管汇、压井管汇、循环系统、固控系统、泵房机房、井电房、钻台、井架、综合录井室、消防室井场、油灌区、发电房、防污染设施、生活区（野营房、食堂）、会议室、值班室。

五、施工单位岗位安全检查频次

各岗位的安全检查具体执行 Q-GGW 04002.8《安全生产检查规范 第 8 部分：地下储气库》4.1 条款具体要求。

依据相关要求，在具备开（复）条件后，使用《工程服务承包商开（复）工前 QHSE 审核检查表》开展现场检查；在施工作业过程中，《工程服务承包商 QHSE 施工现场检查表》作为通用检查表，根据各级管理单位职责开展现场检查。

第三节　工程建设开（复）工前检查

工程建设项目具备开（复）工条件后，建设单位项目部组织编写施工作业前能力准入评估方案，评估通过后报建设单位质量安全职能部门备案。

建设单位按照《工程服务承包商开（复）工前 QHSE 审核检查表》牵头开展开工前 QHSE 能力准入审核与评估，对施工承包商的 QHSE 体系建立情况、合规保障、开工前准备、营地建设等方面进行工程开（复）工前 HSE 审计，完成评估后，汇总问题清单，出具审核评估意见，根据问题的影响对问题进行分类并明确整改期限，组织整改。

第四节　现场安全隐患的整改与验证

（1）各级安全检查发现现场的安全隐患，应填写隐患整改通知单，由承包商落实整改人员和措施，限期进行整改。

（2）对于立即整改完成的安全隐患，由检查人负责验证，在检查表中明确填写整改情况、整改时间、整改负责人和验证情况等内容。

（3）不能立即整改的安全隐患，未完成整改之前应制订防范措施，在施工单位限期整改完成后，可由检查人再次到现场予以验证，也可指定钻井队现场安全监督予以验证，由验证人员在隐患整改通知单中明确填写整改情况、整改时间、整改负责人和验证情况等内容。

（4）现场安全检查表，隐患整改通知单、隐患整改报告等资料应由检查组织部门进行收集整理和保存，建立安全隐患的立项、销项档案。

（5）检查中发现的安全隐患及其整改情况应作为下次安全检查的重点检查内容，检查人员在进行安全检查之前，应查阅上次安全检查的检查表和相关整改记录。

（6）对现场检查发现的隐患，现场应下发《安全隐患整改通知单》，由监督单位组织落实整改，施工单位按要求提交不符合项整改回复单，经监督单位对回复内容进行验证后向项目单位提交监督单位签字确认的《检查问题整改反馈单》，项目部应对监督单位提交的《检查问题整改反馈单》的整改完成内容进行复查。

第八章 承包商处罚规定

第一节 承包商违反储气库建设项目管理要求的考核与处罚规定

以下内容为《国家石油天然气管网集团有限公司基本建设项目管理程序》中的摘要内容。

一、总则

本规定明确了在项目合同执行期间，针对工程钻井单位、监督单位、设计单位、测井单位等承包商，存在违反资源管理要求、工期进度滞后、违反 QHSE 管理要求、违反施工资料管理、违反信息及文档管理要求、违反法律事件及违反结算管理要求、拖欠农民工工资等负有责任的行为，相对应的考核内容和罚款及处罚条款，在签订施工合同时，应将本规定作为附件纳入施工合同。

（一）罚款级别

将施工项目管理要求的罚款级别确定为 5 级，具体见表 1-8-1。

表 1-8-1　罚款级别

级别	罚款金额	
	工程施工单位	设计、监督、其他承包商
A 级	20 万~50 万元	10 万~15 万元
B 级	10 万~20 万元	5 万~10 万元
C 级	5 万~10 万元	1 万~5 万元
D 级	2 万~5 万元	5000 元~1 万元
E 级	2000 元~2 万元	1000~5000 元

（二）处罚级别

将施工项目管理要求的处罚级别确定为 5 级，具体见表 1-8-2。

表 1-8-2　处罚级别及方式

级别	处罚方式
1 级	解除合同
2 级	停工整顿
3 级	驱逐责任机组、责任人
4 级	责令再教育学习
5 级	通报批评

（三） QHSE 绩效考核

西气东输公司对承包商 QHSE 表现采用量化评分的方式进行考核，依据《西气东输承包商 QHSE 监督管理程序》执行，对于项目 QHSE 绩效评估结果为不合格的承包商，业主可根据合约条款决定中止合同，并将不合格承包商及其主要负责人、项目主要负责人纳入"QHSE 黑名单"，取消其公司资源库准入资格，自"QHSE 黑名单"公告日起两年内或在其整改合格并通过再次评估验收前不得允许其重新申请准入。

（四）索赔

在合同履行过程中，因承包商不履行或未能履行合同所规定的义务或者未能实践承诺的合同条件实现而遭受损失（包括设备、材料损坏、工期损失、环境污染等）后，向承包商提出相对应的索赔要求。

二、违反资源管理要求的处罚

（一）对变更不可替换人员及管理人员的处罚

（1）承包商变更不可替换人员，经发包人批准同意的，项目经理按照 D 级标准进行罚款；变更其他不可替换人员的，每人按照 E 级标准进行罚款。并按照 5 级标准进行处罚。

（2）承包商变更不可替换人员，未经发包人批准同意的，每人每天按照 E 级标准进行罚款，直至完成整改。

（3）承包商管理人员变更数量达到总管理人数的 20%，按照 B 级标准进行罚款；变更数量达到总管理人数的 50%，按照 A 级和 5 级标准进行罚款和处罚；仍未完成整改的，按 1 级标准进行处罚。

（4）承包商项目经理未经发包人许可，擅自离岗连续超过 3 天或累计超过 10 天的，或在发包人或监督组织的检查过程中 2 次发现未经请假擅自离开施工现场的，对承包商按照 C 级标准进行罚款，并按照 5 级和 4 级标准进行处罚，直至完成整改。

（5）承包商确因单位变迁、整合、建制改变，个人确因职务升迁、解除劳动合同、重大疾病及其他不可抗力原因导致管理人员变更，经发包人同意，不予处罚。

（6）发包人认可的其他原因，不予处罚。

（二）未按照投标承诺派遣施工资源的处罚

（1）每月 5 日前由监督组织对当月现场施工资源到位情况与投标承诺及综合计划要求进行监督、考核，承包商承诺资源未按计划到位的，对承包商按 5 级标准进行处罚，并按照 B 级标准进行罚款；所有工程损失和工期损失由承包商承担，发包人有权向承包商进行索赔。

（2）承包商资源在 30 日内未按计划要求到位的，对承包商按照 A 级标准罚款，并要求承包商承诺资源到位日期；若承包商在每个承诺资源到位日期还未到位，继续对承包商按 A 级标准罚款，直至完成整改，发包人有权向承包商进行索赔。确因发包人或不可抗力原因，导致承包商资源无法按期到位的，承包商必须提前 7 日向监理、发包人项目部提出书面延缓申请，经监理、发包人项目部审批确定延缓时间后执行。

三、工期进度滞后的处罚

（1）除发包人或不可抗力原因，承包商在当月工程综合进度滞后综合计划小于10%时，若承包商在1个月内赶上综合计划，不予处罚，如在1个月内未赶上综合计划，对承包商按照D级和5级标准进行罚款和处罚；如在2个月内仍未完成综合计划，对承包商按照B级标准进行处罚，如在3个月以上仍未完成综合计划，发包人有权调减工程量，直至按1级标准进行处罚，由此造成的工期延误损失，发包人有权向承包商进行索赔。

（2）除发包人或不可抗力原因，承包商当月工程综合进度滞后综合计划10%~20%，对承包商从C级标准开始进行处罚，升级处罚按照第（1）条类推。

（3）除发包人或不可抗力原因，承包商在当月工程综合进度滞后综合计划大于20%，对承包商从B级标准开始进行处罚，升级处罚按照第（1）条类推。

四、违反 QHSE 管理要求的处罚

承包商发生违反项目 QHSE 管理要求行为的，按下列规定对现场不符合项或事故进行处罚。

（一）不符合项分类

现场不符合项分为一般不符合项、较大不符合项和严重不符合项三类，具体分类情况如下：

（1）一般不符合项。未严格执行国家、行业、发包人 QHSE 管理有关规定；有违反国家、行业、发包人 QHSE 管理的现象，但对人员安全、职业健康和施工质量未形成较大风险，风险等级定义为安全环保低度风险、中度风险或一般质量事件的，经整改基本能达到规定要求。

（2）较大不符合项。未执行国家、行业、发包人 QHSE 管理有关规定，QHSE 管理体系受控的能力降低；违反国家、行业、发包人 QHSE 管理的要求，对人员安全、职业健康和施工质量构成隐患，形成影响工程的各专业、各工序较大风险，定义为安全环保高度风险、较大安全环保隐患或较大影响质量事件的；未对已发现的一般不符合项进行有效整改；重复出现的一般不符合项认定为较大不符合项。

（3）严重不符合项。严重违反国家、行业、发包人 QHSE 管理有关规定，QHSE 管理体系运行失效或导致体系受控能力的严重降低；严重违反国家、行业、发包人 QHSE 管理的要求，对人员安全、职业健康和施工质量构成重大隐患，形成影响工程的各专业、各工序重大风险，定为重大安全环保隐患，或较大影响质量事件或造成严重后果并形成重大安全环保隐患的；未对已发现的较大不符合项进行有效整改，重复出现较大不符合项认定为严重不符合项。

（二）对不符合项的处罚

（1）发现一般不符合项，承包商及时按照规定进行整改闭合，对造成损失的进行索赔，按5级标准进行处罚，不予罚款。

（2）发现较大不符合项，对造成损失的进行索赔，对承包商按4级和3级标准进行处

罚，每项问题按 D 级标准进行罚款。

（3）发现严重不符合项，对造成损失的进行索赔，对承包商按 2 级、3 级和 4 级标准进行处罚，每项问题按 C 级标准进行罚款。

（4）对未按照业主委托要求及时办理相关工作的，对工程推进造成影响的，升级处罚。

（三）对责任事故的处罚

1. 对一般 C 级、B 级事故的处罚

发生 1 起一般生产安全事故 C 级、一般突发环境事件 C 级或一般环境保护违法违规事件 C 级，事故损失由承包商承担，对事故主要责任单位及其他责任单位视情节按 B 级标准进行罚款，并按 2、3、4、5 级标准进行处罚。

发生 1 起一般生产安全事故 B 级、一般突发环境事件 B 级、一般环境保护违法违规事件 B 级或一般质量事故，事故损失由承包商承担，对事故主要责任单位及其他责任单位视情节按 A 级标准进行罚款，并按 2、3、4、5 级标准进行处罚。

2. 对一般 A 级及以上事故的处罚

发生一般 A 级及以上生产安全事故，一般 A 级及以上突发环境事件或一般 A 级及以上环境保护违法违规事件，较大及以上质量事故，事故损失由承包商承担，按照 1 级标准进行处罚，并按照国家法律法规、集团公司等相关管理规定进行处理。

五、违反施工及竣工资料管理的处罚

承包商在施工过程中，出现施工及竣工资料未同步收集整理或不满足编制规定要求的情况时，发包人有权处罚，对检查出的不符合项每类按照 E 级标准进行罚款；如发包人认为属于轻微不符合项且能立即整改的可不做处罚。

六、违反信息及文档管理要求的处罚

发包人发现信息报告等数据填报存在迟报、错报、漏报及隐瞒不报，报表质量不合格等问题发生，将采取以下处理措施：

（1）发现存在报告信息迟报、错报、漏报、报表质量不合格情况的，由发包人与承包商报告填报人口头沟通，承包商应及时纠正问题。

（2）发现存在报告信息迟报、错报、漏报、报表质量不合格情况连续 2 次或累计 4 次的，由发包人对承包商按照 5 级标准进行处罚，承包商应及时纠正问题并提交书面改进措施。

（3）承包商被按照 5 级标准进行处罚后，再次出现报告信息迟报、错报、漏报、报表质量不合格情况的，发包人对承包商按照 E 级标准进行罚款。

（4）发现存在项目重要信息隐瞒不报情况的，发包人对承包商按照 C 级标准进行罚款。同时对于因重要信息隐瞒不报所造成的管理决策失误、经济损失等责任均由承包商负责。

七、违反法律事件的处罚

承包商违反法律法规或因其他过错，发生被媒体（包括国内省级及以上党政机关主办

的媒体，以及其他国内外主流媒体）报道，或被省级及以上政府部门或司法机关调查处理，对中国石油和发包人声誉造成损害的事件，对承包商按照 A 级标准进行罚款，按照 3、4、5 级标准进行处罚。

八、违反结算管理要求的处罚

（1）承包商在交工验收后应及时向项目单位提交工程竣工结算资料（10 个工作日内），因承包商原因导致的结算资料超过 10 个工作日不能如期提供的，按照 D 级标准进行处罚；一个月内仍不能提供的，按照 C 级标准进行处罚；承包商应对提交结算资料的真实性、准确性负责，因承包商原因导致的结算计划未按期完成，按照 A 级处罚标准进行处罚。

（2）承包商对结算、审计工作应积极配合，对结算审查、审计意见应及时回复，超过 5 个工作日且无理由不回复意见的，按照 E 级标准进行处罚；超过 10 个工作日仍未回复的，按照 D 级标准进行罚款，按照 5 级标准进行处罚，直至回复意见。实际情况已签订合同为准。

第二节　HSE 管理协议

以下为《HSE 管理协议》中关于"违约责任及处理"相关条款的摘要内容，可作为参考模板，具体以项目实际签订的协议为准。

（一）履行合同期间发生的 HSE 事故

对履行主合同期间发生的 HSE 事故，由承包商承担责任。包括但不限于下列情形之一：

（1）未按相关规定设置 HSE 管理机构，未配置专职 HSE 管理人员。

（2）将建设项目分包给不具备相应资质或无安全生产许可证的施工单位。

（3）未与分包单位签订安全生产合同。

（4）违法分包或转包。

（5）项目开始前，未按要求向分包商提供与分包作业相关的资料，致使分包商未采取相应的安全技术措施。

（6）未对施工分包商进行 HSE 审核或审核不合格。

（7）未定期开展对员工的 HSE 教育培训和宣传工作。

（8）提供不合格的施工机械、机具或劳动防护用品。

（9）未及时贯彻落实上级和业主相关要求。

（10）违章指挥、违章作业、违反劳动纪律。

（11）未按批准的施工组织设计（施工方案）组织施工。

（12）特种作业人员无有效证件从事特种作业。

（13）HSE 监督检查不到位。

（14）作业区域安全防护存在缺陷。

（15）对现场识别出的 HSE 风险未进行风险评估并采取切实有效的防范措施。

（16）对检查的 HSE 隐患未及时进行整改。

（17）对两个以上施工分包商在同一施工区域进行交叉作业时，未进行有效协调和组织。

（18）租赁使用的机械设备发生生产安全事故，有下列情形之一的：

① 未与租赁单位签订安全生产管理协议。

② 承租不符合国家相关要求的大型机械设备。

③ 使用没有资质的施工单位进行特种设备安装、拆卸。

④ 操作人员误操作或使用没有特种作业许可证人员上岗。

⑤ 承包商发生事故后瞒报、谎报、迟报、漏报。

（二）承包商原因带来的 HSE 责任风险

因承包商原因带来的 HSE 责任风险（包括刑事、行政处罚或民事纠纷），给业主和第三方造成人身伤害和财产损失的，由承包商承担损失赔偿责任，承包商损失自担。

（三）不可抗力造成的事故及生产损失

由于不可抗力造成的事故及生产损失，承包商承担自身相应的损失。

（四）对 HSE 不符合项的处罚

业主通过在施工过程中对承包商检查，根据承包商在其责任范围内发生的 HSE 不符合项予以罚款，HSE 不符合项分为一般不符合项、较大不符合项和严重不符合项三类，基本特征如下：

（1）一般不符合项。

未严格执行国家、国家管网集团、项目单位及本项目 HSE 管理相关规定，但对人员安全、职业健康和施工环境未形成中风险，风险等级定义为低风险。

（2）较大不符合项。

① 未执行国家、国家管网集团、项目单位及本项目 HSE 管理相关规定，HSE 管理体系受控的能力降低。

② 违反国家、国家管网集团、项目单位及本项目 HSE 管理相关规定，对人员安全、职业健康和施工环境构成中风险。

③ 发现 5 项以上一般不符合项，每 5 项一般不符合项为 1 项较大不符合项。

④ 未对已发现的一般不符合项进行有效整改。

（3）严重不符合项。

① 严重违反国家、国家管网集团、项目单位及本项目 HSE 管理相关规定，HSE 管理体系运行失效或导致体系受控能力的严重降低。

② 严重违反国家、国家管网集团、项目单位及本项目 HSE 管理相关规定，对人员安全、职业健康和施工环境构成高风险、极高风险。

③ 未对已发现的较大不符合项进行整改。

④ 发现 5 项以上较大不符合项，每 5 项较大不符合项为 1 项严重不符合项。

⑤ 对事故或隐患进行瞒报、谎报、迟报、漏报。

（五）承包商违约处罚

承包商违反本协议义务一次，项目单位有权对承包商进行处罚，处罚方式包括警告、通报、罚款（违约金性质）、解除合同等。某一行为违反本协议多个处罚条款的，项目单位有权选择同时适用多个处罚条款。对承包商的罚款、违约金，项目单位有权在给承包商的到期或将到期的任何应付款中扣减。

1. 承包商的不符合项处罚标准

（1）两次检查均发现存在同类别较大不符合项的或一次检查发现存在严重不符合项，对承包商安全负责人及相关人员在例会中通报。

（2）连续两次以上检查均发现存在同类别较大不符合项或严重不符合项，有权对承包商 HSE 负责人及相关人员本项目范围行文通报，并有权对承包商约定数额的罚款。

（3）对检查发现的不符合项，承包商在规定期限内，无正当理由未整改完成的，有权对承包商每次每项约定数额的罚款和在本项目范围行文通报，经济处罚措施直至整改完成。

2. 承包商违反资源管理处罚标准

（1）项目经理及管理团队。

① 擅自替换项目经理、HSE 负责人（安全总监），项目单位有权解除主合同，并将承包商纳入不再合作供应商名单，予以约定数额罚款，同时在项目单位所属项目通报，3 年内不得参与建设单位的项目。

② 擅自替换项目其他不可替换管理人员，有权在 3 年内拒绝该项目经理及被替换人员参与项目单位的项目，并有权对每替换人次约定数额罚款和在本项目范围通报。

③ 承包商管理人员替换变更数量达到总管理人数的 40%，予以约定数额罚款，同时在项目单位所属项目通报。

④ 队长、书记、副队长、技术员等关键岗位人员擅自离岗连续超过 3 天或累计超过 7 天，或在项目单位/监督组织的检查过程中，发现未经请假擅自离开施工现场，首次出现上述情况，予以警告并通告承包商单位；再次出现，有权对违反人员提出替换要求，并有权对承包商约定数额罚款和在本项目范围通报。

⑤ 未设置 HSE 管理机构、配置专职 HSE 管理人员，或分部分项工程施工时无专职 HSE 管理人员现场监督，项目部（分部、监理）责令整改，并对承包商予以约定数额罚款和在本项目范围通报；逾期未整改的，停工整改，约定数额罚款，同时在项目单位所属项目通报；拒不整改的，项目单位有权解除主合同，承包商应承担对项目单位造成的经济损失，并将其纳入不再合作供应商名单，5 年内不得参与项目单位的项目。

⑥ 承包商因单位变迁、整合、建制改变，个人因职务升迁、解除劳动合同、重大疾病及其他不可抗力原因导致管理人员变更，经项目单位同意，不予处罚。

（2）承包商未按照投标承诺派遣施工资源。

① 未按照投标承诺派遣施工各工种人员和设备资源，建设单位予以书面警告，承包商给予合理解释并提交解决方案。

② 施工资源的能力和水平不能满足施工要求，项目单位有权要求承包商对不符合要求的人员和设备资源进行更换。

③ 上述情况一个月内未能解决的，有权对承包商的工程量进行调整，并有权对承包商

执行约定数额罚款，向项目范围内参建方和承包商上级部门通报。

（3）承包商违章指挥处罚标准。

① 存在管理人员违章指挥，每发现一次，对承包商相关管理人员在例会中进行通报，并有权对承包商约定数额罚款。

② 发现两次及以上，除已有处罚外，还有权要求承包商更换相关管理人员，通告承包商单位，并有权对承包商约定数额罚款和在本项目范围行文通报。

（4）承包商违反HSE信息及资料管理要求处罚标准。

① 存在报告信息瞒报、谎报、迟报、漏报、报表质量不合格情况1~3次，对填报人口头沟通，承包商应及时纠正问题，并有权对承包商约定数额罚款和在例会中通报。

② 存在报告信息瞒报、谎报、迟报、漏报、报表质量不合格情况连续4~5次，对承包商进行书面通报，承包商应及时纠正问题并提交书面改进措施，并有权对承包商约定数额罚款和在例会中通报。

③ 存在报告信息瞒报、谎报、迟报、漏报、报表质量不合格情况连续6次以上，有权对承包商当月约定数额罚款和在本项目范围行文通报。

④ 存在项目重要信息隐瞒不报情况，有权对承包商约定数额罚款和在本项目范围及向承包商上级部门通报。同时对于因重要信息隐瞒不报所造成的管理决策失误、经济损失等责任均由承包商负责。

（5）对承包商责任范围内发生的HSE事故处罚标准因承包商原因发生HSE事故，除按照国家管网集团相关管理规定进行处理外，有权根据事故严重程度对承包商再进行经济处罚，有权根据事故严重程度对承包商采取如下处罚措施：

① 每发生一般事故C级1起（指造成3人以下轻伤或者10万元以下1000元以上直接经济损失的事故）对承包商罚款约定数额或合同金额的约定比例，以高者计算。

② 每发生一般事故B级1起（指造成3人以下中重伤，或者3人以上10人以下轻伤，或者10万元以上100万元以下直接经济损失的事故）对承包商罚款约定数额或合同金额的约定比例，以高者计算。

③ 每发生一般事故A级1起（指造成3人以下死亡，或者3人以上10人以下重伤，或者10人以上轻伤，或者100万元以上1000万元以下直接经济损失的事故）或发生一般环境污染事件1起，对承包商罚款约定数额或合同金额的约定比例，以高者计算，并将承包商纳入不再合作供应商名单。

④ 每发生较大事故1起（造成3人以上10人以下死亡，或者10人以上50人以下重伤，或者1000万元以上5000万元以下直接经济损失的事故）或发生较大环境污染事件1起，对承包商罚款约定数额或合同金额的约定比例，以高者计算，并有权解除主合同，并将承包商纳入不再合作供应商名单。

⑤ 每发生重大事故1起（指造成10人以上30人以下死亡，或者50人以上100人以下重伤，或者5000万元以上1亿元以下直接经济损失的事故）或发生重大环境污染事件1起，对承包商罚款约定数额或合同金额的约定比例，以高者计算，并有权解除主合同，并将承包商纳入不再合作供应商名单。

⑥ 每发生特别重大事故1起（指造成30人以上死亡，或者100人以上重伤，或者1亿元以上直接经济损失的事故）或发生特大环境污染事件1起，对承包商罚款约定数额或合同金额的约定比例，以高者计算，并有权解除主合同，并将承包商纳入不再合作供应商

名单。

⑦ 对承包商瞒报、谎报、迟报、漏报事故，将按事故等级进行双倍罚款。

⑧ 发生 HSE 事故对项目单位造成经济损失，按损失额度向承包商索赔，并有权再向承包商追加不超过损失额度的索赔。

（6）对承包商违规的其他处罚标准。

① 对于重复出现的同一类问题，可以对承包商累加处罚。

② 违反法律法规或因其他过错，发生被媒体（包括国内省级及以上党政机关主办的媒体，以及其他国内外主流媒体）报道，或被省级及以上政府部门或司法机关调查处理，对国家管网集团和项目单位声誉造成损害的事件，有权向承包商单位进行通报，并有权解除主合同。

③ 对违反 HSE 管理协议发生停止作业整改等处理行为，所引起工期延时等情况，承包商承担全部责任和经济损失。

（7）承包商违反本协议的违约金限额项目合同有效期内违约金总额与罚款总额合并不超过项目合同总价的 30%。如果项目单位实际损失超过项目合同总价的 30%，承包商应赔偿项目单位全部损失，不受前述项目合同总价的 30% 的限制。实际情况已签订合同为准。

第三节　国家管网集团工程建设项目管理暂行办法

以下内容为《国家石油天然气管网集团有限公司工程建设项目管理暂行办法》中"第五章监督与责任"的摘要内容。

承包商未按合同约定履行相应义务，导致项目出现质量问题，发生质量、HSE 事故，按照相关制度规定进行责任追究；涉嫌犯罪的，移交司法机关处理。对承包商以下行为追究其合同违约和损失赔偿责任：

（1）采用标准错误或违反工程建设强制性标准进行工程设计的。

（2）勘察测绘不合格、地区等级判断错误、未按规划选址意见和环评批复意见选择路由的。

（3）专项评价存在重大瑕疵未通过审批的。

（4）未在设计文件和现场施工中落实专项评价、安全设施设计专篇批复中明确需要采取的措施。

（5）对工程质量、HSE 有较大影响的设计变更未按规定审批，先行实施的。

（6）用施工图设计变更代替初步设计变更，用施工变更代替施工图设计变更，应变更未履行变更程序的。

（7）竣工图存在严重失实的。

（8）应实施驻厂监造而未实施或驻厂监造未履职致使不合格产品出厂的。

（9）采购不符合质量标准规范的重要设备、设施及部件导致严重后果的。

（10）采购合同遗漏重要技术交底信息导致严重后果的。

（11）物资到场未按规定组织验收、出入库无管理制度和记录、保管不当，导致物资使用造成严重后果的。

（12）转包或者焊接、补口等主体工程违法分包、违规分包的。

（13）其他违规擅自分包或将工程发包给不具备相应资质等级的承包商或选择不具备相应等级资质的供货商的。

（14）不按设计图纸和规范要求施工的。

（15）未进行管道、线路阀门、设备等试压、伪造试压结果、试压不合格未进行整改的。

（16）未按规定对管道进行内部清洁即安装、安装及上水试压过程中未保持管道内部清洁、或干燥不合格，造成阀门磨损产生内漏或投产时发生冰堵而影响投产的。

（17）违反环评批复进行设计和施工，导致严重后果的。

（18）不经变更审批替换关键岗位、不可替换人员为资质不符人员的。

（19）其他严重影响项目质量的行为。

实际情况以签订合同为准。

第四节　招标文件

以下《招标文件》中关于"承包商违约责任及处理"的摘要内容，具体处罚违约金数额执行各项目《招标文件》条款。

（1）承包商未按项目单位发出的《隐患整改通知单》要求按期完成整改的，承包商每次应向项目单位支付违约金，承包商支付违约金后仍未整改或整改不符合《隐患整改通知单》要求的，建设单位可责令承包商停工整改，因此所造成的停工损失和整改支出由承包商承担，且停工不顺延工期。如停工后，承包商仍未进行整改或整改仍不能符合《隐患整改通知单》的要求或合同约定的标准的，项目单位可单方解除主合同，因此而导致的损失由承包商自行承担。

（2）由于承包商原因造成的环境污染或生态破坏责任，承包商承担全部责任，并赔偿项目单位因此受到的损失。

（3）由于承包商人员不服从现场安全管理、超指定区域、超指定时限作业等违章作业而造成的HSE事故，由承包商承担责任，并负责赔偿损失。

（4）承包商发生事故后弄虚作假、隐瞒不报、迟报或谎报，经查证属实，承包商每次应向项目单位支付违约金。情节严重的，取消其进入项目单位市场的资格。

（5）如果承包商未按项目单位安全生产及环保规定组织生产，或者未能及时按照本合同规定和项目单位要求向项目单位提供HSE报表、工程动态信息、安全生产信息等工程相关资料的，每出现一次，承包商应向项目单位支付违约金。如发生重大事故，由承包商承担所有损失。

（6）对于政府主管部门或项目单位在检查中发现的安全隐患，承包商应及时整改，不得拖延。因安全环保隐患没有及时整改引发的后果由承包商承担，由国家政府主管部门开具的罚款和建设单位开具的安全环保扣款在工程结算时一并结清。

实际情况已签订合同为准。

第九章　现场应急管理

第一节　应急预案编制要求

（一）应急预案的内容

应急预案的编制应坚持科学、实用、简明、易行的原则，所针对的突发事件类型应涵盖自然灾害、事故灾难、公共卫生、社会安全和网络舆情五个类别。应急预案内容一般应包括（但不限于）以下内容：

（1）应急预案的目的、范围、适用的法律法规、标准及相关文献。

（2）明确各级应急预案之间的关联关系。

（3）明确潜在的事故、紧急情况以及控制目标和应急预案的级别。

（4）明确应急组织机构、负责人及特定人员职责、权限和义务。

（5）明确报警、接警、报告、指令下达等信息收集传递的方式和要求，包括与外部应急机构、执法部门和邻近单位及公众的沟通。

（6）明确采取应急措施的内容、程序和方法，包括人员疏散、危险区隔离、抢险救援、人员救治、紧急状态下的管道运行调整方案、对重要记录资料和重要设备的保护规定等。

（7）明确对可能受到事件、事故伤害或影响的周边人群及相关方的专项保护措施，以及周边企业、单位发生突发事件对我方影响的处置方案。

（8）明确现场的指挥、协调和组织管理要求。

（9）明确应急使用的必要资料，如平面布置图、危险物质数据、水电气管网流程图及其他相关资料。

（10）明确通信保障需求和实施要求，包括通信设备和工具的种类、数量及保管维护和使用的规定。

（11）明确资源保障需求及实施要求，包括人员、应急设施设备和应急物资等。

（12）明确综合保障的需求及实施要求，包括运输、救护、后勤供给、内外部接待、事故调查和损失评估、信息发布及其他事项。

（13）明确应急预案启动和终止的条件及要求。

（14）明确应急预案的培训和演练要求。

（15）其他需要明确的事项。

（16）附件应包括：相关图表、资料、文件和记录。

（二）应急预案的编制原则

应急预案编制依据以下原则：遵循以人为本、依法依规、符合实际、注重实效的原则，以应急处置为核心，体现自救互救和先期处置的特点，做到职责明确、程序规范、措施科学，尽可能简明化、图表化、流程化。

（1）贯彻"以人为本，安全第一"，最大限度保证人员生命财产安全的原则。

（2）实行"统一领导，分级负责"，单位自救与外部求援相结合的原则。

（3）"依靠科学，依法规范"，利用现代科学技术，发挥专业技术人员作用，依照行业安全生产法规，规范应急救援工作原则。

（4）"预防为主，平战结合"，认真贯彻安全第一，预防为主，综合治理的基本方针，坚持突发事件应急与预防工作相结合的原则。

（5）考虑相关方的需求原则，如应急服务机构、相邻社区或居民。

第二节　应急预案体系内容

应急预案的编写应符合《生产经营单位安全事故应急预案编制导则》和《生产安全事故应急救援预案管理办法》的规定，施工单位应组织编制综合应急预案，应包括但不限于下列内容：

（1）依据事故风险评估及应急资源调查结果，结合承包商组织管理体系、生产规模及处置特点，合理确立本单位应急预案体系。

（2）结合组织管理体系及部门业务职能划分，科学设定承包商应急组织机构及职责分工。

（3）依据事故可能的危害程度和区域范围，结合应急处置权限及能力，清晰界定各项目的响应分级标准，制订相应层级的应急处置措施。

（4）按照有关规定和要求，确定事故信息报告、响应分级与启动、指挥权移交，警戒疏散方面的内容，落实与相关部门和单位应急预案的衔接。

一、应急预案编制主要内容

事故应急预案是指事先预测危险源、危险目标可能发生事故的类别、危害程度，并充分考虑现有应急物资、人员及危险源的具体条件，使事故发现时能及时、有效地统筹指导事故应急处理、救援行动的方案。

本章主要根据西气东输地下储气库工程特点，吸取以往编制应急预案框架的经验，对本工程如何建立事故应急预案进行了概括性描述，从事故应急预案制定原则、应急预案主要内容等方面提出原则性的要求，供有关部门在编制事故应急预案时参考。

二、预案制订原则

（一）目的

制订预案的目的是加强对事故的综合指挥能力，提高紧急救援反应速度和协调水平，明确各级组织和人员在事故应急中的责任和义务，保护生命、保护环境、保护财产，保障公众秩序和社会稳定。

（二）指导思想

预案的指导思想应本着以人为本、快速反应、企地联动、常备不懈，最大限度地保护人员安全，努力保护财产安全的原则进行。

（三）预案启动

事故发生后，相应的事故应急预案自动启动。根据应急预案要求，各级组织和人员各负其责。

三、预案主要内容

应急预案主要内容应包括以下方面：建立应急组织机构，明确其组成及各部门、各岗位职责，给出应急反应程序，根据工艺特点和危险源特性制订各项事故应急处理措施，给出内部应急资源保障（包括应急设备及器材、应急队伍、应急通信联络方式等）和地方应急资源保障（地方政府、医疗、消防、公安、环保等部门的应急通信联络方式等），最后提出应急预案管理、更新、培训及演练方面的要求。

本评价提出的事故应急预案框架如图 1-9-1 所示。

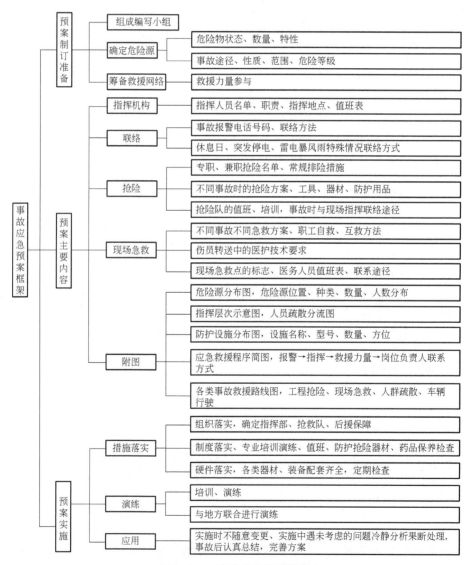

图 1-9-1　事故应急预案框架

（一）应急组织机构与职责

1. 组织机构

本工程应成立应急组织机构，并纳入西气东输分公司应急组织机构中。

本工程应成立应急指挥小组，由分公司经理担任组长，分公司经理不在时，由副经理担任组长，应急指挥小组听从上一级应急指挥机构的指挥，具体负责现场应急指挥工作。当班班长担任副组长，协助组长工作。当班操作人员为应急小组成员，按照工艺操作规程和应急预案规定的职责进行操作处理。

应急指挥小组根据预案在实施过程中的成功经验和存在的问题及时对预案进行调整、修订，定期组织职工对事故预案进行演练。同时指派专人在事故结束后收集、整理所有的应急记录、文件等资料，并存档。

2. 职责分工

预案应明确应急机构各成员职责分工，需要明确的主要内容有：

（1）由谁来报警、如何报警、向哪儿报警。

（2）向上级汇报事故的时机、方式（人员和联络手段）。

（3）谁来组织抢险、控制事故。

（4）应急器材的使用、分配等。

（5）现场人员的医疗救护措施。

（6）哪个部门负责组织现场人员撤离，负责采取措施保护事故现场、保护周围可能受影响的职工、居民及周围的设备、邻近的建筑物。

（7）明确与媒体的沟通渠道和事故信息对外发布渠道。

（8）当事故现场以及周边环境达到了安全部门认可的对人身没有危害的条件时，由谁来宣布危害已解除，事故危害区域内撤离疏散的人员可以返回。

（9）明确规定在什么情况下、谁来宣布应急预案关闭。

3. 应急反应程序

应急预案应根据应急组织中每个人或每个岗位的职责和分工，以事故处理过程为主线，制订应急反应程序。该程序应明确规定在这个主线上有哪些层层相扣的应急环节，并明确各环节的责任岗位或责任人。

应急反应程序主要环节应包括事故发生后的信息上报（上报的时间要求、何人上报、报往哪里等），信息下达（谁来下达、下达到哪里等）现场抢险以及预案关闭等。每个应急行动都必须留下记录可供追溯。应急反应程序可用树形图显示。

4. 事故应急处理措施

事故应急处理措施是应急预案的核心内容，它具体而详细地列出了各类事故发生时的处理措施，供事故发生时使用。

制订本工程事故应急处理措施时，应充分考虑储气库工程工艺过程、危险源特点（天然气数量、特性、事故途径、性质、范围、危险等级）和储气库及配套管道所处的外界环境或条件等因素。

事故应急处理措施应包括两方面内容：一是指储气库工程发生事故后，如何有效控制事故发展，防止二次灾害事故发生，减少事故产生损失的各种处理方案，它应该涵盖工艺过程的各个方面。二是指储气库工程外界环境或外部条件发生事故（变化）时可能对工程造成危害的防范预案。

5. 应急资源

（1）储气库工程应配备必要的抢险物资和设备，应急预案应指出其存放位置和数量。应急物资和设备不但要事先提供、早做准备，而且应定期检查，使其一直能够保持良好使用状态。

（2）内、外部通信联络。

根据储气库本工程具体情况，建立事故发生时的报警系统。当发生事故时，能按照规定的方法及时向控制中心和有关部门报警。

① 应急预案应明确与上级应急指挥机构和现场保持畅通联系的方式和手段，以便发生事故时，能通过此联络通道进行信息上传下达，对现场采取紧急关停、泄压等控制和减轻事故影响的措施。

② 由于储气库工程大多处在人口众多、环境敏感地区，输送和储存的又是易燃易爆的天然气，且数量巨大，因此保证本工程对周边民众和环境的安全以及发生事故后迅速与地方有关单位取得联系，得到及时有效援助，减少人员和财产损失应引起高度重视。在应急预案中应明确规定与当地政府、消防、医疗救护、公安等部门保持畅通联系的方式和手段，以便在事故发生时迅速与其取得联系，确保消防、救护力量能在最短时间内赶到事故现场实施援助。

6. 应急监测和安全保卫

应急预案中应规定应急监测的有关要求。

当本工程发生天然气泄漏或火灾、爆炸等事故时，可能对大气和人体及其他动物的健康产生影响，必须进行环境应急监测。应急监测的主要内容是对事故点周围空气中有毒有害物质浓度进行监测，以确定危险区域的范围和边界，事故处理结束后可根据监测结果决定现场周围民众是否可以返回。

应急预案中应制订事故情况下的安全、保卫措施，同时规定必要情况下请当地公安部门配合进行现场警戒。

7. 公众参与社会参与

应急预案应突出体现公众参与社会参与的内容。

（1）公众参与就是列出储气库周围和管道沿线在发生事故时可能涉及的单位和主要居民点的情况，提出事故发生后上述范围内民众和单位的紧急避险措施和对民众的培训、演练、宣传计划。这些内容应列入应急预案并与当地政府进行沟通，共同制订特大安全事故的应急预案，把危险状态估计充分，一旦发生事故可最大限度保护人民群众的生命和财产安全。生产管理部门有义务面向周边居民群众普及安全防范常识，使他们在事故发生后有能力采取自我保护措施，有意识迅速撤离。

（2）社会参与应体现与地方政府和当地群众的事故通报机制和事故处理中的配合机制，并纳入应急预案中。在安全生产上一定要打破条条块块的分割，不能把中央在地方的企事业单位与地方的安全生产监管脱节，要经常向地方安全生产监督管理机构汇报本工程危险源的状态和安全生产工作情况，取得有关部门和单位的支持与帮助。建议储气库工程充分利用地方应急救援体系，发挥当地公安、消防机构以及其他各类救护机构的作用，实行119、110、

120、122联动，优化整合资源，形成责任明确、指挥顺畅、配合有序、反应灵敏、抢救及时、科学合理的应急救援联动体系，最大限度地减少财产损失和人员伤亡。

8. 应急预案的更新

生产运营单位应建立应急预案管理和更新制度。当应急预案所涉及的机构发生改变、工艺进行调整或其他变更时，应急预案应相应进行更新。

应急行动或应急演练结束后，可采取自我评估或第三方评估的方式对预案实施过程中存在的问题进行评估，根据评估结果对应急预案进行修改、完善。

9. 应急培训和演练

应急培训和演练是培养和提高各岗位操作人员以及其他人员的日常应急处理能力的重要手段。应急预案应明确规定以下内容：

（1）演练及考核计划。

演练计划包括应急预案类型、演练时间、演练内容、参加人员、考核方式等要求。

（2）演练记录。

演练记录包括应急预案类型、演练时间、演练人员名单、演练过程、考核结果、存在问题等内容。演练记录存档备查。

（3）总结。

演练结束后应就演练过程与应急预案的要求进行对比，总结演练过程中的成功经验及存在问题，并指出应采取的相应改进措施，并对预案及时修改完善。

（4）演练内容和形式。

① 强化应急器材、医疗急救等方面的演练。

② 采用答卷方式对操作人员进行应急预案教育。

③ 按照事故应急预案，以岗位为单位进行实战模拟演练。

④ 和地方消防、医疗等单位举行较大规模的实战模拟演练。

⑤ 采取各种形式（如电视、电影、宣传手册等）对储气库工程周边的民众进行应急知识宣传。

以上是预案制订的原则，建设单位一定要结合项目的实际情况，并结合公司和地方各级政府的应急预案制订总体三级预案和自然灾害、地震、维抢修、井喷、溶腔垮塌等各专项三级预案，一旦发生灾难性事故还应执行国务院颁发的《陆上石油天然气储运事故灾难应急预案》。另外，工程施工前也应编制相应的应急预案，以确保事故发生时减少人员伤亡和财产损失。

四、安全投入

在设计阶段应根据本项目的实际情况设立安全投入资金，保证安全设备设施的设计、施工与投产运营。安全设备设施至少应包括以下内容：

（1）可燃气体检测报警仪。

（2）足够数量的消防器材器具。

（3）足够数量的正压式呼吸器。

（4）防静电服装、鞋帽。

（5）防爆工具，如扳手、管钳、手电筒等。

（6）防爆通信工具，如防爆手机等。

（7）急救箱包。

（8）个体防护用品，如安全帽、避火服等。

第三节 应急处置要点

以下内容是针对近年发生的相关工程事故事件案例，总结得出的应急处置要点，处置方式、方法仅供参考，各项目需结合工程现场实际地质条件、环境条件、气候条件等制订有针对性的应急处置方案。

一、触电应急处置要点

（1）一旦触电，触电者首先进行自救，可用另一只手抓住电线绝缘处，把电线拉出，摆脱触电状态。如果触电时电线或电器固定在墙上，可用脚猛蹬墙壁，同时身体往后倒，借助身体重量甩开电源。

（2）发现有人触电时，发现者应即时向现场负责人汇报，明确事故地点、时间、受伤程度和人数；现场负责人应根据现场汇报情况，决定停电范围，下达停电指令。

（3）若电源开关距离触电地点较远，应立即使触电人员脱离电源，方法如下：

① 高压触电脱离方法。触电者触及高压带电设备，救护人员应迅速切断使触电者带电的开关、刀闸或其他断路设备，或用适合该电压等级的绝缘工具（绝缘手套、穿绝缘鞋、并使用绝缘棒）等方法，将触电者与带电设备脱离。触电者未脱离高压电源前，现场救护人员不得直接用手触及伤员。救护人员在抢救过程中应注意保持自身与周围带电部分必要的安全距离，保证自己免受电击。

② 低压触电脱离方法。低压设备触电，救护人员应设法迅速切断电源，如拉开电源开关、刀闸，拔除电源插头等；或使用绝缘工具、干燥的木棒、木板、绝缘绳子等绝缘材料解脱触电者；也可抓住触电者干燥而不贴身的衣服，将其拖开，切记要避免碰到金属物体和触电者的裸露身体；也可用绝缘手套或将手用干燥衣物等包起绝缘后解脱触电者；救护人员也可站在绝缘垫上或干木板上，绝缘自己进行救护。为使触电者脱离导电体，最好用一只手进行。

③ 落地带电导线触电脱离方法。触电者触及断落在地的带电高压导线，在未明确线路是否有电，救护人员在做好安全措施（如穿好绝缘靴、带好绝缘手套）后，才能用绝缘棒拨离带电导线。救护人员应疏散现场人员在以导线落地点为圆心 8m 为半径的范围以外，以防跨步电压伤人。

（4）根据其受伤程度，决定采取合适的救治方法，同时用电话等快捷方式向当地的 120 抢救中心求救，并在第一时间进行抢救直至救援人员到达。

（5）抢救方法如下：

① 触电伤员如神志清醒，应使其就地仰面平躺，严密观察，暂时不要使其站立或走动。

② 触电伤员如神志不清，应就地仰面平躺，且确保气道畅通，并用 5s 时间，呼叫伤员或轻拍其肩部，以判断伤员是否意识丧失，禁止摇动伤员头部呼叫伤员。

③ 触电后又摔伤的伤员，应就地仰面平躺，保持脊柱在伸直状态，不得弯曲；如需搬运，应用硬模板保持仰面平躺，使伤员身体处于平直状态，避免脊椎受伤。

二、机械设备伤害应急处置要点

发生机械伤害时，应先切断电源，根据伤害部位和伤害性质进行处理，并报告现场负责人。划出事故特定区域，非救援人员或未经允许不得进入特定区域。根据机械设备伤害情况确定应急处置措施。

（1）出现事故征兆时的处置措施：切断电源，停机检查，待排除故障后再行开机；在恶劣天气情况下，停止机械设备操作，天气好转后，恢复机械设备操作。

（2）事件发生时的处置措施：停机、断电，迅速撤离所有作业人员，确保安全。现场负责人组织开展机械设备抢修维护，待故障排除后再进行操作。

（3）有遇险人员时的处置措施：遇险人员要积极自救，同时要想方设法通知救援人员自己所处的位置，以便得到及时救援；救援人员按规定穿戴好防护用品，在保证自身安全的前提下，携带相关救援机具、物资（根据储备物资装备确定），对遇险人员进行抢救；停止相关作业，保护事故现场，随时听从应急指挥人员安排。

（4）根据现场人员被伤害的程度，一边通知急救医院，一边对轻伤人员进行现场救护。对重伤者不明伤害部位和伤害程度的，不要盲目进行抢救，以免引起更严重的伤害。

（5）机械伤害事故引起人员伤亡的处置措施：如确认人员已死亡，立即保护现场。如发生人员昏迷、伤及内脏、骨折及大量失血，立即联系120急救车或距现场最近的医院，并说明伤情；如外伤大出血，急救车未到前，现场采取止血措施；如骨折，注意搬动时的保护，对昏迷、可能伤及脊椎、内脏或伤情不详者一律用担架或平板，不得一人抬肩、一人抬腿。如一般性外伤，视伤情送往医院，防止破伤风；轻微内伤，送医院检查。

（6）制订救援措施时一定要考虑所采取措施的安全性和风险，经评价确认安全无误后再实施救援，避免因采取措施不当而引发新的伤害或损失。

三、起重伤害应急处置要点

（1）发生事故后，起重机驾驶员在确保安全条件下立即关闭运转机械，停止相关作业，大声呼喊，并报告现场负责人。

（2）救援人员迅速对现场发生二次伤害的可能性进行判断，并采取相应措施。

（3）若出现人员受伤，首先检查伤情，必要时拨打120急救，并第一时间进行抢救直至救援人员到达。

（4）保护好事故现场，随时听从应急指挥人员安排。

四、设备倾覆应急处置要点

（1）当操作手感到车辆不可避免地要倾翻时，应紧紧抓住控制杆或抓紧车内的固定物体，使身体固定。

（2）翻车时，不可顺着翻车的方向跳出车外，应向车辆翻转的相反方向跳跃。落地时，应双手抱头顺势向惯性的方向滚动或跑开一段距离，避免遭受二次损伤。

（3）发现翻车时，发现者大声呼喊，并立即报告现场负责人。

（4）救援人员迅速对现场发生二次伤害的可能性进行判断，并采取相应措施。

（5）抢救过程中，移动倾覆设备时，应避免对起重机驾驶员和救援人员造成机械伤害或物体打击。

（6）若出现人员受伤，首先检查伤情，必要时拨打 120 急救，并第一时间进行抢救直至救援人员到达。

（7）保护好事故现场，随时听从应急指挥人员安排。

五、溢流、井涌应急处置要点

（一）空井工况

（1）第一发现者立即报告当班司钻，司钻发出长笛报警信号。

（2）停止其他作业，岗位人员进入关井操作位置；司机停固控系统电源，夜间打开专线探照灯。

（3）开放喷阀、关封井器。司钻发出两声短笛关井信号，司钻在司控台操作打开液动放喷阀、关闭全封闸板，同时副司钻在远控房监控，随后检查液控管线。场地工确认液动平板阀完全打开、封井器关闭后，向内钳工发出打开放喷阀、关闭全封闸板信号，内钳工将信号传递给司钻。（司控台故障——由副司钻在远控台操作打开液动放喷阀、关闭全封闸板）。

（4）井架工在场地内向内钳工发出信号后，关 J1 节流阀（试关井），场地工关 J2a 平板阀，并向内钳工传递关闭信号。

（5）由井架工观察套压；泥浆工测量钻井液变化量及密度，并分别向现场应急处置小组组长汇报。

（6）关井后，技术员检查所有井控设备，确认正确关井后，取全取准资料，向项目部应急办公室汇报，并组织班组配置压井液。

（7）在队所有非当班人员立即赶到紧急集合点待命。

（8）控制关井套压不超过最大允许关井套压。

（9）应急处置注意事项如下：

① 报警信号发出后，其他人员迅速到应急集合点集合。

② 根据溢流速度情况，能抢下钻具的，尽量多下钻具，执行起下管柱应急处置程序。

③ 用防爆对讲机进行信息传递。

（二）起下钻杆工况

（1）司钻发出长笛报警信号，岗位人员进入关井操作位置。

（2）停止起下管柱作业。由司钻组织内、外钳工将管柱坐在转盘上；司机停固控系统电源，夜间打开专线探照灯。

（3）司钻组织内、外钳工抢接井口回压阀，司钻将管柱母接箍提离转盘面以上 0.5m；内、外钳工将卡瓦提出转盘面；外钳工监控刹车控制装置。

（4）开放喷阀、关防喷器。司钻发出两声短笛关井信号，司钻在司控台操作打开液动放喷阀、关闭防喷器，同时副司钻在远控房监控，随后检查液控管线。场地工确认液动放喷阀完全打开、半封闸板关闭后，向内钳工发出打开放喷阀、关闭半封闸板信号，内钳工将信号传递给司钻（司控台故障——由副司钻在远控台操作打开液动放喷阀、关闭半封闸板）。

（5）井架工在场地内向内钳工发出信号后，关 J1 节流阀（试关井），场地工关 J2a 平板阀，并向内钳工传递关闭信号。

（6）由井架工观察套压，泥浆工测量钻井液变化量及密度，并分别向现场应急处置小组组长汇报。

（7）关井后，技术员检查所有井控设备，确认正确关井后，取全取准资料，向项目部应急办公室汇报，并组织班组配置压井液。

（8）在队所有非当班人员立即赶到紧急集合点待命。

（9）控制关井套压不超过最大允许关井套压。

（10）应急处置注意事项如下：

① 报警信号发出后，其他人员迅速到应急集合点集合。

② 用防爆对讲机进行信息传递。

（三）起下钻挺工况

（1）司钻发出长笛报警信号。岗位人员进入关井操作位置。

（2）停止起下管柱作业。由司钻组织内、外钳工将管柱坐在转盘上；司机停固控系统电源，夜间打开专线探照灯。

（3）司钻组织内、外钳工抢接防喷单根，内、外钳工将卡瓦提出转盘面并由内钳工关闭旋塞阀。司钻将放喷单根上白线调整至与钻台面平齐；外钳工监控刹车控制装置。

（4）开放喷阀、关防喷器。司钻发出两声短笛关井信号，司钻在司控台操作打开液动放喷阀、关防喷器，同时副司钻在远控房监控，随后检查液控管线。场地工确认液动放喷阀完全打开、半封闸板关闭后，向内钳工发出打开放喷阀、关闭半封闸板信号，内钳工将信号传递给司钻（司控台故障——由副司钻在远控台操作打开液动放喷阀、关闭半封闸板）。

（5）井架工在场地内向内钳工发出信号后，关J1节流阀（试关井），场地工关J2a平板阀，并向内钳工传递关闭信号。

（6）由井架工观察套压，泥浆工测量钻井液变化量及密度，并分别向现场应急处置小组组长汇报。

（7）关井后，技术员检查所有井控设备，确认正确关井后，取全取准资料，向项目部应急办公室汇报，并组织班组配置压井液。

（8）在队所有非当班人员立即赶到紧急集合点待命。

（9）控制关井套压不超过最大允许关井套压。

（10）应急处置注意事项如下：

① 报警信号发出后，其他人员迅速到应急集合点集合。

② 用防爆对讲机进行信息传递。

（四）下套管工况

（1）司钻发出长笛报警信号。岗位人员进入关井操作位置。

（2）停止起下管柱作业。由司钻组织内、外钳工将管柱坐在转盘上；司机停固控系统电源，夜间打开专线探照灯。

（3）司钻组织内、外钳工抢接变扣接头及井口内防喷工具。司钻将管柱母接箍提离转盘面以上0.5m；内、外钳工将卡瓦提出转盘面；外钳工监控刹车控制装置。

（4）开放喷阀、关防喷器。司钻发出两声短笛关井信号，司钻在司控台操作打开液动放喷阀、关防喷器，同时副司钻在远控房监控，随后检查液控管线。场地工确认液动放喷阀完全打开、半封闸板关闭后，向内钳工发出打开放喷阀、关闭半封闸板信号，内钳工将信号传递给司钻（司控台故障——由副司钻在远控台操作打开液动放喷阀、关闭半封闸板）。

（5）井架工在场地内向内钳工发出信号后，关 J1 节流阀（试关井），场地工关 J2a 平板阀，并向内钳工传递关闭信号。

（6）由井架工观察套压，泥浆工测量钻井液变化量及密度，并分别向现场应急处置小组组长汇报。

（7）关井后，技术员检查所有井控设备，确认正确关井后，取全取准资料，向项目部应急办公室汇报，并组织班组配置压井液。

（8）在队所有非当班人员立即赶到紧急集合点待命。

（9）应急处置注意事项如下：

① 报警信号发出后，其他人员迅速到应急集合点集合。

② 用防爆对讲机进行信息传递。

（五）钻进工况

（1）司钻发出长笛报警信号。岗位人员进入关井操作位置。

（2）司钻停转盘、停泵；司机停 1 号柴油机，启动 3 号柴油机停固控系统电源，夜间打开专线探照灯。

（3）司钻启动 3 号柴油机，抢提钻具，将钻杆接头提至转盘面以上 0.5m 处；外钳工监控刹车控制装置。

（4）开放喷阀、关防喷器。司钻发出两声短笛关井信号，司钻在司控台操作打开液动平板阀、关闭防喷器，同时副司钻在远控房监控，随后检查液控管线。场地工确认液动平板阀完全打开、封井器关闭后，向内钳工发出打开放喷阀、关闭半封闸板信号，内钳工将信号传递给司钻。（司控台故障由副司钻在远控台操作打开液动放喷阀、关闭半封闸板）。

（5）井架工在场地工向内钳工发出信号后，关 J1 节流阀（试关井），场地工关 J2a 平板阀，并向内钳工传递关闭信号；井口人员将吊卡移转盘面扣在钻杆上。

（6）由井架工观察套压、内钳工观察立压；泥浆工测量钻井液变化量及密度，并分别向现场应急处置小组组长汇报。

（7）关井后，技术员检查所有井控设备，确认正确关井后，取全取准资料，向项目部应急办公室汇报，并组织班组配置压井液。

（8）在队所有非当班人员立即赶到紧急集合点待命。

（9）应急处置注意事项如下：

① 报警信号发出后，其他人员迅速到应急集合点集合。

② 用防爆对讲机进行信息传递。

（六）电测工况

（1）司钻发出长笛报警信号。

（2）停止电测作业，电测人员迅速起出电缆仪器，如来不及起出，由值班干部通知测井人员剪断电缆。

（3）配合电测人员处理井口起出或剪断电缆工作。

（4）电缆起出或剪断后，执行空井工况溢流、井涌事件应急处置程序。

（5）应急处置注意事项如下：

① 报警信号发出后，其他人员迅速到应急集合点集合。

② 根据溢流速度情况，能起出电缆则迅速起出，来不及出去时，立即通知测井人员剪断电缆，执行空井工况溢流、井涌应急处置程序。

③ 用防爆对讲机进行信息传递。

④ 溢流、井涌汇报主要内容：队号、井号、地理位置、实际井深、所钻地层、钻具组合、钻头位置、钻井液密度、重浆及重晶石储备情况、发生溢流或井涌时的工况及主要经过、关井的套压和立压、防喷器型号等。

六、井喷、失控应急处置要点

（1）发生井喷后，司钻发出报警信号，组织当班人员按不同工况实施关井，并向现场应急处置小组组长汇报。

（2）技术员核实关井情况，现场应急处置小组组长安排专人检测有无有毒有害气体喷出。

（3）技术员取全取准资料立即向项目部应急办汇报，同时做好压井各项准备工作。

（4）现场应急处置小组组长安排专人观察井口、关井立压、套压，随时将井上变化情况向应急办公室汇报。保持通信畅通，接受并执行项目部应急领导小组指令。

（5）汇报主要内容：队号、井号、地理位置、有无人员伤亡、关井前的井喷高度、目前井深、设计与实际钻井液密度、重浆及重晶石储备情况、发生井喷时的工况（如钻进、起下钻、空井或电测、下套管、固井）及主要经过、井内有多少管柱（钻具或套管）、在用防喷器型号、关井的套压和立压以及压井、节流管汇状态等。

（6）在项目部井控管理人员的指挥下进行关井求压。关井套压不得超过地层允许关井套压值。

（7）当关井井口套压接近最大允许关井压力时，在井控主管部门的指导下实施有控制的放喷或放喷点火，并同时向分公司应急办公室汇报。

（8）钻井队应急处置小组组长组织非当班人员、相关方人员到应急集合点待命，并安排人员做好警戒。

（9）在分公司应急指挥领导小组未到现场之前，钻井队应急处置小组组长组织小组成员负责现场人员的疏散、检测、人员救护、上报、落实上级应急准备要求等工作。

（10）发生井喷失控后，技术员立即收集现场资料向分公司应急办汇报。

（11）司机停柴油机、停发电机。夜间打开应急探照灯。

（12）现场应急处置小组组长指定专人组织在队所有人员到上风口应急集合点，清点人数，组织撤离到安全区域。

（13）现场应急处置小组组长安排专人负责通知井场周边区域内的人员撤离。

（14）技术员在确保自身安全的情况下，核查远控台防喷器控制手柄开关状态。初步判断分析失控原因。

（15）现场应急处置小组组长组织人员佩戴正压式呼吸器检测有毒有害气体，划分安全区域，设立安全警戒线。

（16）在安全的前提下，现场应急处置小组组长组织人员将易燃易爆物品撤离危险区域。

（17）在条件准许的情况下，现场应急处置小组组长组织人员做好压井准备工作。

（18）服从现场总指挥安排做好相关工作。

（19）应急处置注意事项：

① 及时发现，正确及时关井。

② 钻井队现场指定专人负责通信联络，确保通信畅通。

③ 现场用防爆对讲机进行信息传递。

④ 若检测到有毒有害气体时，抢险人员必须佩戴正压式呼吸器进行抢险作业。

⑤ 确保抢险期间抢险人员安全，维护周围地方人员安全。

⑥ 关井套压不能超过最大允许关井套压值，必要时控制放喷。

⑦ 关井后，要安排专人检查所有井控设备。

⑧ 当遇到符合井口点火弃井条件时，由建设方指定负责人发出对井口点火的指令。无专业救援人员或专业救援人员未到达现场前，由当班的值班干部实施点火作业。专业人员到达现场后，应由专业人员操作专用设备或工具实施点火作业。

七、关井中压漏易漏地层的应急处置要点

（1）坐岗人员发现井漏后，应立即向司钻、值班干部汇报，主要内容包括：钻井液密度、漏失量、井漏漏速。

（2）技术员分析漏失原因，判断套压控制过高憋入地层，还是压井泥浆密度过高。

（3）若是控制套压过高憋漏地层，适当开启节流阀开度。

（4）若是压井液密度比设计压井液密度高时，则降低压井液密度，压井液中加入单封和复合堵漏剂。

（5）持续进行压井作业，中间不能间断，防漏失严重导致液面高度下降严重，造成井喷。

八、井喷事故污染处置要点

在发生井喷事故后，执行上级井控应急处置预案相应程序。

（1）在启动"井喷应急处置程序"的同时，控制井喷污染源。

（2）在井口周围抢筑围堰，挖沟槽通向污水池，将喷出的液体物导入污水池。如喷出液体不能自主流入，则安装水泵导流。同时报油田公司申请污水物的拉运。

（3）抢险人员密切关注喷出液体流向，并迅速组织人员实施采取拦截、回收等有效措施。防止流出扩散环境。

（4）压井成功后，组织人员对井场周边环境进行清污，确保清污作业达到环境质量标准。

（5）应急办公室做好记录，并向油田公司和公司应急办公室汇报。

九、注采气井场天然气泄漏处置要点

（1）站控值班员应根据事故具体情况，紧急采取切换现场工艺流程、关闭相关阀门、停运相关设备设施、进行放空等处理措施；根据确认的情况，立即向国家管网调度、上海调度汇报。

（2）注采气站与国家管网调度、上海调度和抢修现场保持密切联系，随时采取措施应

对其他情况。

（3）分公司应急领导小组与事故站场、消防队、地方公安、消防、环保和医疗部门建立联系，并迅速赶到事故现场。

（4）注采气站人员持续进行可燃气体检测，根据事故现场情况确定隔离区范围、设置警戒线、疏散隔离区内与抢险救援无关人员。

（5）分公司抢修救援组结合现场实际情况，组织实施现场处置。

（6）如事态扩大，分公司应急领导小组向国家管网调度、上海调度、西气东输公司请求调动其他力量支援抢险。

（7）分公司应急协调组专人携带专用和备用的通信器材、计算机、打印机等迅速赶到事故现场，保证通信畅通、及时收集相关信息并上报。

十、急性职业中毒窒息事故

（1）立即停止导致急性职业中毒危害突发事件的作业。

（2）立即实施10min初期急救措施，同时立即报告事发站队所在市县应急办和国家管网调度、上海调度中心；在专业的医疗急救车辆赶到危害现场之前的10min内，将遭受或可能遭受急性职业中毒的人员撤到安全区域，对中毒或窒息人员采取人工心肺复苏术；对于创伤人员进行应急的简单包扎结扎术等必要措施，为专业医疗卫生机构介入或转运伤者争取时间。

（3）组织控制急性职业危害突发事件现场，进行应急现场隔离，防止发生次生危害。

（4）做好波及区域的布防，切断一切可能扩大传染、危害范围的环节，严防危害事态扩大。

十一、排卤管柱堵塞处置要点

（1）记录和分析注气排卤压力、流量，判断管柱是否堵塞。

（2）若出现堵塞现象，延长淡水冲洗时间，加大淡水冲洗排量。

（3）预防管柱堵塞，定期向排卤管柱中注入淡水，防止盐重结晶。

十二、地面低压排卤系统损坏处置要点

（1）立即停止注气，及时关闭注气闸阀和排卤闸阀。

（2）定期向地面低压排卤系统中注入淡水，防止盐重结晶。

（3）在地面排卤管离井口较近处安装一安全开关，当排卤突然出现高压时（同预先设定的限值相比较），井口处地面装置的安全开关可以自动激活，避免地面低压排卤系统损坏。

十三、排卤管柱未损坏大量气体溢出后处置要点

（1）排卤后期有大量天然气溢出时，穿防火服戴防毒面具立即关闭紧急切断阀、排卤闸阀同时通知注气站停止注气，并将情况及时汇报主管人员处理。

（2）发现排卤管柱未损坏，表明到了气液界面，卤水排出结束。

（3）排卤结束后，进行起排卤管柱的准备工作。

第十章　施工现场安全目视标准化要求

为规范储气库建设工程现场管理，保障施工现场安全生产、文明施工，在现行标准化管理的基础上，通过使用安全色、标签、标牌等方式，明确人员的资质和身份、工器具和设备设施的使用状态，以及生产作业区域危险状态的一种现场安全管理方法；以视觉信号为基本手段，以公开化和透明化为基本原则，尽可能地将管理者的要求和意图让大家都看得见，将潜在的风险予以明示，借以提示风险。

因此，根据现场实际情况编制"施工现场安全目视标准化手册"（见附录2），使现场施工达到现场布局合理、材料堆码整齐、设备停放有序、标识标志醒目、环境整洁干净等，实现施工现场标准化、规范化。

第一节　基本要求

（1）各种安全色、图形、文字或符号的使用应符合 GB 2894—2008《安全标志及其使用导则》等国家和行业有关标准的要求。

（2）安全色、图形、文字或符号的使用应考虑夜间环境，以满足需要。

（3）用于喷涂、粘贴于设备设施上的安全色、图形、文字或符号等不能是所有对设备本体性能有腐蚀性的物质。

（4）安全色、标签、标牌等应定期检查，以保持整洁、清晰、完整，如有变色、褪色、脱落、残缺等情况，应及时重涂或更换。

（5）标签、标牌应简单、醒目，不影响正常作业。

第二节　人员目视化管理

（1）所有人员进入施工现场，应按照有关规定统一着装。外来人员（参观、学习人员、承包商员工等）进入施工现场，着装应符合施工现场的安全要求，并与现场人员的入场证件式样不同，且区别明显，易于辨别。

（2）通过安全帽颜色区分不同类型的人员，具体颜色根据施工现场情况确定，一般建议管理人员佩戴白色安全帽、安全监督人员佩戴黄色安全帽、操作人员佩戴红色安全帽、电力系统人员佩戴蓝色安全帽。

（3）所有进入易燃易爆、有毒有害生产区域的人员应遵守出入厂（场）安全要求，佩带入厂（场）证件（标牌）。

（4）特种作业人员和危险作业相关人员（如监火人）应通过标签、标牌标明作业人员的资格。

第三节　工器具目视化管理

（1）压缩气瓶的外表面涂色以及有关警示标签应符合 GB/T 7144—2016《气瓶颜色标志》，GB/T 16804—2011《气瓶警示标签》等有关标准的要求，同时还应采用标牌标明气瓶的状态（如满瓶、空瓶、使用中等）。

（2）施工单位在安装、使用和拆除脚手架的作业过程中，应使用标牌标明脚手架是否处于完好可用、禁用、限制使用等状态。脚手架使用过程中应定期检查，确认脚手架的状态。

（3）除压缩气瓶、脚手架以外的其他工器具，使用单位应在其明显位置粘贴检查合格标签。不合格、超期未检及未贴标签的工器具不得使用。

（4）所有工器具，包括本指南定义之外的其他工器具，应实行定置管理。

第四节　设备设施目视化管理

（1）运行单位或施工单位应在设备设施的明显部位标注名称或编号，对因误操作可能造成严重危害的设备设施，应在其旁设置有安全操作注意事项的标牌。

（2）盛装危险化学品的容器应分类摆放，并设置危险化学品安全技术说明书和安全标签，包括危险化学品名称、主要危害及安全注意事项等基本信息。

第五节　施工作业区域目视化管理

（1）施工作业区域的安全标识应执行 GB 2894—2008《安全标志及其使用导则》等有关标准。

（2）应对施工作业区域内的消防通道、逃生通道、紧急集合点设置明确的指示标识。

（3）应根据施工作业现场的危险状况进行安全隔离。隔离分为警告性隔离、保护性隔离：

① 警告性隔离适用于临时性施工、维修区域、安全隐患区域（如临时物品存放区域等）以及其他禁止人员随意进入的区域。实施警告性隔离时，应采用专用隔离带标识出隔离区域。未经许可不得入内。

② 保护性隔离适用于容易造成人员坠落、有毒有害物质喷溅、路面施工以及其他防止人员随意进入的区域。实施保护性隔离时，应采用围栏标识出隔离区域。

（4）专用隔离带、围栏应在夜间容易识别。隔离区域应尽量减少对外界的影响，对于有喷溅、喷洒的区域，应有足够的隔离空间。所有隔离设施应在危险消除后及时拆除。

（5）施工作业现场长期使用的机具、车辆（包括机动车、特种车辆）、消防器材、逃生和急救设施等，应实行定置管理，根据需要放置在指定的位置，并做出标识（可在周围画线或以文字标识），标识应与其对应的机具、车辆、器材、设施相符，并易于辨别。

第十一章 典型事故案例

第一节 20031223 起钻井喷事故

2003 年 12 月 23 日，某石油管理局钻探公司钻井队在某 16H 井起钻过程中，发生特大井喷事故，造成 243 人死亡。

事故类型：井喷。

事故经过：

2003 年 12 月 23 日 2 时 29 分，钻井队钻至井深 4049.68m，循环钻井液，起钻至井深 1948m 后调校顶驱滑轨，继续起钻。

21 时 54 分，司钻 A 正在起钻，采集工 B 上钻台报告司钻 A，录井仪表发现溢流 1.1m³。

司钻 A 立刻发出警报，旋即下放钻具，同时发现钻井液从钻杆水眼内和环空喷出，喷高 5~10m，钻具上顶 2m 左右，大方瓦飞出转盘，不能坐吊卡接回压阀，发生井喷。

随后关闭防喷器，钻杆内喷势增大，液气喷至二层台；由于钻杆内喷出液气柱的强烈冲击，抢接顶驱不成功，钻具上顶撞击顶驱着火。关闭防喷器，井喷失控，实施点火。

第二次点火成功后，成功压井。

事故直接原因：

操作人员违章卸掉钻柱上的回压阀。

事故间接原因：

（1）对事故井特高出气量估计不足。该井储层段长，且下钻时遇到了高丰度、不均质、裂缝发育异常带，该井的气侵量比直井大很多，天然气上窜速度也比直井更迅猛。

（2）起钻前循环观察时间不够。钻井排量 24~26L/s，从井底至地面循环需要的迟到时间 71~77min，实际上，从井深 4048.56m 钻至 4049.68m，间断循环 41min，连续循环 32min，起钻前循环观察时间不够，未能及时发现气侵溢流显示。

（3）钻井队在起钻过程中违规操作，灌钻井液不及时、灌入量不够。

① 按有关规定，该井为高产气层段钻井，应该取 3 柱灌满 1 次钻井液，但实际起钻中有多次 5 柱以上才灌 1 次钻井液，间隔最长的达 9 柱才灌 1 次钻井液，致使井内液柱压力降低。

② 由于钻杆内喷钻井液，灌入量未随之调整，因而灌入量不够，进一步降低了液柱压力。

（4）未能及时发现溢流征兆。

（5）事故井位于山区丘陵低凹地带，四周为山，沟壑相间，强烈井喷喷出的大量高浓度硫化氢在空气中不易扩散，硫化氢浓度迅速增高。

（6）井场周围的村民居住区处于低洼地带，硫化氢不断下沉使附近村民逃生时间不够，中毒可能性增大。

（7）井喷失控发生在夜晚，村民大都已经休息，造成部分村民来不及逃生，增大了疏散搜救工作难度。

警示教训：

（1）工程地质设计应落实地下异常复杂情况的风险预测及风险削减措施。

（2）办理开工许可时，对施工作业中潜在的风险（包括操作步骤、现场设备、作业环境、工艺技术、防护措施等）认真评估，落实防范措施，制订应急预案。

（3）根据风险辨识情况，强化作业现场安全人员配备。

（4）作业前，制订详细的安全检查表，对现场设备设施及应急设备设施进行详细的检查和确认。

（5）作业过程中，严格执行钻井施工方案及相关要求，严禁违规操作。

（6）加强巡检，及时发现作业过程中的安全隐患。

（7）对高含硫地区配置适合的剪切闸板防喷器及相应的安全设施。

（8）完善高含硫地区水平井钻井操作规程和管理制度，针对单井制订详细的井控安全预案。

（9）针对井喷及井喷失控时的放喷点火问题制订应急预案，明确职责，加强预控。

（10）根据环境条件及特殊地质工况等，应急预案中考虑与地方联动的响应机制。

第二节　20050906 钻井作业物体打击事故

2005年9月6日，某石油管理局一钻井队在一油田某井钻井作业过程中，发生物体打击事故，造成1人死亡。

事故类型：物体打击。

事故经过：

2005年9月6日20时，甩完钻杆立柱，副经理A安排内钳工B操作气动绞车，空负荷上提吊钩和提丝到二层台时，滚筒的钢丝绳缠绕较乱，B停止了操作。

A又让内钳工C（临时合同工）过去操作，由于绞车天滑轮两端的钢丝绳重量不平衡，吊钩上行速度快，卡到天滑轮槽内。

两名操作人员将吊钩拉下来后，A要求将提丝拧在加重钻杆立柱上，让C操作气动绞车上提，C看到气动绞车滚筒的钢丝绳缠的太乱，建议停止操作，但A要求C继续下放。

下放过程中，滚筒钢丝绳二次释放，将固定天滑轮的两股钢丝绳拉断，下落的滑轮砸副司钻D的背部，D送医院抢救无效死亡。

事故直接原因：

钢丝绳断裂，绞车天滑轮落下过程中击中副司钻D背部，导致其死亡。

事故间接原因：

（1）违章指挥，冒险蛮干。

在固井施工未完、水龙带接在水泥头上仍在循环钻井液的情况下，井队干部违章指挥生产，用气动绞车代替游车提钻杆立柱进行甩钻具作业。

（2）气动绞车钢丝绳排绳松乱，致使瞬间过载，钢丝绳被拉断。

（3）从副司钻到井架工、气动绞车操作人员，都没有拒绝违章指挥，且自身冒险操作。

（4）采用钢丝绳固定气动绞车天滑轮不牢靠。

（5）操作人员安全意识不强、安全技能不够，在工作场所出现险情后，缺乏应有的紧急避险能力。

警示教训：

（1）严禁违规作业，尤其是严禁为抢施工进度强行违章指挥。

（2）进一步明确员工加强员工拒绝违章指挥的权力并进行广泛培训宣贯。

（3）在甩钻具后，若出现气动绞车钢丝绳缠绕松乱、吊钩卡在天滑轮内、下放立柱时钢丝绳突然释放等危险因素，应立即停止作业，查找安全隐患。

（4）配备具有良好排绳装置的气动或液动绞车，加强对保险绳、保险销、保险阀等安全设施的检查。

（5）钻井队设备拆甩、搬迁、安装等关键工序作业，应安排专职安全监督人员现场监督，否则不得开工。

第三节　20060324 井队搬迁机械伤害事故

2006 年 3 月 24 日，某油田钻井队，在完井拆卸电缆槽过程中，发生一起机械伤害事故，造成 1 人死亡。

事故类型：机械伤害。

事故经过：

2006 年 3 月 24 日，钻井队拆放井架及设备。

钻井队队长指挥两名钻工和一名电气助理工程师拆卸配电房到钻台的电缆槽，先砸开地面上连接第三、四节电缆槽的第一个销子，然后砸取第二个销子，大班司机长 A 靠近电缆槽看砸销子。

当砸开第二个销子时，由于上部两节电缆槽的自重及蹩劲，第三节电缆槽向钻台方向突然后移 0.8m，上部电缆槽下移约 1m，A 身体失去重心，倒入电缆槽内，被压在第二节电缆槽和第三节电缆槽折合部，经抢救无效死亡。事故过程如图 1-11-1 所示。

事故直接原因：

爬坡电缆槽与其相连的地面电缆槽合在一起，将 A 夹在两节电缆槽之间，挤压致伤，

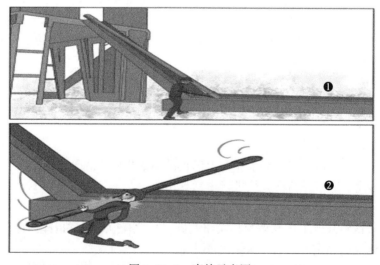

图 1-11-1　事故示意图

造成死亡。

事故间接原因：

（1）指挥失误。

钻井队队长没有事前组织危险识别和评估，在电缆槽连接受力的情况下，没有按正确程序指挥电缆槽拆卸，造成地面电缆槽瞬间向井口方向滑动。

（2）安全意识不强。

A本人安全意识不强，擅自进入危险区域且靠近危险设备，附近的作业人员没有意识到危险，没有及时制止。

警示教训：

（1）电缆槽连接受力的情况下，应采用吊车吊住上层电缆槽，按照从上往下的程序逐层拆卸电缆槽，不能直接砸销子。

（2）井架起放等关键拆卸过程，相关管理部门人员应到现场组织。

（3）编制电缆槽安全拆卸操作规程，并组织相关人员进行培训。

（4）作业前，进行工作前安全分析，辨识每一个操作步骤存在的风险。

（5）落实监督职责，及时制止作业人员违规作业。

第四节　20080526拆除作业高处坠落事故

2008年5月26日，某公司钻井队在拆除二层台铁板过程中，发生一起高处坠落事故，造成1人死亡。

事故类型：高处坠落。

事故经过：

2008年5月26日16时02分，某钻井队在井场拆除二层台上一块翘裂严重的铁板，作业人员在距离地面36m的高空作业没有系挂安全带，也没有将被拆卸物（指梁及指梁盖板）进行捆绑、固定，导致销子被卸下后，指梁、指梁盖板及作业人员一同从高处坠地，在送往医院途中死亡。

事故直接原因：

作业人员不了解二层台指梁、指梁盖板和井架之间的连接，又没有系挂安全带，盲目进行高空拆卸作业，导致指梁、指梁盖板失去支撑，发生坠落事故。

事故间接原因：

（1）司钻违规安排无操作资质的人员从事高空作业，属违章指挥。

（2）生产组织和作业人员没有高空作业风险意识，对拆卸二层台指梁盖板没有开展风险识别，没有制订针对性的防范措施。

（3）未认真执行安全确认制和高处作业许可制，高处作业未开高处作业许可票，未对高处作业进行安全技术交底，缺乏作业过程监控。

（4）现场安全隐患和"三违"行为没有被及时发现并采取措施，现场操作人员安全素质和自我保护意识不强。

警示教训：

（1）作业前，应进行工作前安全分析，辨识每一个操作步骤存在的风险。

（2）严禁违章指挥，操作人员应拒绝违章指挥。

（3）高处作业，严格执行集团公司的《高处作业安全管理规范》等规定，作业前办理高处作业许可证。

（4）高处作业时应正确穿戴安全带，随时挂好，并确保高处工件物料妥善放置。

（5）落实现场的安全监督职责，严禁无安全监督进行高处作业。

第五节　20081117 下套管作业物体打击事故

2008 年 11 月 17 日，某公司一钻井队在蒙古国某油区井场下套管作业过程中，发生一起物体打击事故，造成 1 人死亡。

事故类型：物体打击。

事故经过：

2008 年 11 月 16 日，某公司一钻井队在蒙古国某油区进行下套管作业，泥浆工 A 用钢丝绳套挂好套管后，示意副司钻 B 操作气动绞车上提套管。当套管上提到离钻台面 1m 左右时，套管内螺纹端碰到坡道上，导致绳套脱开套管滑落，砸到站在坡道旁边的 A 头部，导致 A 受伤倒地，经抢救无效死亡。

事故直接原因：

气动绞车操作人员一次性将套管提升过高、速度过快，当套管母口端碰到大门坡道后产生较大震动、摆动，使套管与钢丝绳套脱开，套管失去控制后自由倒下，且泥浆工 A 没有及时撤离危险区域、站位不当。

事故间接原因：

（1）副司钻 B 在系绳套人员未撤离危险区域内的情况下，违规操作气动绞车上提套管。

（2）现场人员违反规定使用钢丝绳套作为吊套管的索具，且在套管外壁结霜而没有进行除霜处理的情况下进行作业，间接引发绳套与套管脱。

警示教训：

（1）下套管作业，必须使用专用吊带起吊。

（2）小绞车拉紧吊带后，人员先撤离到安全位置，接到提升信号后方可进行提升。

（3）套管上钻台过程中要控制好速度，防止碰伤人员。

（4）作业前进行工作前安全分析，辨识每个操作步骤存在的风险。

（5）严禁违反规定随意调换岗位。

（6）落实作业现场的安全监督职责，及时制止现场的不安全行为。

（7）对吊具、索具进行全面检查，并建立相应的台账，明确专人管理，定期保养，确保吊具、索具完好有效。

（8）落实作业过程中的技术措施和安全措施。

（9）作业前应对作业人员进行风险告知，提高作业人员的安全意识。

第六节　金坛储气库 JK8-6 井注气排卤管柱泄漏事件

2015 年 6 月 1 日，JK8-6 井在注气排卤过程中，井场看护人员在巡井过程中从排卤端听到较大的刺耳声，并从取样口检测出天然气，随即停止注气排卤并汇报管理处。专业科室经过现场数据分析和测井施工断定，该井排卤管柱泄漏速率达到 17m³/d，泄漏较为严重，需要停止注气排卤作业并进行专业故障处置。该井后续经过注水排气和腔体修复等施工后故障得以解除，于 2017 年 11 月完成注气排卤后顺利投产。该事件导致该腔体晚投产两年时间，未导致人员伤亡和较大经济损失。

事件类型：质量事件。

事件经过：

2015 年 5 月 23 日，JK8-6 井开始注气排卤。

2015 年 6 月 1 日，巡检人员发现排卤端漏气，停止注气排卤，进行数据分析，初步判断腔壁掉块导致排卤管柱损坏。

2015 年 7 月 2 日，JK8-6 井开始注水排气，将天然气彻底置换完毕。

2015 年 11 月 28 日，进行井下作业，起出排卤管柱并进行声呐测腔，从起出的排卤管柱变形情况以及腔体形状对比发现，基本与前期分析情况一致，主要为腔壁掉块垮塌砸坏排卤管柱，导致排卤管脱落 2 根，变形 3 根，为了排除后期注气排卤安全风险需要进行腔体修复。

2016 年 3 月 4 日，结合科研项目《盐穴储气库阻溶造腔技术研究》研究成果，在 JK8-6 井实施国内第一次天然气阻溶造腔工程试验，对腔体进行修复。

2016 年 8 月 6 日，完成工程试验，进行井下作业和声呐测腔发现，腔体形状得到很好的修复，注气排卤腔壁掉块砸坏排卤管的安全风险基本消除，新增腔体体积 1.4 万立方米，新增工作气量 150 万立方米。

2017 年 7 月，JK8-6 井重新进行注气排卤。11 月，完成不压井作业，顺利投产。

事件直接原因：

JK8-6 井注气排卤过程中，由于腔体形状不规则，在靠近排卤管柱的畸形腔壁由于失去卤水浮力的支撑发生了垮塌，砸坏了排卤管柱，排卤管柱破裂和脱落，导致天然气通过排卤管柱泄漏。

事件间接原因：

（1）国内盐矿地质条件较为复杂，建库难度较大，由于地质不均质性和夹层的存在，导致该腔体偏溶较为严重，顶部夹层处未充分溶蚀呈现畸形，为注气排卤埋下了隐患。

（2）造腔设计和管控能力不足，利用柴油作为阻溶剂，在修复腔体方面存在缺陷和条件限制，柴油的需求量较大。

（3）后期通过天然气阻溶造腔成功修复腔体，说明造腔设计仍有提升空间。

警示教训：

（1）提高地下工程安全认识。设计和工程缺陷将为今后安全生产运行埋下永久安全隐患，因此需要严抓设计标准和工程质量，不给生产运行留尾巴。

（2）在工程建设和生产运行阶段，提升风险识别、风险评价和风险管控思想认识，树立隐患不排除等同于事故的安全理念，早预防、早治理。

（3）地下储气库涉及专业广、综合素质要求高，仍需要不断科技创新，利用技防手段提升安全生产水平。

（4）注气排卤作为储气库建库众多环节中风险较高的一环，需要重点关注井喷风险。

第七节　金坛储气库东注水站6#注水泵漏水事件

2021年1月12日上午10：30，东注水站运行工巡检时发现6#注水泵机组前机械密封的一个备用丝堵漏水，现场立即进行应急处置并将相关情况上报分公司管理人员，随后停运6#注水泵进行维修。由于6#注水泵出口端止回阀和闸板阀均关闭不严，高压汇管回水无法完全切断导致丝堵处喷出大量水花，水量无法控制。为保证现场安全，东注水站全站停产放压，待汇管线压力为0后更换丝堵，然后站内启泵恢复生产。本次事件造成东注水站停产3h，导致日造腔量降低约600m³。

事件类型：资产失效事件。

事件经过：

上午10：30，站内运行工巡检时发现6#注水泵泵前机械密封的一个备用丝堵漏水，立即向值班站长报告。10：35，值班站长将相关情况报分公司管理人员，经沟通同意停运6#泵进行更换备用丝堵，同时与金坛盐化沟通调整淡水排量。10：45，关闭6#泵出口端的闸板阀，停运6#注水泵。

上午10：46，关闭6#注水泵后，发现穿刺丝堵喷出大量水花，水量失控导致现场更换丝堵失败。10：48，值班站长立即将相关情况报分公司管理人员，考虑到站内运行安全，同意停运9#注水泵放压，再次通知金坛盐化站内停产放压。12：30，注水管线压力放压完毕。13：00，6#注水泵丝堵更换完成。13：30，6#、9#注水泵启泵完成，站内恢复生产。

事件直接原因：

6#注水泵长时间运行，泵前机封丝堵受卤水侵蚀螺纹老化，丝堵处漏水。

事件间接原因：

（1）6#注水泵2012年安装运行，泵后止回阀、电动调节阀门、截止阀及闸板阀常年受高压淡卤水的冲刷，阀门内部腐蚀内漏严重，紧急情况下高压注水端无法切断。

（2）所有注水泵的止回阀后的电动调节阀门、截止阀及闸板阀均为焊接阀门，一旦出现内漏现象，无法及时进行维修和更换。使得每台注水泵出现故障后都不能单独进行维修，必须全部停产后维修。

（3）运维人员对站内重要设备日常维护保养不到位，没有做到及时更换机械密封丝堵。

警示教训：

（1）细化设备日常运行监控和现场巡检，建立设备维修保养台账，对关键设备易损件做到及时更换。

（2）举一反三，建立注水站风险隐患台账，立项逐一整改。

（3）加强培训，提升站内员工业务能力，定期组织站内员工对注水站关键设备的构造、原理等进行培训，提升员工在巡检时发现问题的能力。

（4）加强承包商管理，做好日常监督，要求把承包商的管理纳入西气东输的日常管理体系中，对设备腐蚀、维护保养、巡检不到位等要做到严考核、硬兑现。

第八节 金坛储气库JK6-6井卤水管线破裂泄漏事件

2013年11月16日，金坛储气库造腔站巡线人员发现注气排卤井JK6-6井井口附近排卤管线所经处，地面较其他地方潮湿，怀疑管线破裂，立即关井停止作业，报告原西气东输储气库管理处技术科进行维修，协调地面施工单位通过开挖发现卤水管线钢管和玻璃钢管三通连接处破裂导致卤水外泄，立即组织人员进行管线修复。该事件由于发现和处理及时并未造成重大环境污染，赔偿农户1000元，施工修复费用约4000元。

事件类型：环境异常事件。

事件经过：

2013年11月16日5：35，造腔站巡线人员发现JK6-6井口附近排卤管线三通连接所在处地面较别处潮湿，且有扩大趋势，遂汇报值班调度现场情况，怀疑管线破裂后接头脱开。

5：45，值班调度人员向站长汇报现场情况，经站长下达指令后，对JK6-6井进行停井操作，关闭井口注气排卤流程，导通冲洗地面管线流程，冲洗完地面管线后关闭注水、井口、排卤流程。

6：25，造腔站向技术科专业岗汇报现场情况，申请维修处理。

7：30，维修人员到达现场，通过对管线周围进行围堰防止卤水污染扩大，人工开挖寻找渗漏点，挖出管线，进行维修，切割更换焊接钢管和管接（玻璃钢管接2个、钢管1m），对维修后的管线进行加固保护（浇筑水泥墩支持）。

23：20，维修结束，试压正常，恢复正常生产。

事件直接原因：

破裂处为JK6-6与JK6-7卤水管线连接三通，钢管和玻璃钢的连头处，由于本地区部分区域地下存在流沙层导致地基下沉和温度变化导致钢管和玻璃钢管线连头处破裂。

事件间接原因：

（1）一期造腔井均采用的玻璃钢管线，玻璃钢管线摩阻系数低但抗机械损伤能力和韧性不好（连接处为环氧树脂粘接，受外力影响较大），容易变形开裂渗漏。

（2）二期造腔井改用钢管线，沿用了部分一期井的造腔管线，不同材质管道连接处作为受力薄弱点未采取加固和保护措施。

（3）设计方面，为了充分利用一期造腔井的造腔管线，二期造腔井将钢管线与玻璃钢管线进行连接，形成卤水管线薄弱点，容易破裂泄漏。

（4）隐患识别和防控方面，对造腔管线的安全环保风险隐患点未能充分识别，尚未形成行之有效的预防、预测措施和评价方法。

（5）完整性管理方面，造腔站和卤水管线的完整性管理仍比较薄弱，多采取事后处理的机制，缺少油气管道运行管理中的安全紧张感，缺乏管道完整性管理理念和需求。

警示教训：

（1）加强日常巡检。细化各单井日常运行监控和现场巡检，重点关注玻璃钢与钢管连接管线部位，根据注水和回卤的排量、压力变化情况判断管道破裂和堵塞情况，尝试每月对连接处土壤进行pH值测试，并进行对比，发现异常后及时处理。

（2）加强承包商的管理和运维人员培训。要求承包商定期组织开展造腔运维系统学习和培训，督促造腔站人员对造腔原理、结构、工艺流程、操作、维护保养进行系统学习，真正达到"四懂三会"，提高运维人员综合能力。

（3）对标对表公司场站管理体系。参照场站标准化管理手册，结合造腔站实际情况，修订完善造腔站管理规程和操作手册。

（4）造腔井尽可能减少玻璃钢管道的使用，若仍需要使用，需要做好保护措施并加强巡检。

（5）针对库区内的卤水管线分部建立结构化的数据库，探索卤水管道检测和评价方法，建立卤水管道完整性管理体系。

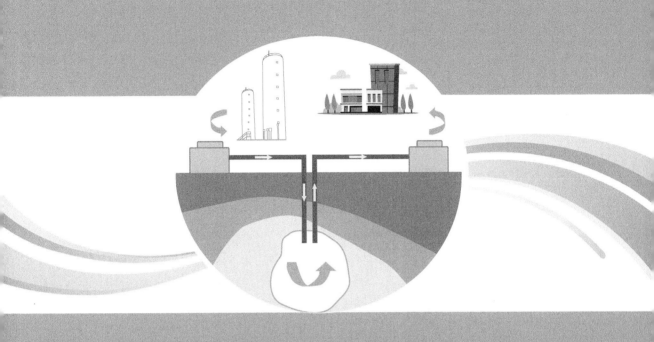

第二部分
盐穴储气库项目
质量管控指南
（地下工程部分）

第一章 编制依据

本指南编制依据主要包括国家标准规范、相关行业标准规定、设计文件以及国家管网 DEC 文件，具体依据如下：

(1)《起重机 手势信号》(GB/T 5082—2019)。

(2)《油井水泥》(GB/T 10238—2015)。

(3)《重型柴油车污染物排放限值及测量方法（中国第六阶段）》(GB 17691—2018)。

(4)《质量管理体系 要求》(GB/T 19001—2016)。

(5)《石油天然气工业 钻井和采油设备 井口装置和采油树》(GB/T 22513—2013)。

(6)《石油天然气工业 套管、油管、管线管和钻柱构件用螺纹脂的评价与试验》(GB/T 23512—2015)。

(7)《电业安全工作规程（电力线路部分）》(DL 409—1991)。

(8)《钻井井身质量控制规范》(SY/T 5088—2017)。

(9)《石油测井原始资料质量规范》(SY/T 5132—2012)。

(10)《石油天然气工业用钢丝绳》(SY/T 5170—2013)。

(11)《固井作业规程 第1部分：常规固井》(SY/T 5374.1—2016)。

(12)《固井作业规程 第2部分：特殊固井》(SY/T 5374.2—2006)。

(13)《石油套管现场检验、运输与贮存》(SY/T 5396—2012)。

(14)《下套管作业规程》(SY/T 5412—2016)。

(15)《井身结构设计方法》(SY/T 5431—2017)。

(16)《钻前工程及井场布置技术要求》(SY/T 5466—2013)。

(17)《套管柱试压规范》(SY/T 5467—2007)。

(18)《固井设计规范》(SY/T 5480—2016)。

(19)《常规修井作业规程 第5部分：井下作业井筒准备》(SY/T 5587.5—2018)。

(20)《常规修井作业规程 第9部分：换井口装置》(SY/T 5587.9—2021)。

(21)《井筒取心质量规范》(SY/T 5593—2016)。

(22)《钻井完井交接验收规则》(SY/T 5678—2017)。

(23)《套管柱结构与强度设计》(SY/T 5724—2008)。

(24)《井下作业安全规程》(SY/T 5727—2020)。

(25)《开钻前验收项目及要求》(SY/T 5954—2021)。

(26)《定向井井身轨迹质量》(SY/T 5955—2018)。

(27)《钻井井控装置组合配套、安装调试与使用规范》(SY/T 5964—2019)。

(28)《钻井井场设备作业安全技术规程》(SY/T 5974—2020)。

(29)《石油钻机和修井机使用与维护》(SY/T 6117—2016)。

(30)《钻井井场油、水、电及供暖系统安装技术要求》(SY/T 6202—2013)。

（31）《油井水泥浆性能要求》（SY/T 6544—2017）。

（32）《石油天然气钻采设备　钻机现场安装及检验》（SY/T 6586—2020）。

（33）《固井质量评价方法》（SY/T 6592—2016）。

（34）《井下作业井控技术规程》（SY/T 6690—2016）。

（35）《随钻测井作业技术规程》（SY/T 6692—2019）。

（36）《石油天然气工业油气田用带压作业机》（SY/T 6731—2014）。

（37）《套管头使用规范》（SY/T 6789—2010）。

（38）《盐穴地下储气库安全技术规程》（SY/T 6806—2019）。

（39）《地下储气库设计规范》（SY/T 6848—2012）。

（40）《带压作业技术规范》（SY/T 6989—2018）。

（41）《钻（修）井井架逃生装置安全规范》（SY/T 7028—2022）。

（42）《地下储气库注采管柱选用与设计推荐做法》（SY/T 7370—2017）。

（43）《钻井液设计规范》（SY/T 7377—2017）。

（44）《盐穴型储气库井筒及盐穴密封性检测技术规范》（SY/T 7644—2021）。

（45）《储气库井固井技术要求》（SY/T 7648—2021）。

（46）《盐穴储气库造腔井下作业规范》（SY/T 7650—2021）。

（47）《国家石油天然气管网集团有限公司职业卫生管理暂行办法》。

（48）《国家石油天然气管网集团有限公司安全生产管理暂行办法》。

（49）《国家石油天然气管网集团有限公司环境保护管理暂行办法》。

（50）《国家石油天然气管网集团有限公司工程建设项目管理办法》。

（51）《国家石油天然气管网集团有限公司工程建设项目竣工验收管理规定》。

（52）《国家石油天然气管网集团有限公司质量安全环保事故事件管理暂行办法》。

（53）《国家石油天然气管网集团有限公司应急预案管理暂行细则》。

（54）《国家石油天然气管网集团有限公司特种设备管理暂行规定》。

（55）《国家石油天然气管网集团有限公司工程建设项目质量管理规定》。

（56）《国家石油天然气管网集团有限公司基本建设项目管理程序》。

（57）"西气东输管道工程配套天然气地下储气库工程可行性研究"。

（58）"西气东输金坛地下储气库地下建设工程初步设计"。

（59）《盐穴储气库腔体设计规范》（Q/SY 1416—2011）。

（60）《盐穴储气库造腔技术规范》（Q/SY 1417—2011）。

（61）《盐穴储气库声呐检测技术规范》（Q/SY 1418—2011）。

（62）《盐穴型储气库钻完井技术规范》（Q/SY 1859—2016）。

第二章　施工准备管控要点

盐穴储气库地下工程施工准备工作主要包括施工技术文件、人员组织、施工机具配备、施工物资和施工现场准备等5项主要管控要点。

第一节　施工技术文件

（1）地质、钻完井、造腔、井下维护性作业、注采完井、注气排卤、不压井作业等工程设计文件，应经监理单位/业主审查、批准。

检查方式：检查监理/业主单位批准的工程设计文件报审表。

检查比例：全部检查。

（2）钻完井工程、造腔工程、注采完井工程、注气排卤工程及不压井作业使用的施工设计/工艺规程/作业指导书应经业主审查、批准，监理单位确认版本有效。

检查方式：检查使用的施工设计/工艺规程/作业指导书。

检查比例：全部检查。

（3）各项工程开工前均应对施工单位所有人员组织技术交底，留存交底记录。

检查方式：检查交底记录，核对现场人员、参会人员、交底内容的范围以及针对性。

检查比例：全部检查。

（4）施工单位应具备有效的设计文件。

检查方式：核实设计文件收发记录。

检查比例：全部检查。

第二节　人员组织

（1）施工组织设计文件内项目组织机构设置应合理、职责明确，现场布置满足施工需要的施工人员岗位职责牌。

检查方式：检查施工组织设计、现场目视化图表以及国家管网智能工地规范。

检查比例：全部检查。

（2）进场施工前，承包商应将所有施工人员进场资料（身份证复印件、保险、体检、井控证、HSE证等）准备齐全，编写作业机组人员报审表，上报报监理单位审批，监理单位负责人签字确认后方可进场。

检查方式：检查监理单位批准的人员进场资料及人员报审表是否与现场人员相对应。

检查比例：全部检查。

（3）项目经理、技术负责人、质量负责人、安全总监等不可替换人员应与投标文件、合同一致，若存在人员变更，应满足国家管网不可替换人员变更程序。

检查方式：检查甲方批准的人员报审表，复核投标文件或施工合同；变更人员审批文件是否符合变更程序。

检查比例：全部检查。

（4）承包商特种作业人员应持证上岗，入场前有针对性培训、专业考试，并记录考试成绩，成绩合格者予以通过并发放作业人员准入证。特种设备操作人员应具有合格、有效的上岗证或操作证。

检查方式：检查人员培训、考试记录内人员签字是否齐全，特种设备操作证等证件是否对应操作设备，是否在有效期内。

检查比例：全部检查。

（5）施工人员信息应录入人员库并形成二维码打印在施工人员准入证上，人员资质、体检报告、保险等扫描件应同步上传 PIM 人员库。

检查方式：检查人员库录入情况、现场人员工作证当场核实。

检查比例：不可替换人员全部检查，其他人员抽查 10%。

第三节　施工机具配备

（1）进场施工前，施工单位机具、检测设备应填制进场设备报审表，报监理单位审批合格后方可进场。

检查方式：检查监理单位批准的设备报审表及相关保养记录、检定证书。

检查比例：全部检查。

（2）进场的施工机具、检测设备应满足施工需求，履行投标文件承诺。

检查方式：检查监理单位批准的设备报审表，复核投标文件。

检查比例：全部检查。

（3）关键设备应按规定制作二维码标签，粘贴在设备的指定位置，并将设备二维码信息录入设备库注明设备状态，相关合格证、检定证书、保养证明等扫描件同步上传。

检查方式：检查设备库录入情况与现场设备二维码是否一致。

检查比例：关键设备入库信息及二维码总数的 5%，信息不足 20 条至少检查 1 条。

第四节　施工物资

（1）施工物资进场前，施工单位应编制进场物资报验表，报监理单位审批，审批合格后方可进场使用。

检查方式：检查进场物资报验表进场是否经过监理审核，物资进场报验时间与使用时间是否对应。

检查比例：材料进场报验表总数的 10%，不足 10 份至少检查 1 份，并现场复核到货物资。

（2）施工物资对应施工组织设计方案内的型号数量，且质量证明文件齐全。

检查方式：抽查进场物资报验表上的物资与现场物资数量是否对应；现场查验规格型号是否与报审过的施工方案物资相对应，物资是否具有合格证、检验报告等质量证明文件，文件上型号规格是否与本物资对应。

检查比例：材料进场报验表总数的 10%，不足 10 份至少检查 1 份，并现场复核到货物资。

第五节　施工现场准备

（1）水、路、电、通信、用地、林地等需要办理的相关施工手续应已完成并取得批复意见。

检查方式：检查施工手续批复意见。

检查比例：全部检查。

（2）现场场地应平整、施工防护设施（防风、防雨、临时设施、警示标识等）应符合要求。

检查方式：现场检查。

检查比例：全部检查。

（3）施工现场出入口、主要作业面等重点区域应安装监控设备，施工现场应无盲区。视频监控画面和现场采集数据应接入工程管理部门智能管控平台。

检查方式：现场检查、查看智慧监控系统内视频回传是否清晰完整。

检查比例：全部检查。

（4）开工前 QHSE 评估应合格。施工单位开工报告应获得监理单位、业主批准，准许开工。

检查方式：检查施工单位开工报告、承包商（施工）作业前 QHSE 能力准入评估表。

检查比例：全部检查。

第三章　钻完井工程施工质量管理

第一节　钻完井工程施工工序

钻完井工程施工工序见第一部分第五章第一节。

第二节　钻完井施工质量管控要点

一、井位踏勘

现场定井位时应有专业部门的测量员、设计、监理、井队、业主 5 方共同确认，确保井位测量符合设计要求。

检查方式：对井口坐标进行复测。

检查比例：全部检查。

二、踏勘搬迁路线

（1）通往井场的道路（包括沙漠、森林、草原、海滩、山地、沼泽等无道路的地区），为钻探施工项目修筑的简易道路应在建井到完井整个周期内路面平整，其路基（桥梁）承载量、路宽、坡度应满足运送钻井设备与物资的车辆和钻井特殊作业车辆的安全行驶要求，道路的弯度、会车点的设置间距应充分考虑这些车辆的安全通过性。

检查方式：检查通往井场的道路是否满足施工车辆通过要求。

检查比例：全部检查。

（2）监理日志、旁站记录、现场检查表及不符合项整改单记录应及时，内容应完整、真实、准确。

检查方式：抽查监理日志、旁站记录、现场检查表及不符合项整改单记录。

检查比例：每个施工现场监理日志、旁站记录、现场检查表及不符合项整改单记录至少各抽查 3 份。

三、作业井场平整

（1）现场作业人员应是经报验合格的准入人员。

检查方式：抽查人员工作证与经监理批准的人员报审表的符合性。

检查比例：每个机组至少全部检查一次，人员发生变化时应再次检查。

（2）井场应有足够的抗压强度。场面平整，中间略高于四周，有 1∶100～1∶200 的坡度，排水良好。

检查方式：检查井场作业范围内是否符合要求。

检查比例：全部检查。

（3）井场应按照施工现场标准化及目视化标准进行布置。

检查方式：检查井场布置是否符合要求。

检查比例：全部检查。

（4）雨季时，井场周围应挖环形排水沟。农田内井场四周应挖沟或围土堤，与毗邻的农田隔开。井场内的污油、污水、钻井液等不得流入田间或水溪。

检查方式：检查井场是否按要求对现场周围进行布置。

检查比例：全部检查。

（5）井场面积应符合的要求见表2-3-1。

表2-3-1 各类型钻机井场面积

钻机级别	井场面积，m^2	长度，m	宽度，m
ZJ30	≥8100	≥90	≥90
ZJ40	≥10000	≥100	≥100
ZJ50	≥11025	≥105	≥105
ZJ70	≥13200	≥120	≥110
ZJ90	≥16800	≥140	≥120

注：井场前后为长，井场左右为宽（具体面积依据井场作业需求确定）。

检查方式：现场检查井场面积是否符合要求。

检查比例：全部检查。

（6）监理日志、旁站记录、现场检查表及不符合项整改单记录应及时，内容应完整、真实、准确。

检查方式：抽查监理日志、旁站记录、现场检查表及不符合项整改单记录。

检查比例：每个施工现场监理日志、旁站记录、现场检查表及不符合项整改单记录至少各抽查3份。

四、摆放设备基础

（1）现场作业人员应是经报验合格的准入人员。

检查方式：抽查人员工作证与经监理批准的人员报审表的符合性。

检查比例：每个机组至少全部检查一次，人员发生变化时应再次检查。

（2）现场施工设备应是经报验合格的准入设备。

检查方式：抽查机具设备型号及检测记录与经监理批准的设备报审表的符合性。

检查比例：每个机组准入机具总数的10%，准入机具不足10台至少抽查1台。

（3）井场、钻台下、机房下、泵房要有通向污水池的排水沟。

检查方式：现场检查井场、钻台下、机房下、泵房是否有通向污水池的排水沟。

检查比例：全部检查。

（4）井架绷绳锚坑或绷绳墩位置应按相应类型钻机的井架安装说明书执行。

检查方式：现场检查井架绷绳锚坑或绷绳墩位置是否符合井架安装说明书。

检查比例：全部检查。

（5）监理日志、旁站记录、现场检查表及不符合项整改单记录应及时，内容应完整、真实、准确。

检查方式：抽查监理日志、旁站记录、现场检查表及不符合项整改单记录。

检查比例：每个施工现场监理日志、旁站记录、现场检查表及不符合项整改单记录至少各抽查3份。

五、挖方井、埋方井

（1）现场施工人员应是经报验合格的准入人员。

检查方式：抽查人员工作证与经监理批准的人员报审表的符合性。

检查比例：每个机组至少全部检查一次，人员发生变化时应再次检查。

（2）现场施工设备应是经报验合格的准入设备。

检查方式：抽查机具设备型号及检测记录与经监理批准的设备报审表的符合性。

检查比例：每个机组准入机具总数的10%，准入机具不足10台至少抽查1台。

（3）挖方井、埋方井施工的施工方案应经监理/业主审查批准。

检查方式：检查施工方案报审表。

检查比例：全部检查。

（4）所有岗位人员劳保防护用品配备齐全、完好（工衣、工鞋、安全帽、耳塞、护目镜、防护面罩）。

检查方式：抽查现场施工人员劳保着装是否符合作业要求。

检查比例：抽查现场施工人员总数的10%，不足10人时抽查1人。

（5）为便于安装井口和进行特殊作业要求挖方井（或圆井），方井（或圆井）的宽、深应便于安装井口井控装置，四周和底部要抹好水泥，并有排水沟且要满足井口安装要求。

检查方式：检查施工记录及现场施工照片。

检查比例：全部检查。

（6）监理日志、旁站记录、现场检查表及不符合项整改单记录应及时，内容应完整、真实、准确。

检查方式：抽查监理日志、旁站记录、现场检查表及不符合项整改单记录。

检查比例：每个施工现场监理日志、旁站记录、现场检查表及不符合项整改单记录至少各抽查3份。

六、设备运输搬迁

（1）现场施工人员应是经报验合格的准入人员。

检查方式：抽查人员工作证与经监理批准的人员报审表的符合性。

检查比例：每个机组至少全部检查一次，人员发生变化时应再次检查。

（2）现场施工设备应是经报验合格的准入设备。

检查方式：抽查机具设备型号及检测记录与经监理批准的设备报审表的符合性。

检查比例：每个机组准入机具总数的10%，准入机具不足10台至少抽查1台。

（3）所有岗位人员劳保防护用品配备齐全、完好（工衣、工鞋、安全帽、耳塞、护目镜、防护面罩）。

检查方式：抽查现场施工人员劳保着装是否符合作业要求。

检查比例：抽查现场施工人员总数的 10%，不足 10 人时抽查 1 人。

（4）对运输车辆及人员证件、车况进行入场前检查。

检查方式：现场检查运输车辆及人员证件。

检查比例：全部检查。

（5）装车后必须对货物进行固定。

检查方式：现场检查车上货物是否固定牢固。

检查比例：全部检查。

（6）按规定路线行驶，禁止超速。

检查方式：现场检查车辆行驶路线及速度。

检查比例：抽查运输车辆的 10%，不足 10 辆时抽查一辆。

（7）监理日志、旁站记录、现场检查表及不符合项整改单记录应及时，内容应完整、真实、准确。

检查方式：抽查监理日志、旁站记录、现场检查表及不符合项整改单记录。

检查比例：每个施工现场监理日志、旁站记录、现场检查表及不符合项整改单记录至少各抽查 3 份。

七、设备安装、起井架

（1）现场施工人员应是经报验合格的准入人员。

检查方式：抽查人员工作证与经监理批准的人员报审表的符合性。

检查比例：每个机组至少全部检查一次，人员发生变化时应再次检查。

（2）现场施工设备应是经报验合格的准入设备。

检查方式：抽查机具设备型号及检测记录与经监理批准的设备报审表的符合性。

检查比例：每个机组准入机具总数的 10%，准入机具不足 10 台至少抽查 1 台。

（3）所有岗位人员劳保防护用品配备齐全、完好（工衣、工鞋、安全帽、耳塞、护目镜、防护面罩）。

检查方式：抽查现场施工人员劳保着装是否符合作业要求。

检查比例：抽查现场施工人员总数的 10%，不足 10 人时抽查 1 人。

（4）钻机底座无裂缝，无开焊，无变形，与基础接触无悬空。

检查方式：现场检查钻机底座是否符合要求。

检查比例：全部检查。

（5）井架各部拉筋、附件、连接销应是规格齐全、紧固、穿齐保险销，井架四角水平高差≤5mm，各部梯子、扶手、栏杆应齐全、紧固、完好，各种平台板面应齐全、平整、牢固，间隙不超过 59mm。

检查方式：检查现场井架各部是否符合作业要求。

检查比例：全部检查。

（6）天车护罩无明显变形，固定牢靠。

检查方式：现场检查天车护罩是否符合作业要求。

检查比例：全部检查。

（7）自升式井架连接销、保险销必须齐全可靠，无开裂和严重锈蚀，各导向滑轮必须灵活。绷绳安装时，绷绳与地面夹角为 40°~50°，每根绳的固定力不小于 98kN，绷绳固定上端用绳卡，下端用花篮螺丝，并配保险绳。

检查方式：现场检查自升式井架安装是否符合作业要求。

检查比例：全部检查。

（8）内外钳吊绳应使用直径 12.7mm 钢丝绳，两端各卡与之匹配的绳卡 2 只。内外钳尾绳应使用直径 22mm 钢丝绳，并且使用 3 只与之匹配的绳卡卡紧，必须有保险装置。液压大钳吊绳应使用直径 12.7mm 钢丝绳，尾桩固定牢靠。自升式井架起升绳应是无明显变形、扭曲、磨损、腐蚀，每一扭上断丝不得超过 2 丝。钢丝绳目测检查：

① 6mm×7mm 钢丝绳的一扭中断丝小于 3 根。

② 5mm×6mm 钢丝绳-扭绳中随机分布断丝少于 6 根。

③ 5mm×6mm 钢丝绳-扭绳中一小股断丝少于 3 根。

④ 抗扭转，一扭绳中随机分布断丝少于 4 根。

⑤ 抗扭转，一扭绳中一小股断丝少于 2 根。

⑥ 固定不动绳索的钢丝绳，如绷绳、撤离绳、悬挂绳等，扭绳中的一小股断丝少于 3 根；端部连接部分不得有锈蚀、开裂、弯曲、磨损，不得有明显的扭绞、挤压、切口、冷变形。

检查方式：现场检查钢丝绳是否符合要求。

检查比例：全部检查。

（9）安装钻机时必须校正井口，确保转盘转速能够满足高转速的要求。

检查方式：检查天车、转盘及井口在一个中心线上。

检查比例：全部检查。

（10）监理日志、旁站记录、现场检查表及不符合项整改单记录应及时，内容应完整、真实、准确。

检查方式：抽查监理日志、旁站记录、现场检查表及不符合项整改单记录。

检查比例：每个施工现场监理日志、旁站记录、现场检查表及不符合项整改单记录至少各抽查 3 份。

八、开钻准备

（1）特种设备（钻井机等）操作手、施工人员应是经报验合格的准入人员。

检查方式：抽查人员工作证与经监理批准的人员报审表的符合性。

检查比例：每个机组至少全部检查一次，人员发生变化时应再次检查。

（2）现场施工设备（钻井机等）应是经报验合格的准入设备。

检查方式：抽查机具设备型号及检测记录与经监理批准的设备报审表的符合性。

检查比例：每个机组准入机具总数的 10%，准入机具不足 10 台至少抽查 1 台。

（3）所有岗位人员劳保防护用品配备齐全、完好（工衣、工鞋、安全帽、耳塞、护目镜、防护面罩）。

检查方式：抽查现场施工人员劳保着装是否符合作业要求。

检查比例：抽查现场施工人员总数的 10%，不足 10 人时抽查 1 人。

（4）按设计配好配足钻井液，保证钻井液性能达到设计要求，见表 2-3-2。

表 2-3-2 钻井液性能参数设计

钻井液性能		导管	一开	二开
钻井液体系		膨润土	聚合物	饱和盐水聚合物
常规性能	密度，g/cm³	1.10	1.10~1.15	1.30~1.35
	漏斗黏度，s	28~32	40~60	45~55
	API 失水，mL		<8	<5
	滤饼，mm		0.7	0.5
	含砂量,%		0.5	0.3
	pH 值		8~9	9~11
	静切力，Pa 10s/10min		0~0.5 0.5~1.5 0.5~1.5	0.5~1.5 1.2~2.5 1.2~1.5
流变性能	［动力］黏度，mPa·s		10~15	20~25
	N 值		0.8	0.5~0.7
MBT，g/L				55~60
固相含量,%				<18
高温高压失水，mL				<13
摩阻				0.09

检查方式：抽查现场配备钻井液的检验报告。

检查比例：每灌钻井液抽查一份。

（5）认真学习钻井工程设计，召开安全技术交底会，并制订出详细、具体的钻井施工措施。

检查方式：检查安全技术交底记录。

检查比例：全部检查。

（6）钻机设备按照标准安装，保证安装质量，并且进行设备调试，开钻前地面高压管汇按设计要求进行流动试压，不摇、不跳、不渗漏为合格，各类仪表、工具灵敏、齐全、可靠、准确。

检查方式：检查钻机情况是否符合设计要求。

检查比例：全部检查。

（7）钻头、螺杆、钻井液料、设备配件等材料物资提前准备到位。

检查方式：检查现场材料、工器具是否按设计要求准备到位。

检查比例：全部检查。

（8）现场施工牌板上应明确当日上班的施工内容。

检查方式：检查现场施工牌板内容是否符合当日作业内容。

检查比例：全部检查。

（9）监理日志、旁站记录、现场检查表及不符合项整改单记录应及时，内容应完整、真实、准确。

检查方式：抽查监理日志、旁站记录、现场检查表及不符合项整改单记录。

检查比例：每个施工现场监理日志、旁站记录、现场检查表及不符合项整改单记录至少各抽查 3 份。

九、安装井口

（1）特种设备（钻井机等）操作手、施工人员应是经报验合格的准入人员。

检查方式：抽查人员工作证与经监理批准的人员报审表的符合性。

检查比例：每个机组至少全部检查一次，人员发生变化时应再次检查。

（2）现场施工设备（钻井机等）应是经报验合格的准入设备。

检查方式：抽查机具设备型号及检测记录与经监理批准的设备报审表的符合性。

检查比例：每个机组准入机具总数的10%，准入机具不足10台至少抽查1台。

（3）安装井口施工的施工方案应经监理/业主审查批准。

检查方式：检查施工方案报审表。

检查比例：全部检查。

（4）所有岗位人员劳保防护用品配备齐全、完好（工衣、工鞋、安全帽、耳塞、护目镜、防护面罩）。

检查方式：抽查现场施工人员劳保着装是否符合作业要求。

检查比例：抽查现场施工人员总数的10%，不足10人时抽查1人。

（5）使用设计要求内的刮刀钻头钻进，下入符合设计要求的导管若干根，采用人工固井的方法封固导管环空，固导管后候凝12h固定牢靠，确保导管，方井及井架底座不返钻井液。导管安装垂直，导管中心与井架底座中心同轴度偏差小于10mm，井口装置（图2-3-1）安装规范。

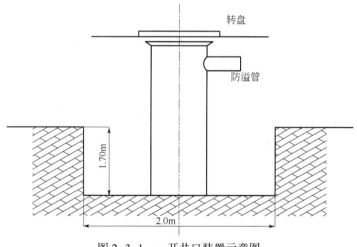

图2-3-1　一开井口装置示意图

检查方式：检查施工记录、现场检查导管及井口安装是否符合设计要求。

检查比例：全部检查。

（6）监理日志、旁站记录、现场检查表及不符合项整改单记录应及时，内容应完整、真实、准确。

检查方式：抽查监理日志、旁站记录、现场检查表及不符合项整改单记录。

检查比例：每个施工现场监理日志、旁站记录、现场检查表及不符合项整改单记录至少各抽查3份。

十、一开验收

（1）特种设备（钻井机等）操作手、施工人员应是经报验合格的准入人员。

检查方式：抽查人员工作证与经监理批准的人员报审表的符合性。

检查比例：每个机组至少全部检查一次，人员发生变化时应再次检查。

（2）现场施工设备（钻井机等）应是经报验合格的准入设备。

检查方式：抽查机具设备型号及检测记录与经监理批准的设备报审表的符合性。

检查比例：每个机组准入机具总数的10%，准入机具不足10台至少抽查1台。

（3）所有岗位人员劳保防护用品配备齐全、完好（工衣、工鞋、安全帽、耳塞、护目镜、防护面罩）。

检查方式：抽查现场施工人员劳保着装是否符合作业要求。

检查比例：抽查现场施工人员总数的10%，不足10人时抽查1人。

（4）合理布置井架底座、机泵房、循环系统（固控系统）、油水罐及外围设施的摆放位置，机房、井架底座、循环系统周围挖有排水沟，保证排水畅通，符合钻机类型安装标准。井场的外围设施（住井房、工具材料放、油水罐，发电房、电控房、远控房等）布置在安全地带，边缘无塌方、滑坡的危害风险。远程控制台在大门左前方，距井口不小于25m，周围保持2m以上的安全通道，距放喷管线、压井管线有5m以上的距离，周围10m内不得堆放易燃、易爆、易腐蚀物品。发电房、油罐区到井口的距离不少于30m，发电房与油罐区之间距离不少于20m，锅炉房距井口下风侧不小于50m。发电房、油罐区、钻井液池和排水沟按要求铺设防渗布，防渗布完好、无损。确因地形限制，达不到摆放标准的，由项目部主管生产的副经理组织相关人员制订防范措施，并组织落实。

检查方式：检查施工现场的布置是否符合要求。

检查比例：全部检查。

（5）二层台及立管平台固定牢靠，台面无杂物，必用工具拴保险绳；防护栏杆及二层台完好无损，操作方便；各连接部位销子、别针齐全、无滑脱；二层台支梁完好无变形损坏，支梁销拴保险绳。钻台安装有2个梯子通道，梯子踏板平整，防护栏杆扶手无变形损坏，四周防护护栏齐全，安装固定牢靠；大门门柱、防护链齐全且安装规范，固定牢靠。钻台面平整完好，无坑洞；铺台及其固定撑杆、拉筋、销子齐全。井架笼梯完好齐全，固定牢靠，攀行通道畅通。

检查方式：检查施工现场二层台的布置是否符合要求。

检查比例：全部检查。

（6）水龙带用ϕ12.7mm钢丝绳作保险绳，绳扣间距0.8～1m，两端分别固定在鹅颈管支架和立管弯管上，紧固规范，与死绳、井架大腿等其他部件无擦挂现象。井架绷绳用ϕ19mm的钢丝绳，中间不打结、不打扭，位于井架对角线，下端与绷绳坑连接须采用ϕ27mm正反螺栓对角拉紧，每端用3只绳卡卡紧，压板在长绳一侧，绳卡间距200mm。

检查方式：检查施工现场钢丝绳布置是否符合要求。

检查比例：全部检查。

（7）液气大钳安装固定规范，高低调节灵敏，工况良好，密封、清洁、不刺不漏，门框无变形，吊绳用ϕ15.9mm钢丝绳，两端用与绳径相符的3个卡子卡牢，设置操作手柄定位装置和断气开关，压力表完好、灵敏。吊钳吊绳采用ϕ12.7mm钢丝绳，两端用与绳径相符的 3 个卡子卡牢，钳尾采用 $\phi22.2mm$ 单头叉编钢丝绳套，长度合适，固定端采用 3 个与绳径相符的绳卡卡牢。

检查方式：现场检查液气大钳安装是否符合要求。

检查比例：全部检查。

（8）钻井大绳规格符合钻机设计规范要求，大绳无断丝、无挤压变形，活绳端穿入滚筒，按设计固定规范且牢靠，大沟下放至转盘，滚筒钢绳不少于 7 圈，死绳固定器型号与钻机匹配，固定螺栓齐全并加并帽，固定牢靠，死绳按固定的槽圈缠绕在固定器内，防跳螺杆齐全，压板固定规范，并用 2 只直径相符的绳卡固定卡牢。

检查方式：现场检查钻井大绳规格是否符合要求。

检查比例：全部检查。

（9）刹车毂（盘）完好，无变形、无裂纹、无油泥；刹带片（盘刹块）磨损不超标；制动系统灵敏可靠。辅助刹车及操作控制系统安装齐全、完好、紧固，使用灵敏可靠防碰过卷阀调节位置合适，工作灵敏可靠。

检查方式：现场检查刹车系统是否符合要求。

检查比例：全部检查。

（10）钻井泵安全阀泄压压力符合定压标准，阀盖齐全完好，性能可靠；泄压管线安装合格固定牢固，保险绳规范。钻井泵空气包预充氮气或压缩空气，充气值为工程设计泵压的 $1/4 \sim 1/3$，最高不超过 4.5MPa，压力表压力等级应与之匹配，压力表完好、灵敏。

检查方式：检查施工现场钻井泵是否符合作业要求。

检查比例：全部检查。

（11）发电房内无油污、无污水，发电机房及配电房内地面铺设绝缘胶皮。钻台、机房、泵房及循环罐区、远控房、生活营区的电气设备、照明线路做到分闸控制。线路安装符合架空标准和标准化现场要求，无破损、漏电、裸露、乱接现象，防爆电器及开关接线入口密封，入房线路在穿孔处加有绝缘护套管。电气设施接地规范，发电机及电动机外壳接地电阻不超过 4Ω，其他电气设施接地电阻不超过 10Ω，所有漏电保护器完好。井场、钻台、井架、钻台偏房、机泵房及循环罐区电气设备、开关、按钮、配电柜（箱）符合防爆要求。

检查方式：现场检查电气保护是否符合要求。

检查比例：全部检查。

（12）各种安全标志牌齐全、清洁、醒目，分类、分区域悬挂位置正确、规范，固定牢靠。入场须知牌、井场平面图等摆放规范，风向标、紧急集合点设置合理。

检查方式：检查施工现场安全标志牌是否符合标准化及目视化标准要求。

检查比例：全部检查。

（13）监理日志、旁站记录、现场检查表及不符合项整改单记录应及时，内容应完整、真实、准确。

检查方式：抽查监理日志、旁站记录、现场检查表及不符合项整改单记录。

检查比例：每个施工现场监理日志、旁站记录、现场检查表及不符合项整改单记录至少各抽查 3 份。

十一、一开钻进、起下钻

（1）特种设备（钻井机等）操作手、施工人员应是经报验合格的准入人员。

检查方式：抽查人员工作证与经监理批准的人员报审表的符合性。

检查比例：每个机组至少全部检查一次，人员发生变化时应再次检查。

（2）现场施工设备（钻井机等）应是经报验合格的准入设备。

检查方式：抽查机具设备型号及检测记录与经监理批准的设备报审表的符合性。

检查比例：每个机组准入机具总数的 10%，准入机具不足 10 台至少抽查 1 台。

（3）钻井施工的施工方案应经监理/业主审查批准。

检查方式：检查施工方案报审表。

检查比例：全部检查。

（4）所有岗位人员劳保防护用品配备齐全、完好（工衣、工鞋、安全帽、耳塞、护目镜、防护面罩）。

检查方式：抽查现场施工人员劳保着装是否符合作业要求。

检查比例：抽查现场施工人员总数的 10%，不足 10 人时抽查 1 人。

（5）钻头类型、尺寸、喷嘴水眼面积和下部钻柱组合应与设计相符，钻具组合结构应符合设计要求（表 2-3-3、表 2-3-4）。

表 2-3-3　直井钻具组合结构表

开次	井眼尺寸，mm	钻具组合
一开	444.5	ϕ444.5mm 钻头+ϕ228.6mmDC×3 根+ϕ203mmDC×3 根+ϕ177.8mmDC×3 根+ϕ158.8mmDC×9 根+ϕ127mmDP

表 2-3-4　定向注采井钻具组合结构表

开次	井眼尺寸，mm	井段，m	钻具组合
一开	444.5	0~100	ϕ444.5mm 钻头+ϕ203mmNMDC+ϕ203mmDC+ϕ177.8mmDC 若干+ϕ127mmDP
		增斜段	ϕ444.5mm 钻头+ϕ244.5mm 弯螺杆+ϕ203mmNMDC+ϕ203mmMWD+
		稳斜段	ϕ203mmNMDC+ϕ203mmDC×2 根+ϕ177.8mmDC×10 根+ϕ127mmDP

检查方式：现场检查钻具组合是否符合设计要求。

检查比例：全部检查。

（6）在开钻前用螺杆钻带 ϕ660.4mm 钻头开眼或采取其他方式开眼至井深 20m，下入 ϕ508mm 导管并注水泥固井，建立好井口循环，防止钻井液将井口冲垮或在钻下部井眼时导管掉入井内。

检查方式：检查施工记录及现场施工照片。

检查比例：全部检查。

（7）钻井过程中应坚持小排量、低钻压、高转速开钻，严禁用水力冲眼，注意保护井壁和基础。每钻进 50~100m，要进行 1 次单点测斜，特殊情况应加密测斜，以确保井眼正直。

检查方式：检查施工记录及单点测斜记录表。

检查比例：全部检查。

（8）起钻前应根据井眼条件、机械钻速、钻井液性能及地质录井资料要求，充分循环洗井，清洁井筒。起下钻应根据钻机载荷、钻具质量、井眼条件，采用双吊卡或卡瓦操作。在井深大于 1000m 或大钩载荷大于 300kN 时，用双吊卡加小方补心或用长钻杆卡瓦。起下钻铤应同时使用提升短节（或提升接头）卡瓦，安全提升短节和钻铤连接螺纹应用吊钳

（或动力吊钳）旋紧，安全卡瓦应卡在距卡瓦上部 0.05～0.10m 处，不应用转盘旋卸钻铤螺纹。

检查方式：检查施工记录，现场检查起下钻是否符合要求。

检查比例：全部检查。

（9）监理日志、旁站记录、现场检查表及不符合项整改单记录应及时，内容应完整、真实、准确。

检查方式：抽查监理日志、旁站记录、现场检查表及不符合项整改单记录。

检查比例：每个施工现场监理日志、旁站记录、现场检查表及不符合项整改单记录至少各抽查 3 份。

十二、一开测井

（1）特种设备操作手、检测人员、施工人员应是经报验合格的准入人员。

检查方式：抽查人员工作证与经监理批准的人员报审表的符合性。

检查比例：每个机组至少全部检查一次，人员发生变化时应再次检查。

（2）现场施工设备、测量仪器（声呐检测等）应是经报验合格的准入设备。

检查方式：抽查机具设备型号及检测记录与经监理批准的设备报审表的符合性。

检查比例：每个机组准入机具总数的 10%，准入机具不足 10 台至少抽查 1 台。

（3）测井施工的施工方案应经监理/业主审查批准。

检查方式：检查施工方案报审表。

检查比例：全部检查。

（4）所有岗位人员劳保防护用品配备齐全、完好（工衣、工鞋、安全帽、耳塞、护目镜、防护面罩）。

检查方式：抽查现场施工人员劳保着装是否符合作业要求。

检查比例：抽查现场施工人员总数的 10%，不足 10 人时抽查 1 人。

（5）通向井场的道路良好，安全警示标识齐全，设立风向标、紧急集合点，并有安全的逃生路线，井场空间应满足随钻测井作业设备摆放。

检查方式：检查井场是否符合作业要求。

检查比例：全部检查。

（6）随钻测井施工前，应组织召开随钻测井、钻井、钻井液、录井等相关负责人参加的协调会，明确各方职责以及相互配合中的注意事项。对于复杂井、事故井，随钻测井队应向钻井队询问复杂井段的详细情况，并与钻井队及相关人员共同制订处理紧急情况的应急预案。

检查方式：检查现场会议记录。

检查比例：全部检查。

（7）随钻测井作业人员应经过测井技术培训、健康、安全和环保知识培训，并取得以下上岗资质，随钻测井作业人员均应通过培训取得健康、安全和环保培训证书和井控证书，放射性作业人员应通过培训取得辐射工作岗位证书，硫化氢井作业人员应通过培训取得硫化氢安全培训证书。工作期间应正确穿戴劳动防护用品正确使用健康、安全和环保设施。严禁在禁烟区内吸烟严禁擅自操作钻井队的设备。

检查方式：检查随钻测井人员资质是否符合要求。

检查比例：全部检查。

（8）随钻仪器操作间宜靠近录井仪器操作间，并且距离井口 25~35m，距离钻井液池和放喷管线不少于 10m。仪器操作间应符合正压防爆要求，并安装烟雾报警器、有害气体探测器等防护设备。

检查方式：检查现场仪器操作间是否符合作业要求。

检查比例：全部检查。

（9）控制起下钻速度，起下钻速度均匀，钻台应有随钻测井人员协调。保证每米不少于 5 个采样点，具体控制速度由下入随钻测井仪器的采集最慢速率来确定。参考仪器指标。实时监测深度传感器和相关传感器，应深度跟踪准确，深度/时间对应准确。测井深度应每单根与钻杆长度进行一次校准，单根深度误差应控制在±0.1m。测量静态测斜数据时，钻具应提离井底不少于 1m，且静止时间不应少于 1min。每 6h 对地面采集数据进行备份。

检查方式：检查现场施工是否按要求对数据进行备份。

检查比例：全部检查。

（10）传感器电缆应采用钢丝绳引导架空固定，钢丝绳直径应不小于 4mm，架空高度不低于 2.5m。传感器的量程和精度应满足随钻测井作业要求。随钻测井工程师应对传感器、线缆等进行巡回检查。正常作业过程中，每岗至少巡检两次。

检查方式：抽查现场巡检记录。

检查比例：抽查现场巡检记录总数的 10%，不足 10 份时抽查 1 份。

（11）随钻测井实时数据传输速度应满足工程和地质上的要求。实时测井数据的采样间隔应保证传输上来的数据每米不少于 3 个点（建议钻进速度不超过 60m/h）。

检查方式：抽查现场采样间数据记录。

检查比例：抽查现场采样间记录总数的 10%，不足 10 份时抽查 1 份。

（12）监理日志、旁站记录、现场检查表及不符合项整改单记录应及时，内容应完整、真实、准确。

检查方式：抽查监理日志、旁站记录、现场检查表及不符合项整改单记录。

检查比例：每个施工现场监理日志、旁站记录、现场检查表及不符合项整改单记录至少各抽查 3 份。

十三、下钻通井

（1）特种设备（通井机等）操作手、施工人员应是经报验合格的准入人员。

检查方式：抽查人员工作证与经监理批准的人员报审表的符合性。

检查比例：每个机组至少全部检查一次，人员发生变化时应再次检查。

（2）现场施工设备（通井机等）应是经报验合格的准入设备。

检查方式：抽查机具设备型号及检测记录与经监理批准的设备报审表的符合性。

检查比例：每个机组准入机具总数的 10%，准入机具不足 10 台至少抽查 1 台。

（3）下钻通井施工的施工方案应经监理/业主审查批准。

检查方式：检查施工方案报审表。

检查比例：全部检查。

（4）所有岗位人员劳保防护用品配备齐全、完好（工衣、工鞋、安全帽、耳塞、护目镜、防护面罩）。

检查方式：抽查现场施工人员劳保着装是否符合作业要求。

检查比例：抽查现场施工人员总数的10%，不足10人时抽查1人。

（5）下通井管柱时，管柱连接螺纹应按标准扭矩上紧、上平，防止管柱出现脱扣，造成落井事故。通井时，要随时检查井架、绷绳、地锚等地面设备变化情况。若发生问题，应停止通井并及时处理。

检查方式：检查施工记录，检查现场设备是否符合要求。

检查比例：全部检查。

（6）将通径规连接在下井第一根油管（或钻杆）底部并上紧，下井7~10根油管（或钻杆）在井口安装自封封井器（自封封井器具有防止井口落物和清理油管外壁上附着的油水及泥砂）。下放管柱，通井时应平稳操作，管柱下放速度控制为小于或等于20m/min，下至距离设计位置、射孔井段或人工井底以上100m时，应减慢下放速度，控制为小于或等于100m/min。当通至人工井底应加压10~20kN，重复两次。

检查方式：检查施工记录、现场检查管柱下放速度。

检查比例：全部检查。

（7）通井遇阻时，不得猛顿，应起出通径规进行检查，找出原因，待采取措施后，再进行通井。

检查方式：检查施工记录、现场检查通井作业是否符合设计要求。

检查比例：全部检查。

（8）上提管柱起出通径规，起到最后5~7根油管或钻杆时，应拆卸掉井口自封封井器并控制上提速度小于或等于5m/min。起出通径规后清洗干净，仔细检查通径规表面有无划痕或损坏，并详细描述。

检查方式：检查施工记录及通径规检查记录。

检查比例：全部检查。

（9）监理日志、旁站记录、现场检查表及不符合项整改单记录应及时，内容应完整、真实、准确。

检查方式：抽查监理日志、旁站记录、现场检查表及不符合项整改单记录。

检查比例：每个施工现场监理日志、旁站记录、现场检查表及不符合项整改单记录至少各抽查3份。

十四、下表层套管

（1）特种设备（钻井机等）操作手、施工人员应是经报验合格的准入人员。

检查方式：抽查人员工作证与经监理批准的人员报审表的符合性。

检查比例：每个机组至少全部检查一次，人员发生变化时应再次检查。

（2）现场施工设备（钻井机等）应是经报验合格的准入设备。

检查方式：抽查机具设备型号及检测记录与经监理批准的设备报审表的符合性。

检查比例：每个机组准入机具总数的10%，准入机具不足10台至少抽查1台。

（3）下表层套管施工的施工方案应经监理/业主审查批准。

检查方式：检查施工方案报审表。

检查比例：全部检查。

（4）所有岗位人员劳保防护用品配备齐全、完好（工衣、工鞋、安全帽、耳塞、护目

镜、防护面罩）。

检查方式：抽查现场施工人员劳保着装是否符合作业要求。

检查比例：抽查现场施工人员总数的10%，不足10人时抽查1人。

（5）套管准备。

① 送井套管应符合钻井设计及套管柱设计要求，长度附加量不少于3%，并附有套管质量检验合格证。

② 套管运输过程和现场检验，按SY/T 5396—2012《石油套管现场检验、运输与贮存》的规定执行。

③ 井场套管应整齐平放在管架上，码放高度不宜超过三层。

④ 入井套管应使用标准通径规逐根通径，检查外观螺纹伤痕，清洗螺纹，丈量长度，地质、工程人员应分别校核，确定入井套管的直径、钢级、壁厚、螺纹类型及长度无误，并及时剔除受损套管。

⑤ 应按套管柱设计排列下井顺序并编号，编写下井套管记录，备用套管和不合格套管做出明显标记，与下井套管分开排放。

⑥ 进行套管柱强度校核时，对于定向井、水平井、大位移井，还应计算套管柱弯曲应力和摩阻，考虑套管柱附加轴向载荷的影响，计算方法按SY/T 5724—2008《套管柱结构与强度设计》的规定执行。

检查方式：检查材料入场报验资料。

检查比例：全部检查。

（6）套管附件及固井工具（表2-3-5）准备：

① 根据钻井设计及井下情况制订合理的管串结构，附件包括浮箍、浮鞋和扶正器等。

② 送井套管附件应符合设计要求，并有质量检查清单，与套管柱相连接的螺纹应进行合扣检查。下井套管附件应记录其主要尺寸和钢级，绘制草图，并将其长度和下井次序编入套管记录。套管附件强度应不小于套管强度要求。

③ 井斜大于45°的井段，宜安装弹簧式浮箍（浮鞋）。

④ 对于大斜度井，技术套管内斜井段或地层坚硬和井眼规则的裸眼井段宜安放刚性扶正器。

⑤ 对于大位移井设计套管柱下部结构时，根据计算套管下入的摩阻和套管浮重决定是否采用漂浮接箍。

⑥ 尾管固井和分级注水泥固井的套管串结构应使用双浮箍。

表 2-3-5　表层套管附件规范及用量

表层套管附件		规格	数量	备注
表层套管	浮鞋	ϕ339.7mm（可钻）	若干	乙方提供
	浮箍	ϕ339.7mm（可钻）	若干	乙方提供
	内插工具	ϕ339.7mm（可钻）	若干	乙方提供
	扶正器	ϕ339.7mm	若干	乙方提供
	钻杆扶正器	ϕ127.0mm	若干	乙方提供

检查方式：检查材料入场报验资料。

检查比例：全部检查。

（7）下套管工具准备。

①下套管工具应配备齐全，易损部件应有备用件。

②送井工具应有质量检验合格证。

③钻井工程人员对所有工具进行规格、尺寸，承载能力、工作表面磨损程度，液压套管钳扭矩表的准确性及套管钳使用灵活、安全可靠性的质量检查。

检查方式：检查送井工具入场报验资料及质量检验合格证。

检查比例：全部检查。

（8）对地面设备及材料进行检查，对不合格项及时进行整改，重点检查但不限于下列部位：

①井架及底座。

②刹车系统。

③提升系统：绞车、天车、游动滑车、大钩吊环、大绳及固定绳卡等。

④动力系统：柴油机、钻井泵、空气压缩机、发电机及传动系统等。

⑤钻井参数仪表：指重表、泵冲数表、泵压表及扭矩表等。

⑥循环系统：振动筛、循环罐及储备罐等。

⑦井控系统：防喷器、内防喷工具等。

⑧吊卡、套管卡瓦、安全卡瓦、转盘和套管钳等。

⑨普通套管螺纹密封脂应符合 GB/T 22513—2013《石油天然气工业 钻井和采油设备 井口装置和采油树》的规定，特殊螺纹密封脂应符合设计要求。

检查方式：检查设备入场报验表及材料入场报验表。

检查比例：全部检查。

（9）下入井内全部套管和附件的螺纹表面，应清洗干净并擦干，下部 3~5 根套管涂抹套管螺纹锁紧密封脂，其余套管在螺纹表面均匀涂抹套管螺纹密封脂。对扣时套管应扶正，开始旋合转动应慢，如发现错扣应卸开检查处理。

检查方式：抽查现场施工记录、施工现场照片及现场检查下入井内的套管是否按要求对套管进行处理。

检查比例：抽查下入套管总数的 10%，不足 10 份至少检查 1 份。

（10）套管柱上提下放应平稳，控制套管柱下放速度，主要以环空返速、地层承压等参数来确定。装有非自灌浮箍（浮鞋），应按下套管技术措施和固井设计要求及时灌钻井液。对于下漂浮接箍的井，中途不能循环钻井液，若井下异常需循环时，按漂浮接箍操作规程执行。

检查方式：现场检查套管下放是否符合设计要求。

检查比例：全部检查。

（11）下套管过程中，应缩短静止时间，如套管静止时间超过 3min，应活动套管，套管活动距离应不小于套管柱伸缩量的两倍。上下活动时，上提负荷不能超过套管抗拉强度的70%。下套管时应专人观察和记录井口钻井液返出情况，记录灌钻井液后悬重变化情况，如发现异常情况，应采取相应措施。

检查方式：检查施工记录及钻井液检测报告。

检查比例：全部检查。

（12）套管下完的深度达到设计要求，复查套管下井与未下井根数与送井套管总数是否相符。下完套管灌满钻井液后方可开泵，观察泵压变化，排量由小到大，确认泵压无异常变化和井下无漏失后，将排量逐渐提高到固井设计要求。

检查方式：检查施工记录及下套管深度记录表。

检查比例：全部检查。

（13）监理日志、旁站记录、现场检查表及不符合项整改单记录应及时，内容应完整、真实、准确。

检查方式：抽查监理日志、旁站记录、现场检查表及不符合项整改单记录。

检查比例：每个施工现场监理日志、旁站记录、现场检查表及不符合项整改单记录至少各抽查3份。

十五、表层套管固井

（1）特种设备（钻井机等）操作手、施工人员应是经报验合格的准入人员。

检查方式：抽查人员工作证与经监理批准的人员报审表的符合性。

检查比例：每个机组至少全部检查一次，人员发生变化时应再次检查。

（2）现场施工设备（钻井机等）应是经报验合格的准入设备。

检查方式：抽查机具设备型号及检测记录与经监理批准的设备报审表的符合性。

检查比例：每个机组准入机具总数的10%，准入机具不足10台至少抽查1台。

（3）表层套管固井施工的施工方案应经监理/业主审查批准。

检查方式：检查施工方案报审表。

检查比例：全部检查。

（4）所有岗位人员劳保防护用品配备齐全、完好（工衣、工鞋、安全帽、耳塞、护目镜、防护面罩）。

检查方式：抽查现场施工人员劳保着装是否符合作业要求。

检查比例：抽查现场施工人员总数的10%，不足10人时抽查1人。

（5）固井作业前，召开固井协调会，参加人员包括钻井、固井、地质、钻井液、工具等监督和技术人员，主要内容包括：

① 了解地质、工程、油气水及特殊地层情况。

② 提出固井要求，商讨固井方案。

③ 进行组织分工，明确各方职责，协调解决问题。

④ 检查钻井设备、固井设备、工具、送井套管及附件等准备情况，并对存在的问题提出整改意见。

⑤ 检查井眼准备情况，并对存在的问题提出整改意见和措施。

⑥ 检查固井水泥浆分析化验和材料准备情况。

⑦ 安排固井日程及准备工作。

检查方式：检查现场会议记录、材料入场报验表、固井设备入场报验表。

检查比例：全部检查。

（6）水泥及外加剂检验。

① 固井用水泥必须满足 GB/T 10238—2015《油井水泥》的要求。

② 室内严格筛选合适性能的抗盐水泥浆配方，水泥浆性能特别是抗盐性能、稳定性、抗压强度发展、稠化时间等必须满足建设方设计的要求。

③ 固井前施工方必须对所用的水泥、外加剂抽样检查，不合格的产品不能用于固井。

④ 施工方筛选的水泥浆配方、水泥、外加剂、外掺料要经建设方认可的检测部门复核合格后方可用于固井施工。

⑤ 固井施工前必须取现场水、水泥、外加剂按实际井下条件做现场复核试验，无实验报告不准施工。

检查方式：检查入场材料报验表。

检查比例：全部检查。

（7）固井水泥浆配方及水泥浆性能要求。

① 水泥浆配方：G级高抗硫油井水泥+抗盐降失水剂+增强材料+分散剂+卤水，表层套管固井水泥浆性能要求见表2-3-6。

表2-3-6　表层套管固井水泥浆性能指标要求

试验项目	试验条件	性能指标
密度，g/cm^3	API规范要求	1.85~1.92
稠化时间，min	API规范要求	≥施工时间+45min
游离液，mL	API规范要求	0
初始稠度，Bc	API规范要求	≤20
抗压强度，MPa/24h	API规范要求	≥7.0

② 对水泥浆配方的要求。

能配成设计密度的水泥浆，容易混合与泵送，具有良好的流动度、适宜的初始稠度，且均质、起泡性小，自由液为零。水泥石早期强度发展快，并有长期的强度稳定性。外加剂配伍性好，敏感性低，稠化时间易调，对水泥内部结构、强度发展、长期胶结性能无不良影响。外加剂具有良好的抗盐性能。固井前完成大样及不同密度点的复核试验，并提交实验报告。

检查方式：检查水泥浆试验报告。

检查比例：全部检查。

（8）固井施工要求。

① 固井前钻井液性能符合设计要求，裸眼段无阻卡和漏失。

② 固井前充分循环钻井液，根据井下情况充分调整钻井液性能，降低黏度和切力。

③ 注水泥过程中保持水泥浆密度均匀和排量稳定，密度差±0.02g/cm^3。

④ 先用单泵低排量顶替，待平稳后再加大排量，排量控制在1.5~1.8m^3/min，最后6~8m^{3}改用水泥车顶替，排量控制在0.4~0.6m^3/min，并缓慢碰压。

⑤ 若固井中发生井漏，振动筛不返钻井液，必须马上降低顶替排量至0.5~0.6m^3/min，直至施工结束。如果地层承压能力低，替浆时采用低排量，确保替浆时不发生漏失。

⑥ 固井施工时需配备能监测注入井内流体的密度、排量、压力的装置。

检查方式：检查施工记录及钻井液检测报告。

检查比例：全部检查。

（9）固井施工作业要求。

① 注水泥作业应指定有经验的工程师任施工指挥，保证连续施工，各配合方应及时将注水泥施工参数汇总到固井指挥，现场若出现复杂情况，经多方协商后，由固井指挥统一

安排。

②注水泥前对注水泥管线试压值应大于预计最高施工压力的1.2倍。

③注水泥过程中应连续监控施工情况（包括排量、压力、水泥浆密度及井口返浆等），并做好记录。

④替顶替液时，应准确记录顶替量，并安排专人观察井口返出情况。

⑤替顶替液后期，应降低顶替排量，密切注意泵入量、泵压变化及井口返浆情况。

⑥应采用小排量碰压，碰压附加值应符合设计要求。

⑦正常情况下，应开井敞压候凝。若浮鞋、浮箍失灵，应关井憋压候凝，管内压力应符合设计要求，并派专人按要求放压。

⑧替浆结束后，如需对环空水泥浆进行加压，应根据水泥浆失重、气层压力、破漏压力和环空液柱压力计算加压值，加压时间按设计执行。

检查方式：检查施工记录及压力记录表。

检查比例：全部检查。

（10）监理日志、旁站记录、现场检查表及不符合项整改单记录应及时，内容应完整、真实、准确。

检查方式：抽查监理日志、旁站记录、现场检查表及不符合项整改单记录。

检查比例：每个施工现场监理日志、旁站记录、现场检查表及不符合项整改单记录至少各抽查3份。

十六、二开验收

（1）特种设备（钻井机等）操作手、施工人员应是经报验合格的准入人员。

检查方式：抽查人员工作证与经监理批准的人员报审表的符合性。

检查比例：每个机组至少全部检查一次，人员发生变化时应再次检查。

（2）现场施工设备（钻井机等）应是经报验合格的准入设备。

检查方式：抽查机具设备型号及检测记录与经监理批准的设备报审表的符合性。

检查比例：每个机组准入机具总数的10%，准入机具不足10台至少抽查1台。

（3）所有岗位人员劳保防护用品配备齐全、完好（工衣、工鞋、安全帽、耳塞、护目镜、防护面罩）。

检查方式：抽查现场施工人员劳保着装是否符合作业要求。

检查比例：抽查现场施工人员总数的10%，不足10人时抽查1人。

（4）施工现场按照经过甲方审核的钻井设计和钻井施工设计施工。

检查方式：检查现场是否具有经过审核的设计文件。

检查比例：全部检查。

（5）井口防喷器组、防喷管线固定符合要求，防喷器等级及组合形式符合设计要求。

检查方式：现场检查防喷器组是否符合设计要求。

检查比例：全部检查。

（6）远控台控制数量满足需要且无杂物和油污，室内干净，远控台安装在面对井场左侧，距井口至少25m，使用由发电房独立控制的专用电力线，远控台电泵、气泵性能良好，控制手柄灵活，与封井器和液动阀开关状态一致，远控台压力继电器灵敏可靠。

检查方式：现场检查远控台是否符合设计要求。

检查比例：全部检查。

（7）照明设施齐全、防爆，控制阀件、管线无漏油现象，液压油液面符合要求，储能器、管汇、环形防喷器压力符合要求，液压管线及连接接头无漏油现象，有保护措施，无踩、压等现象，钻井液池进行防渗处理，无废液外泄，补充胶液罐配备、安装试运转及固定牢靠。

检查方式：检查现场设备是否齐全且符合要求。

检查比例：全部检查。

（8）开钻钻井液、储备钻井液配制定期搅拌、测定性能有小型试验并记录钻井液材料及加重料、堵漏料储备钻井液药品摆放整齐、分类、下垫上盖，防潮、防晒、无污染、无泄漏，场地钻具要排放整齐，钻具上不得堆放重物及其他脏物，常用井口工具、接头及打捞工具应排放整齐，清洗干净，并涂黄油保管。

检查方式：检查钻井液试验记录、井场工具摆放是否符合设计要求。

检查比例：全部检查。

（9）依据一开验收内容进行管控。

检查方式：依据一开验收内容进行检查。

检查比例：全部检查。

（10）监理日志、旁站记录、现场检查表及不符合项整改单记录应及时，内容应完整、真实、准确。

检查方式：抽查监理日志、旁站记录、现场检查表及不符合项整改单记录。

检查比例：每个施工现场监理日志、旁站记录、现场检查表及不符合项整改单记录至少各抽查 3 份。

十七、候凝、安装套管头及井控设备

（1）特种设备（钻井机等）操作手、施工人员应是经报验合格的准入人员。

检查方式：抽查人员工作证与经监理批准的人员报审表的符合性。

检查比例：每个机组至少全部检查一次，人员发生变化时应再次检查。

（2）现场施工设备（钻井机等）应是经报验合格的准入设备。

检查方式：抽查机具设备型号及检测记录与经监理批准的设备报审表的符合性。

检查比例：每个机组准入机具总数的 10%，准入机具不足 10 台至少抽查 1 台。

（3）套管头及井控设备安装的施工方案应经监理/业主审查批准。

检查方式：检查施工方案报审表。

检查比例：全部检查。

（4）所有岗位人员劳保防护用品配备齐全、完好（工衣、工鞋、安全帽、耳塞、护目镜、防护面罩）。

检查方式：抽查现场施工人员劳保着装是否符合作业要求。

检查比例：抽查现场施工人员总数的 10%，不足 10 人时抽查 1 人。

（5）钻井队要组织作业班组按每月不少于 1 次钻进、起下钻杆、起下钻铤、空井发生溢流四种工况定期进行防喷演习，每次防喷演习后，要认真检查井控装置、工具和控制系统的工作状况。测井、录井、定向井等单位及甲方的现场作业人员必须参加防喷演习。在开钻前须进行防喷演习，确保井控设备完好，演习不合格不得进行二开钻井作业，其他严格按照井控相关要求执行。

检查方式：检查现场防喷演练记录。

检查比例：全部检查。

（6）防喷器操作手柄处挂牌、常开、常闭阀门应挂牌编号，并全部注明状态，定期活动。防喷器全封闸板控制手柄要安装防误操作装置。防喷器送井后，要认真检查其装备是否齐全，每次固井后应按试压要求试压。按照设计安装好井口，要求位置正确、固定牢靠，远程控制系统的控制管汇安装整齐，必须安装在管排架上。防喷器顶部安装的防溢管与顶盖用垫环密封，连接螺栓齐全。防喷器密封钢圈只能使用一次。防喷器组安装完后，要校正井口、转盘、天车中心，其偏差不大于10mm。防喷器要用4根直径不小于ϕ16mm钢丝绳对角绷紧固定。防喷器具有手动锁紧机构的闸板防喷器应装齐手动操作杆，靠手轮端应支撑牢固，其中心与锁紧轴之间的夹角不大于30°。挂牌标明开、关方向和到底的圈数。

检查方式：检查防喷器安装是否符合设计要求。

检查比例：全部检查。

（7）防喷器控制系统控制能力应与所控制的防喷器组合及闸阀等控制对象相匹配。防喷器控制系统安装要符合相关标准的要求，远程控制台、司钻控制台各压力值在相关标准规定的工作压力范围内，液（气）泵工作正常，各阀门的开关手柄处于正确位置。

检查方式：检查防喷器控制系统是否符合相关标准的要求。

检查比例：全部检查。

（8）四通和套管头的配置及安装应符合SY/T 5964—2019《钻井井控装置组合配套、安装调试与使用规范》中的相应规定，井口装置（图2-3-2）安装规范。

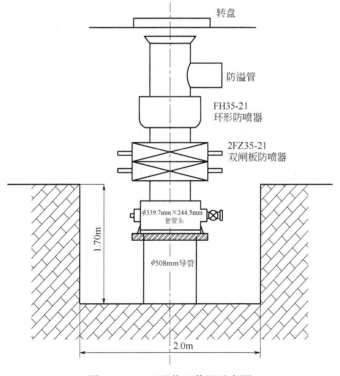

图2-3-2 二开井口装置示意图

检查方式：检查施工记录、现场检查井口安装是否符合要求。

检查比例：全部检查。

（9）防喷管线、放喷管线应使用经过检测合格的管材。防喷管线应采用标准法兰连接，不允许现场焊接。

检查方式：检查管材入场报验表及管材质量检验合格证。

检查比例：全部检查。

（10）放喷管线安装要求。

① 根据井场实际情况，安装一条放喷管线，管线出口接至污水罐。在现场不允许焊接，其通径不小于78mm。

② 管线应平直引出，需要转弯处应使用角度大于120°的铸（锻）钢弯头，如确须90°转弯时可以使用90°缓冲弯头。管线出口应接至距井口75m以上的安全地带，距各种设施不小于50m。放喷管线因地面条件限制外接长度不足75m时，可以接出井场边缘，而且在现场还要备有不足部分的管线和基墩或地锚。管线每隔10~15m、转弯前后处（不超过1m）、出口处（不超过1m）用预制基墩或地锚固定牢靠，悬空处要支撑牢固，若跨越10m宽以上的河沟、水塘等障碍，应架设金属过桥支撑。

检查方式：现场检查放喷管线敷设及安装是否符合设计要求。

检查比例：全部检查。

（11）钻井液液气分离器进液管采用外径不小于4in❶的高压管线，排液管接到钻井液罐，分离器至少用3根5/8in的钢丝绳绷紧固定，排气管线（外径不小于进液管线的外径）接出井口50m以远，走向与放喷管线一致，固定基墩间距15~20m，排气管线出口与放喷管线距离3~5m。防喷器四通两侧连接防喷管线，每条防喷管线各装两个闸阀，紧靠四通的闸阀（手动阀）处于常开状态，其外侧的闸阀采用液控阀。压井节流管汇、防喷和放喷管线上的各闸阀要编号标识，注明开关状态。防喷管线和放喷管线及节流、压井管汇需采取相应的防堵、防冻措施，保证闸阀灵活可靠、管线畅通。压井管汇不能用作日常灌注钻井液用，最大允许关井套压值在节流管汇处以明显的标示牌进行标示。

检查方式：现场检查防喷管线敷设及安装是否符合设计要求。

检查比例：全部检查。

（12）井场要求配备钻具内防喷工具，其最大工作压力与井口防喷器工作压力一致。内防喷工具送井前，要进行试压检验。在井队使用或放置半年以上的内防喷工具，必须送回井控车间试压，发现损坏要停止使用。内防喷工具维修后也要按标准进行试压，达到报废期限时及时报废。

检查方式：检查钻具内防喷工具试压记录。

检查比例：全部检查。

（13）固井候凝时间不少于48h。低密度水泥浆体系固井候凝时间不小于72h，候凝期间不应进行任何井下作业。

检查方式：检查候凝时间是否符合设计要求。

检查比例：全部检查。

（14）监理日志、旁站记录、现场检查表及不符合项整改单记录应及时，内容应完整、

---

❶ 1in＝0.0254m。

真实、准确。

　　检查方式：抽查监理日志、旁站记录、现场检查表及不符合项整改单记录。

　　检查比例：每个施工现场监理日志、旁站记录、现场检查表及不符合项整改单记录至少各抽查 3 份。

十八、测固井质量

　　（1）现场施工人员应是经报验合格的准入人员。

　　检查方式：抽查人员工作证与经监理批准的人员报审表的符合性。

　　检查比例：每个机组至少全部检查一次，人员发生变化时应再次检查。

　　（2）现场施工设备应是经报验合格的准入设备。

　　检查方式：抽查机具设备型号及检测记录与经监理批准的设备报审表的符合性。

　　检查比例：每个机组准入机具总数的 10%，准入机具不足 10 台至少抽查 1 台。

　　（3）测固井质量的施工方案应经监理/业主审查批准。

　　检查方式：检查施工方案报审表。

　　检查比例：全部检查。

　　（4）所有岗位人员劳保防护用品配备齐全、完好（工衣、工鞋、安全帽、耳塞、护目镜、防护面罩）。

　　检查方式：抽查现场施工人员劳保着装是否符合作业要求。

　　检查比例：抽查现场施工人员总数的 10%，不足 10 人时抽查 1 人。

　　（5）水泥环胶结质量检测应选择声幅/变密度测井，生产套管及盖层段宜增加成像测井，对盐岩等特殊地层固井质量检测可增加伽马密度测井。固井质量测井前不应替换钻井液，也不应进行井筒试压。

　　检查方式：检查施工记录及测量记录表。

　　检查比例：全部检查。

　　（6）测井资料按照 SY/T 6592—2016《固井质量评价方法》的要求进行处理，处理结果包括第一界面胶结程度、第二界面胶结程度和水泥充填率等内容。

　　检查方式：检查测井资料。

　　检查比例：全部检查。

　　（7）生产套管及封固盖层段的技术套管固井胶结合格段比例应不小于 70%；自储层顶以上盖层连续优质段不小于 25m，或累计优质段应不小于 50m。

　　检查方式：检查水泥环胶结质量是否符合要求。

　　检查比例：全部检查。

　　（8）监理日志、旁站记录、现场检查表及不符合项整改单记录应及时，内容应完整、真实、准确。

　　检查方式：抽查监理日志、旁站记录、现场检查表及不符合项整改单记录。

　　检查比例：每个施工现场监理日志、旁站记录、现场检查表及不符合项整改单记录至少各抽查 3 份。

十九、套管、防喷器试压

　　（1）现场施工人员应是经报验合格的准入人员。

检查方式：抽查人员工作证与经监理批准的人员报审表的符合性。

检查比例：每个机组至少全部检查一次，人员发生变化时应再次检查。

（2）现场施工设备应是经报验合格的准入设备。

检查方式：抽查机具设备型号及检测记录与经监理批准的设备报审表的符合性。

检查比例：每个机组准入机具总数的 10%，准入机具不足 10 台至少抽查 1 台。

（3）套管、防喷器试压的施工方案应经监理/业主审查批准。

检查方式：检查施工方案报审表。

检查比例：全部检查。

（4）所有岗位人员劳保防护用品配备齐全、完好（工衣、工鞋、安全帽、耳塞、护目镜、防护面罩）。

检查方式：抽查现场施工人员劳保着装是否符合作业要求。

检查比例：抽查现场施工人员总数的 10%，不足 10 人时抽查 1 人。

（5）防喷器组应在井控车间按井场连接形式组装并用清水进行整体试压，环形防喷器（封闭钻杆）、闸板防喷器和节流管汇、压井管汇、防喷管线、试防喷器额定工作压力。

检查方式：检查现场防喷器额定工作压力是否符合设计要求。

检查比例：全部检查。

（6）防喷器组在现场安装好后，在不超过套管抗内压强度 80% 的前提下进行现场试压，环形防喷器封闭钻杆试验压力为额定工作压力的 70%，闸板防喷器、压井管汇、防喷管线试验压力为防喷器额定工作压力，节流管汇按零部件额定工作压力分别试压，放喷管线试验压力不低于 10MPa。试压稳压时间、允许压降符合井控设计要求。

检查方式：检查现场施工记录及试压记录表。

检查比例：全部检查。

（7）防喷器控制系统按其额定工作压力做一次可靠性试压。防喷器控制系统采用规定压力用液压油试压，其余井控装置试压介质均为清水（冬季加防冻剂）。

检查方式：检查现场试压介质是否符合设计要求。

检查比例：全部检查。

（8）采用固井质量评价后试压的套管柱，套管直径小于或等于 ϕ244.5mm 的套管柱试压值为 20MPa，套管直径大于 ϕ244.5mm 的套管柱试压值为 10MPa，稳压 30min，压降小于或等于 0.5MPa 为合格。

检查方式：检查施工记录及套管柱试压记录表。

检查比例：全部检查。

（9）监理日志、旁站记录、现场检查表及不符合项整改单记录应及时，内容应完整、真实、准确。

检查方式：抽查监理日志、旁站记录、现场检查表及不符合项整改单记录。

检查比例：每个施工现场监理日志、旁站记录、现场检查表及不符合项整改单记录至少各抽查 3 份。

二十、二开钻进、起下钻

（1）特种设备（钻井机等）操作手、施工人员应是经报验合格的准入人员。

检查方式：抽查人员工作证与经监理批准的人员报审表的符合性。

检查比例：每个机组至少全部检查一次，人员发生变化时应再次检查。

（2）现场施工设备（钻井机等）应是经报验合格的准入设备。

检查方式：抽查机具设备型号及检测记录与经监理批准的设备报审表的符合性。

检查比例：每个机组准入机具总数的 10%，准入机具不足 10 台至少抽查 1 台。

（3）二开钻进、起下钻的施工方案应经监理/业主审查批准。

检查方式：检查施工方案报审表。

检查比例：全部检查。

（4）所有岗位人员劳保防护用品配备齐全、完好（工衣、工鞋、安全帽、耳塞、护目镜、防护面罩）。

检查方式：抽查现场施工人员劳保着装是否符合作业要求。

检查比例：抽查现场施工人员总数的 10%，不足 10 人时抽查 1 人。

（5）检查钻头类型、尺寸、喷嘴水眼面积和下部钻柱组合是否与设计相符，钻具组合见表 2-3-7、表 2-3-8。

表 2-3-7　直井钻具组合结构表

开次	井眼尺寸，mm	钻具组合
二开	311.1	盐岩层以上： 　　方案一：ϕ311.1mm 钻头+ϕ203mmDC×6 根+ϕ177.8mmDC×6 根+ϕ158.8mmDC×12 根+ϕ127mmHWDP×21 根+ϕ127mmDP 　　方案二：ϕ311.1mm 钻头+ϕ203mmDC×2 根+ϕ310mm 扶正器+ϕ203mmDC×1 根+ϕ310mm 扶正器+ϕ177.8mmDC×6 根+ϕ158.8mmDC×9 根+ϕ127mmHWDP×21 根+ϕ127mmDP 盐岩层钻进：ϕ311.1mm 钻头+ϕ177.8mmDC×6 根+ϕ158.8mmDC×12 根+ϕ127mmDP 若干

表 2-3-8　定向注采井钻具组合结构表

开次	井眼尺寸，mm	井段，m	钻具组合
二开	311.1	稳斜段	ϕ311.1mm 钻头+ϕ197mm 弯螺杆（弯角=1°）+ϕ203mmNMDC+ϕ203mmMWD+ϕ203mmNMDC+ϕ203mmDC×2 根+ϕ177.8mmDC×10 根+ϕ158.8mmDC×9 根+ϕ127mmHWDP×21 根+ϕ127mmDP
		降斜段	
		垂直段	ϕ311.2mm 钻头+ϕ203mmNMDC+ϕ203mmDC+ϕ308mmSTAB+ϕ203mmDC×3 根+ϕ177.8mmDC×10 根+ϕ158.8mmDC×9 根+ϕ127mmHWDP×21 根+ϕ127mm 钻杆

检查方式：检查现场钻具组合是否与设计相符。

检查比例：全部检查。

（6）本井段岩性变化大，上部以脆性泥岩、砂岩为主，应采取优质防塌钻井液；下部含钙泥岩和岩盐层为主，采用饱和盐水钻井液，防止钻井液受到钙污染。岩盐层以上钻井要求：

① 钻水泥塞参数要求：钻压 20~50kN，转速 40~50r/min，排量 35L/s 左右，防止损坏表层套管。

② 钻出套管鞋 5~10m 后，进行地层破裂试验，防止固井井漏。

③ 保持钻井液性能的稳定性，维持氯离子的含量，控制失水，防止泥岩段缩径、卡钻。

检查方式：岩盐层以上检查现场施工是否与设计相符。

检查比例：全部检查。

（7）盐岩层钻井要求。

① 钻 9⅝in 套管内水泥塞、浮箍、浮鞋时应采取措施，防止对生产套管鞋处产生冲击和震动。

② 进入盐层前钻井液应改用饱和盐水钻井液，严格控制钻井液的失水和 Cl^- 含量。

③ 每打完一个单根应上提并划眼到井底，转盘停转时，再上提下放一次，确保井眼畅通。

④ 采用低钻压、低排量和较高转速的参数组合，保证盐层井眼规则。

⑤ 固井采用高强度套管、半饱和盐水水泥浆，确保盐层及顶板以上的固井质量。

⑥ 要严格控制起下钻速度，防止抽汲压力造成垮塌，激动压力造成井漏。起钻按规定灌好钻井液，下钻过程中要安排中途循环。

⑦ 加强钻具管理，建立健全钻具记录卡，严格执行钻具管理有关规定。接头在井下工作 300h 后必须更换。

⑧ 每只钻头起钻过程中要按有关要求检查钻具。凡下井钻具、接头及工具，井队技术员均必须亲自丈量，做好记录，绘好草图。

⑨ 盐层可钻性好，要按设计要求控制钻压，保证井身质量，防止钻具弯曲时，高速旋转而损坏生产套管。

⑩ 钻至盐层下部时，应加强地质分析对比，综合判断确定完钻位置。

⑪ 生产套管水试压完成后，采用符合设计要求的钻头钻套管附件并通井，通井至完钻深度，用饱和盐水循环替出井内稠泥浆，循环至完全替净原井筒泥浆，进出口液性一致为止后，起钻完井筒灌满饱和盐水。

⑫ 补测生产套管浮箍以下固井质量，测井井段按照地质设计。

检查方式：检查现场施工是否符合设计要求。

检查比例：全部检查。

（8）监理日志、旁站记录、现场检查表及不符合项整改单记录应及时，内容应完整、真实、准确。

检查方式：抽查监理日志、旁站记录、现场检查表及不符合项整改单记录。

检查比例：每个施工现场监理日志、旁站记录、现场检查表及不符合项整改单记录至少各抽查 3 份。

二十一、短起下钻

（1）特种设备（钻井机等）操作手、施工人员应是经报验合格的准入人员。

检查方式：抽查人员工作证与经监理批准的人员报审表的符合性。

检查比例：每个机组至少全部检查一次，人员发生变化时应再次检查。

（2）现场施工设备（钻井机等）应是经报验合格的准入设备。

检查方式：抽查机具设备型号及检测记录与经监理批准的设备报审表的符合性。

检查比例：每个机组准入机具总数的 10%，准入机具不足 10 台至少抽查 1 台。

（3）短起下钻的施工方案应经监理/业主审查批准。

检查方式：检查施工方案报审表。

检查比例：全部检查。

（4）所有岗位人员劳保防护用品配备齐全、完好（工衣、工鞋、安全帽、耳塞、护目镜、防护面罩）。

检查方式：抽查现场施工人员劳保着装是否符合作业要求。

检查比例：抽查现场施工人员总数的10%，不足10人时抽查1人。

（5）钻进期间根据设计要求200m左右进行一次短起下作业，50m测斜一趟，做好防斜打直，确保直井段井身质量满足设计要求。起下钻注意控制速度，平稳操作，要注意防止卡阻、防止产生压力激动，出现异常情况，必要时接方钻杆循环处理，避免井下复杂情况的发生。及时进行短起下并大排量定期清洗井眼，消除岩屑床的形成。

检查方式：检查施工记录短起下钻是否符合设计要求。

检查比例：全部检查。

（6）监理日志、旁站记录、现场检查表及不符合项整改单记录应及时，内容应完整、真实、准确。

检查方式：抽查监理日志、旁站记录、现场检查表及不符合项整改单记录。

检查比例：每个施工现场监理日志、旁站记录、现场检查表及不符合项整改单记录至少各抽查3份。

二十二、二开测井

（1）特种设备操作手、检测人员、施工人员应是经报验合格的准入人员。

检查方式：抽查人员工作证与经监理批准的人员报审表的符合性。

检查比例：每个机组至少全部检查一次，人员发生变化时应再次检查。

（2）现场施工设备、测量仪器（声呐检测等）应是经报验合格的准入设备。

检查方式：抽查机具设备型号及检测记录与经监理批准的设备报审表的符合性。

检查比例：每个机组准入机具总数的10%，准入机具不足10台至少抽查1台。

（3）测井施工的施工方案应经监理/业主审查批准。

检查方式：检查施工方案报审表。

检查比例：全部检查。

（4）所有岗位人员劳保防护用品配备齐全、完好（工衣、工鞋、安全帽、耳塞、护目镜、防护面罩）。

检查方式：抽查现场施工人员劳保着装是否符合作业要求。

检查比例：抽查现场施工人员总数的10%，不足10人时抽查1人。

（5）通向井场的道路良好，安全警示标识齐全，设立风向标、紧急集合点，并有安全的逃生路线，井场空间应满足随钻测井作业设备摆放。

检查方式：检查井场是否符合作业要求。

检查比例：全部检查。

（6）随钻测井施工前，应组织召开随钻测井、钻井、钻井液、录井等相关负责人参加的协调会，明确各方职责以及相互配合中的注意事项。对于复杂井、事故井，随钻测井队应向钻井队询问复杂井段的详细情况，并与钻井队及相关人员共同制订处理紧急情况的应急预案。

检查方式：检查现场会议记录。

检查比例：全部检查。

（7）随钻测井作业人员应经过测井技术培训、健康、安全和环保知识培训，并取得以下上岗资质，随钻测井作业人员均应通过培训取得健康、安全和环保培训证书和井控证书，放射性作业人员应通过培训取得辐射工作岗位证书，硫化氢井作业人员应通过培训取得硫化氢安全培训证书。工作期间应正确穿戴劳动防护用品正确使用健康、安全和环保设施。严禁在禁烟区内吸烟严禁擅自操作钻井队的设备。

检查方式：检查随钻测井人员资质是否符合要求。

检查比例：全部检查。

（8）随钻仪器操作间宜靠近录井仪器操作间，并且距离井口25~35m，距离钻井液池和放喷管线不少于10m。仪器操作间应符合正压防爆要求，并安装烟雾报警器、有害气体探测器等防护设备。

检查方式：检查现场仪器操作间是否符合作业要求。

检查比例：全部检查。

（9）控制起下钻速度，起下钻速度均匀，钻台应有随钻测井人员协调。保证每米不少于五个采样点，具体控制速度由下入随钻测井仪器的采集最慢速率来确定。参考仪器指标。实时监测深度传感器和相关传感器，应深度跟踪准确，深度/时间对应准确。测井深度应每单根与钻杆长度进行一次校准，单根深度误差应控制在±0.1m。测量静态测斜数据时，钻具应提离井底不少于1m，且静止时间不应少于1min。每6h对地面采集数据进行备份。

检查方式：检查现场施工是否按要求对数据进行备份。

检查比例：全部检查。

（10）传感器电缆应采用钢丝绳引导架空固定，钢丝绳直径应不小于4mm，架空高度不低于2.5m。传感器的量程和精度应满足随钻测井作业要求。随钻测井工程师应对传感器、线缆等进行巡回检查。正常作业过程中，每岗至少巡检两次。

检查方式：抽查现场巡检记录。

检查比例：抽查现场巡检记录总数的10%，不足10份时抽查1份。

（11）随钻测井实时数据传输速度应满足工程和地质上的要求。实时测井数据的采样间隔应保证传输上来的数据每米不少于三个点（建议钻进速度不超过60m/h）。

检查方式：抽查现场采样间数据记录。

检查比例：抽查现场采样间记录总数的10%，不足10份时抽查1份。

（12）监理日志、旁站记录、现场检查表及不符合项整改单记录应及时，内容应完整、真实、准确。

检查方式：抽查监理日志、旁站记录、现场检查表及不符合项整改单记录。

检查比例：每个施工现场监理日志、旁站记录、现场检查表及不符合项整改单记录至少各抽查3份。

二十三、下钻通井

（1）特种设备（通井机等）操作手、施工人员应是经报验合格的准入人员。

检查方式：抽查人员工作证与经监理批准的人员报审表的符合性。

检查比例：每个机组至少全部检查一次，人员发生变化时应再次检查。

（2）现场施工设备（通井机等）应是经报验合格的准入设备。

检查方式：抽查机具设备型号及检测记录与经监理批准的设备报审表的符合性。

检查比例：每个机组准入机具总数的 10%，准入机具不足 10 台至少抽查 1 台。

（3）下钻通井施工的施工方案应经监理/业主审查批准。

检查方式：检查施工方案报审表。

检查比例：全部检查。

（4）所有岗位人员劳保防护用品配备齐全、完好（工衣、工鞋、安全帽、耳塞、护目镜、防护面罩）。

检查方式：抽查现场施工人员劳保着装是否符合作业要求。

检查比例：抽查现场施工人员总数的 10%，不足 10 人时抽查 1 人。

（5）下通井管柱时，管柱连接螺纹应按标准扭矩上紧、上平，防止管柱出现脱扣，造成落井事故。通井时，要随时检查井架、绷绳、地锚等地面设备变化情况。若发生问题，应停止通井并及时处理。

检查方式：检查现场施工记录。

检查比例：全部检查。

（6）将通径规连接在下井第一根油管（或钻杆）底部并上紧，下井 7~10 根油管（或钻杆）在井口安装自封封井器（自封封井器具有防止井口落物和清理油管外壁上附着的油水及泥砂）。下放管柱，通井时应平稳操作，管柱下放速度控制为小于或等于 20m/min，下至距离设计位置、射孔井段或人工井底以上 100m 时，应减慢下放速度，控制为小于或等于 10m/min。当通至人工井底应加压 10~20kN，重复两次。

检查方式：检查施工记录、现场检查管柱下放速度。

检查比例：全部检查。

（7）通井遇阻时，不得猛顿，应起出通径规进行检查，找出原因，待采取措施后，再进行通井。

检查方式：检查施工记录、现场检查通井作业是否符合设计要求。

检查比例：全部检查。

（8）上提管柱起出通径规，起到最后 5~7 根油管或钻杆时，应拆卸掉井口自封封井器并控制上提速度小于或等于 5m/min。起出通径规后清洗干净，仔细检查通径规表面有无划痕或损坏，并详细描述。

检查方式：检查施工记录及通径规检查记录。

检查比例：全部检查。

（9）监理日志、旁站记录、现场检查表及不符合项整改单记录应及时，内容应完整、真实、准确。

检查方式：抽查监理日志、旁站记录、现场检查表及不符合项整改单记录。

检查比例：每个施工现场监理日志、旁站记录、现场检查表及不符合项整改单记录至少各抽查 3 份。

二十四、下生产套管

（1）特种设备（钻井机等）操作手、施工人员应是经报验合格的准入人员。

检查方式：抽查人员工作证与经监理批准的人员报审表的符合性。

检查比例：每个机组至少全部检查一次，人员发生变化时应再次检查。

（2）现场施工设备（钻井机等）应是经报验合格的准入设备。

检查方式：抽查机具设备型号及检测记录与经监理批准的设备报审表的符合性。

检查比例：每个机组准入机具总数的10%，准入机具不足10台至少抽查1台。

（3）下生产套管施工的施工方案应经监理/业主审查批准。

检查方式：检查施工方案报审表。

检查比例：全部检查。

（4）所有岗位人员劳保防护用品配备齐全、完好（工衣、工鞋、安全帽、耳塞、护目镜、防护面罩）。

检查方式：抽查现场施工人员劳保着装是否符合作业要求。

检查比例：抽查现场施工人员总数的10%，不足10人时抽查1人。

（5）套管准备。

① 送井套管应符合钻井设计及套管柱设计要求，长度附加量不少于3%，并附有套管质量检验合格证。

② 套管运输过程和现场检验，按SY/T 5396—2012《石油套管现场检验、运输与贮存》的规定执行。

③ 井场套管应整齐平放在管架上，码放高度不宜超过三层。

④ 入井套管应使用标准通径规逐根通径，检查外观螺纹伤痕，清洗螺纹，丈量长度，地质、工程人员应分别校核，确定入井套管的直径、钢级、壁厚、螺纹类型及长度无误，并及时剔除受损套管。

⑤ 应按套管柱设计排列下井顺序并编号，编写下井套管记录，备用套管和不合格套管做出明显标记，与下井套管分开排放。

⑥ 进行套管柱强度校核时，对于定向井、水平井、大位移井，还应计算套管柱弯曲应力和摩阻，考虑套管柱附加轴向载荷的影响。

检查方式：检查材料入场报验资料及管材质量检验合格证。

检查比例：全部检查。

（6）套管附件及固井工具（表2-3-9）准备。

表2-3-9　生产套管附件规范及用量

生产套管附件		规格	数量	备注
生产套管	浮鞋	φ244.5mm（可钻）	1套	乙方提供
	浮箍	φ244.5mm（可钻）	1套	乙方提供
	胶塞	φ244.5mm（可钻）	1只	乙方提供
	扶正器	φ244.5mm	弹性35只 刚性5只（定向注采井）	乙方提供
	变扣短节或短套管	φ244.5mm外螺纹 变LC内螺纹	1根（连接联顶节用）	甲方提供套管，乙方负责加工
	联顶节	φ244.5mmLC扣	1根	乙方提供

① 根据钻井设计及井下情况制订合理的管串结构，附件包括浮箍、浮鞋和扶正器等。

② 送井套管附件应符合设计要求，并有质量检查清单；与套管柱相连接的螺纹应进行合扣检查。下井套管附件应记录其主要尺寸和钢级，绘制草图，并将其长度和下井次序编入套管记录。套管附件强度应不小于套管强度要求。

③ 井斜大于 45°的井段，宜安装弹簧式浮箍（浮鞋）。

④ 对于大斜度井，技术套管内斜井段或地层坚硬和井眼规则的裸眼井段宜安放刚性扶正器。

⑤ 对于大位移井设计套管柱下部结构时，根据计算套管下入的摩阻和套管浮重决定是否采用漂浮接箍。

⑥ 尾管固井和分级注水泥固井的套管串结构应使用双浮箍。

检查方式：检查材料入场报验资料。

检查比例：全部检查。

（7）下套管工具准备。

① 下套管工具应配备齐全，易损部件应有备用件。

② 送井工具应有质量检验合格证。

③ 钻井工程人员对所有工具进行规格、尺寸，承载能力、工作表面磨损程度，液压套管钳扭矩表的准确性及套管钳使用灵活、安全可靠性的质量检查。

检查方式：检查送井工具是否符合设计要求。

检查比例：全部检查。

（8）对地面设备及材料进行检查，对不合格项及时进行整改，重点检查但不限于下列部位：

① 井架及底座。

② 刹车系统。

③ 提升系统：绞车、天车、游动滑车、大钩吊环、大绳及固定绳卡等。

④ 动力系统：柴油机、钻井泵、空气压缩机、发电机及传动系统等。

⑤ 钻井参数仪表：指重表、泵冲数表、泵压表及扭矩表等。

⑥ 循环系统：振动筛、循环罐及储备罐等。

⑦ 井控系统：防喷器、内防喷工具等。

⑧ 吊卡、套管卡瓦、安全卡瓦、转盘和套管钳等。

检查方式：检查设备及材料是否符合作业要求。

检查比例：全部检查。

（9）下入井内全部套管和附件的螺纹表面，应清洗干净并擦干，下部 3~5 根套管涂抹套管螺纹锁紧密封脂，其余套管在螺纹表面均匀涂抹套管螺纹密封脂。对扣时套管应扶正，开始旋合转动应慢，如发现错扣应卸开检查处理。

检查方式：抽查现场是否按要求对套管进行处理。

检查比例：抽查下入套管总数的 10%，不足 10 份至少检查 1 份。

（10）套管柱上提下放应平稳，控制套管柱下放速度，主要以环空返速、地层承压等参数来确定。装有非自灌浮箍（浮鞋），应按下套管技术措施和固井设计要求及时灌钻井液。对于下漂浮接箍的井，中途不能循环钻井液，若井下异常需循环时，按漂浮接箍操作规程执行。

检查方式：检查施工记录、现场检查套管下放是否符合设计要求。

检查比例：全部检查。

（11）下套管过程中，应缩短静止时间，如套管静止时间超过 3min，应活动套管，套管活动距离应不小于套管柱伸缩量的两倍。上下活动时，上提负荷不能超过套管抗拉强度的

70%。下套管时应专人观察和记录井口钻井液返出情况，记录灌钻井液后悬重变化情况，如发现异常情况，应采取相应措施。

检查方式：检查施工记录、现场检查下套管静止时间是否符合要求。

检查比例：全部检查。

（12）套管下完的深度达到设计要求，复查套管下井与未下井根数与送井套管总数是否相符。下完套管灌满钻井液后方可开泵，观察泵压变化，排量由小到大，确认泵压无异常变化和井下无漏失后，将排量逐渐提高到固井设计要求。

检查方式：检查现场下套管深度是否达到设计要求。

检查比例：全部检查。

（13）监理日志、旁站记录、现场检查表及不符合项整改单记录应及时，内容应完整、真实、准确。

检查方式：抽查监理日志、旁站记录、现场检查表及不符合项整改单记录。

检查比例：每个施工现场监理日志、旁站记录、现场检查表及不符合项整改单记录至少各抽查 3 份。

二十五、生产套管固井

（1）特种设备（钻井机等）操作手、施工人员应是经报验合格的准入人员。

检查方式：抽查人员工作证与经监理批准的人员报审表的符合性。

检查比例：每个机组至少全部检查一次，人员发生变化时应再次检查。

（2）现场施工设备（钻井机等）应是经报验合格的准入设备。

检查方式：抽查机具设备型号及检测记录与经监理批准的设备报审表的符合性。

检查比例：每个机组准入机具总数的 10%，准入机具不足 10 台至少抽查 1 台。

（3）生产套管固井施工的施工方案应经监理/业主审查批准。

检查方式：检查施工方案报审表。

检查比例：全部检查。

（4）所有岗位人员劳保防护用品配备齐全、完好（工衣、工鞋、安全帽、耳塞、护目镜、防护面罩）。

检查方式：抽查现场施工人员劳保着装是否符合作业要求。

检查比例：抽查现场施工人员总数的 10%，不足 10 人时抽查 1 人。

（5）固井作业前，召开固井协调会，参加人员包括钻井、固井、地质、钻井液、工具等监督和技术人员，主要内容包括：

① 了解地质、工程、油气水及特殊地层情况。

② 提出固井要求，商讨固井方案。

③ 进行组织分工，明确各方职责，协调解决问题。

④ 检查钻井设备、固井设备、工具、送井套管及附件等准备情况，并对存在的问题提出整改意见。

⑤ 检查井眼准备情况，并对存在的问题提出整改意见和措施。

⑥ 检查水泥浆分析化验和材料准备情况。

⑦ 安排固井日程及准备工作。

检查方式：检查现场会议记录、材料入场报验表、固井设备入场报验表。

检查比例：全部检查。

（6）水泥及外加剂检验。

① 固井用水泥必须满足 GB/T 10238—2015《油井水泥》的要求。

② 室内严格筛选合适性能的抗盐水泥浆配方，水泥浆性能特别是抗盐性能、稳定性、抗压强度发展、稠化时间等必须满足建设方设计的要求。

③ 固井前施工方必须对所用的水泥、外加剂抽样检查，不合格的产品不能用于固井。

④ 施工方筛选的水泥浆配方、水泥、外加剂、外掺料要经建设方认可的检测部门复核合格后方可用于固井施工。

⑤ 固井施工前必须取现场水、水泥、外加剂按实际井下条件做现场复核试验，无实验报告不准施工。

检查方式：检查入场材料报验表。

检查比例：全部检查。

（7）生产套管段水泥石性能应满足表 2-3-10 的要求。若水泥浆 7d 养护后水泥石抗压强度高于表 2-3-10 时，则对应弹性模量可提高 0.12GPa/MPa（即 7d 抗压强度每增加 1MPa，表 2-3-10 中对应弹性模量数值增加 0.12GPa）。

表 2-3-10　水泥石性能要求

密度 g/cm^3	48h 抗压强度 MPa	7d 抗压强度 MPa	7d 抗拉强度 MPa	7d 弹性模量 GPa	气体渗透率 10^{-3} μm	线性膨胀率 %/7d
1.90	≥16.0	≥28.0	≥1.9	≤6.0	≤0.05	0~0.2
1.80	≥15.0	≥26.0	≥1.8	≤5.5	≤0.05	0~0.2
1.70	≥14.0	≥24.0	≥1.7	≤5.0	≤0.05	0~0.2
1.60	≥12.0	≥22.0	≥1.5	≤4.5	≤0.05	0~0.2
1.50	≥10.0	≥206.0	≥1.4	≤4.0	≤0.05	0~0.2
1.40	≥8.0	≥18.0	≥1.2	≤3.5	≤0.05	0~0.2
1.30	≥7.0	≥16.0	≥1.1	≤3.0	≤0.05	0~0.2

检查方式：检查水泥浆试验报告。

检查比例：全部检查。

（8）固井施工要求。

① 固井前钻井液性能符合设计要求，裸眼段无阻卡和漏失。

② 固井前充分循环钻井液，根据井下情况充分调整钻井液性能，降低黏度和切力。

③ 注水泥过程中保持水泥浆密度均匀和排量稳定，密度差±0.02g/cm^3。

④ 先用单泵低排量顶替，待平稳后再加大排量，排量控制在 1.5~1.8m^3/min，最后 6~8m^3 改用水泥车顶替，排量控制在 0.4~0.6m^3/min，并缓慢碰压。

⑤ 若固井中发生井漏，振动筛不返钻井液，必须马上降低顶替排量至 0.5~0.6m^3/min，直至施工结束；如果地层承压能力低，替浆时钻井泵需拆掉一个阀门，采用低排量替浆，确保替浆时不发生漏失。

⑥ 固井施工时需配备能监测注入井内流体的密度、排量、压力的装置。

检查方式：检查施工记录及钻井液检测报告。

检查比例：全部检查。

(9) 固井施工作业要求。

① 注水泥作业应指定有经验的工程师任施工指挥,保证连续施工,各配合方应及时将注水泥施工参数汇总到固井指挥,现场若出现复杂情况,经多方协商后,由固井指挥统一安排。

② 注水泥前对注水泥管线试压值应大于预计最高施工压力的 1.2 倍。

③ 注水泥过程中应连续监控施工情况(包括排量、压力、水泥浆密度及井口返浆等),并做好记录。

④ 替顶替液时,应准确记录顶替量,并安排专人观察井口返出情况。

⑤ 替顶替液后期,应降低顶替排量,密切注意泵入量、泵压变化及井口返浆情况。

⑥ 应采用小排量碰压,碰压附加值应符合设计要求。

⑦ 正常情况下,应开井敞压候凝。若浮鞋、浮箍失灵,应关井憋压候凝,管内压力应符合设计要求,并派专人按要求放压。

⑧ 替浆结束后,如需对环空水泥浆进行加压,应根据水泥浆失重、气层压力、破漏压力和环空液柱压力计算加压值,加压时间按设计执行。

检查方式:检查施工记录及压力记录表。

检查比例:全部检查。

(10) 生产套管固井综合防漏的技术措施。

① 根据邻井固井施工的情况及二开的试漏情况,确定上部井段的水泥浆密度。

② 固井前进行大排量洗井,验证上部地层的承压能力,根据电测井径确定合理的洗井排量。

③ 充分循环钻井液,根据井下情况调整钻井液性能,降低黏度与切力,增加流动性。

④ 采用三段制水泥浆。

⑤ 控制注水泥排量,采用水泥车缓慢碰压。

检查方式:检查施工现场防漏措施是否准备到位。

检查比例:全部检查。

(11) 按设计要求下入生产套管固井管串。

检查方式:检查生产套管固井管串是否符合设计要求。

检查比例:全部检查。

(12) 安放扶正器要求:浮鞋以上 50m 井段每根套管加 1 只弹性扶正器,600~950m 井段每 2 根套管加 1 只弹性扶正器,0~600m 井段每 3~4 根套管加 1 只弹性扶正器,扶正器加在套管接箍上。定向注采井扶正器数量根据轨迹情况适当增加。具体扶正器的加入数量及加入位置按电测井径确定。在井径较大且不规则的井段考虑加入旋流扶正器。

检查方式:检查施工记录及安放扶正器记录表。

检查比例:全部检查。

(13) 固井候凝时间不少于 48h。低密度水泥浆体系固井候凝时间不小于 72h,候凝期间不应进行任何井下作业。

(14) 监理日志、旁站记录、现场检查表及不符合项整改单记录应及时,内容应完整、真实、准确。

检查方式:抽查监理日志、旁站记录、现场检查表及不符合项整改单记录。

检查比例:每个施工现场监理日志、旁站记录、现场检查表及不符合项整改单记录至少各抽查 3 份。

二十六、安装井口

（1）特种设备（钻井机等）操作手、施工人员应是经报验合格的准入人员。

检查方式：抽查人员工作证与经监理批准的人员报审表的符合性。

检查比例：每个机组至少全部检查一次，人员发生变化时应再次检查。

（2）现场施工设备（钻井机等）应是经报验合格的准入设备。

检查方式：抽查机具设备型号及检测记录与经监理批准的设备报审表的符合性。

检查比例：每个机组准入机具总数的 10%，准入机具不足 10 台至少抽查 1 台。

（3）安装井口施工的施工方案应经监理/业主审查批准。

检查方式：检查施工方案报审表。

检查比例：全部检查。

（4）所有岗位人员劳保防护用品配备齐全、完好（工衣、工鞋、安全帽、耳塞、护目镜、防护面罩）。

检查方式：抽查现场施工人员劳保着装是否符合作业要求。

检查比例：抽查现场施工人员总数的 10%，不足 10 人时抽查 1 人。

（5）固完井后安装井口时间按固井设计要求执行（座在套管头上进行固井且未憋压候凝的井，在固完井可卸联顶节安装井口），井口装置（图 2-3-3）安装规范。

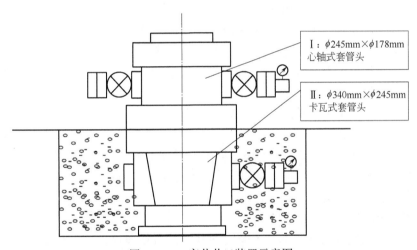

I：$\phi245mm×\phi178mm$ 心轴式套管头

II：$\phi340mm×\phi245mm$ 卡瓦式套管头

图 2-3-3　完井井口装置示意图

检查方式：检查安装井口时间及安装质量是否符合设计要求。

检查比例：全部检查。

（6）候凝期间用钻具，要有防止碰井口的防范措施。

检查方式：现场检查候凝期间井口防范措施。

检查比例：全部检查。

（7）确保各级套管环空密封，最后焊上井号、队号。

检查方式：现场检查套管环空是否密封，井号、队号是否完整。

检查比例：全部检查。

（8）监理日志、旁站记录、现场检查表及不符合项整改单记录应及时，内容应完整、真实、准确。

检查方式：抽查监理日志、旁站记录、现场检查表及不符合项整改单记录。

检查比例：每个施工现场监理日志、旁站记录、现场检查表及不符合项整改单记录至少各抽查 3 份。

二十七、测固井质量

（1）现场施工人员应是经报验合格的准入人员。

检查方式：抽查人员工作证与经监理批准的人员报审表的符合性。

检查比例：每个机组至少全部检查一次，人员发生变化时应再次检查。

（2）现场施工设备应是经报验合格的准入设备。

检查方式：抽查机具设备型号及检测记录与经监理批准的设备报审表的符合性。

检查比例：每个机组准入机具总数的 10%，准入机具不足 10 台至少抽查 1 台。

（3）测固井质量的施工方案应经监理/业主审查批准。

检查方式：检查施工方案报审表。

检查比例：全部检查。

（4）所有岗位人员劳保防护用品配备齐全、完好（工衣、工鞋、安全帽、耳塞、护目镜、防护面罩）。

检查方式：抽查现场施工人员劳保着装是否符合作业要求。

检查比例：抽查现场施工人员总数的 10%，不足 10 人时抽查 1 人。

（5）水泥环胶结质量检测应选择声幅/变密度测井，生产套管及盖层段宜增加成像测井，对盐岩等特殊地层固井质量检测可增加伽马密度测井。固井质量测井前不应替换钻井液，也不应进行井筒试压。

检查方式：检查施工记录及测量记录表。

检查比例：全部检查。

（6）测井资料按照 SY/T 6592—2016《固井质量评价方法》的要求进行处理，处理结果包括第一界面胶结程度、第二界面胶结程度和水泥充填率等内容。

检查方式：检查测井资料。

检查比例：全部检查。

（7）生产套管及封固盖层段的技术套管固井胶结合格段比例应不小于 70%；自储层顶以上盖层连续优质段不小于 25m，或累计优质段应不小于 50m。

检查方式：检查水泥环胶结质量是否符合要求。

检查比例：全部检查。

（8）监理日志、旁站记录、现场检查表及不符合项整改单记录应及时，内容应完整、真实、准确。

检查方式：抽查监理日志、旁站记录、现场检查表及不符合项整改单记录。

检查比例：每个施工现场监理日志、旁站记录、现场检查表及不符合项整改单记录至少各抽查 3 份。

二十八、生产套管试压

（1）现场检测人员、施工人员应是经报验合格的准入人员。

检查方式：抽查人员工作证与经监理批准的人员报审表的符合性。

检查比例：每个机组至少全部检查一次，人员发生变化时应再次检查。

（2）现场检测设备应是经报验合格的准入设备。

检查方式：抽查机具设备型号及检测记录与经监理批准的设备报审表的符合性。

检查比例：每个机组准入机具总数的10%，准入机具不足10台至少抽查1台。

（3）生产套管试压施工的施工方案应经监理/业主审查批准。

检查方式：检查施工方案报审表。

检查比例：全部检查。

（4）所有岗位人员劳保防护用品配备齐全、完好（工衣、工鞋、安全帽、耳塞、护目镜、防护面罩）。

检查方式：抽查现场施工人员劳保着装是否符合作业要求。

检查比例：抽查现场施工人员总数的10%，不足10人时抽查1人。

（5）生产套管管柱试压值应不低于储气库注采井最大运行压力1.1倍，井口压力值不应超过井口设备的额定压力，套管柱任意一点压力值不应超出套管抗内压强度的80%，必要时可采用分段试压的方式；30min压降不大于0.5MPa为合格。

检查方式：检查试压记录表。

检查比例：全部检查。

（6）生产套管柱试压由钻井队工程技术人员组织试压，填写好试压记录表，并在试压记录上签字，纳入井史；生产套管柱试压由钻井队工程技术人员组织试压，甲方监督或甲方委托代表现场监督，试压结束后填写好试压记录表，双方代表签字。

检查方式：检查试压记录表上签字是否齐全。

检查比例：全部检查。

（7）监理日志、旁站记录、现场检查表及不符合项整改单记录应及时，内容应完整、真实、准确。

检查方式：抽查监理日志、旁站记录、现场检查表及不符合项整改单记录。

检查比例：每个施工现场监理日志、旁站记录、现场检查表及不符合项整改单记录至少各抽查3份。

二十九、井筒气密性检测

（1）现场检测人员、施工人员应是经报验合格的准入人员。

检查方式：抽查人员工作证与经监理批准的人员报审表的符合性。

检查比例：每个机组至少全部检查一次，人员发生变化时应再次检查。

（2）现场检测设备应是经报验合格的准入设备。

检查方式：抽查机具设备型号及检测记录与经监理批准的设备报审表的符合性。

检查比例：每个机组准入机具总数的10%，准入机具不足10台至少抽查1台。

（3）井筒气密性检测的施工方案应经监理/业主审查批准。

检查方式：检查施工方案报审表。

检查比例：全部检查。

（4）所有岗位人员劳保防护用品配备齐全、完好（工衣、工鞋、安全帽、耳塞、护目镜、防护面罩）。

检查方式：抽查现场施工人员劳保着装是否符合作业要求。

检查比例：抽查现场施工人员总数的10%，不足10人时抽查1人。

（5）井筒气密封检测时检测管柱下端应安装堵头，下深宜超过生产套管鞋深度30m，检测过程中，地面井口装置、管汇应确保密封；每间隔1h记录1次井口压力表读数并测量气水界面位置，持续检测的有效时间应大于或等于24h，检测过程中生产套管鞋处的检测压力应始终不大于气库运行上限压力的1.1倍。

检查方式：检查施工记录、现场施工照片、井口压力及气水界面位置记录表。

检查比例：全部检查。

（6）井筒密封性的评价标准主要有以下两条：

① 泄漏率随时间的变化趋势是逐渐减小的，并最终达到一个稳定的水平。

② 测试时间内气水界面深度变化小于1m。

如果检测结果能够同时满足上述两条标准，则认为井筒密封性是合格的。

检查方式：检查施工记录、井筒气密性试压评价报告。

检查比例：全部检查。

（7）监理日志、旁站记录、现场检查表及不符合项整改单记录应及时，内容应完整、真实、准确。

检查方式：抽查监理日志、旁站记录、现场检查表及不符合项整改单记录。

检查比例：每个施工现场监理日志、旁站记录、现场检查表及不符合项整改单记录至少各抽查3份。

三十、拆设备、放井架

（1）特种设备（起重机等）操作手、指挥员、施工人员应是经报验合格的准入人员。

检查方式：抽查人员工作证与经监理批准的人员报审表的符合性。

检查比例：每个机组至少全部检查一次，人员发生变化时应再次检查。

（2）现场施工设备（起重机等）应是经报验合格的准入设备。

检查方式：抽查机具设备型号及检测记录与经监理批准的设备报审表的符合性。

检查比例：每个机组准入机具总数的10%，准入机具不足10台至少抽查1台。

（3）所有岗位人员劳保防护用品配备齐全、完好（工衣、工鞋、安全帽、耳塞、护目镜、防护面罩）。

检查方式：抽查现场施工人员劳保着装是否符合作业要求。

检查比例：抽查现场施工人员总数的10%，不足10人时抽查1人。

（4）高处作业的正下方及其附近不应有人作业、停留和通过。采用专用起重机吊装、拆卸设备时的指挥信号应符合GB/T 5082—2019《起重机 手势信号》中第2，3，4，5章的规定。不应采用（液、气）动绞车和起重机等起重设备吊人上下。起重设备不应超载荷工作。抽穿钢丝绳、绞车上下钻台等作业应有专人指挥，明确指挥信号和口令。起重吊装设备时不应用手直接推拉，应用游绳牵引。吊装、搬运盛放液体的容器时，应将容器内液体放净，并清除残余物。

检查方式：现场检查拆卸设备是否符合操作规程。

检查比例：全部检查。

（5）绞车滚筒用钢丝绳应符合 SY/T 5170—2013《石油天然气工业用钢丝绳》中第 4.1.4、4.3.4、4.3.5 条的规定，且应无打扭、接头、电弧烧伤、退火、挤压扁等缺陷。每捻距断丝不超过 12 丝。所有受力钢丝绳应用与绳径相符的绳卡卡固，方向一致，数量达到要求，绳卡的鞍座在主绳段上。

检查方式：检查现场使用的钢丝绳是否符合要求。

检查比例：全部检查。

（6）遇有六级以上（含六级）大风、雷电或暴雨、雾、雪、沙暴等能见度小于 30m 时，应停止设备吊装拆卸及高处作业。冬季气温低于 0℃的地区，油、气、水、放喷管线及节流、压井、钻井液管汇，钻井泵安全阀应采取包扎、下沟覆土或锅炉供暖等保温措施。

检查方式：检查井场条件是否符合作业要求。

检查比例：全部检查。

（7）不应在井架任何部位放置工具及零配件。井架上的各承载滑车应为开口链环型或为有防脱措施的开口吊钩型。各处钢斜梯宜与水平面成 40°~50°角，固定可靠；踏板呈水平位置；两侧扶手齐全牢固。搬迁车辆进入井场后，吊车不应在架空电力线路下面工作，吊车停放位置（包括起重吊杆、钢丝绳和重物）与架空线路的距离应符合 DL 409—1991《电工安全工作规程（电力线路部分）》中的有关规定。各种车辆穿越裸露在地面上的油、气、水管线及电缆时，应采取保护措施，防止损坏管线及电缆。

检查方式：检查施工记录及现场照片。

检查比例：全部检查。

（8）在井场内施工作业时，应详细了解井场内地下管线及电缆分布情况，防止损坏油、气、水管线及电缆。井场值班房、发电房、油罐区距井口不少于 30m，发电房与油罐区相距不少于 20m。锅炉房距井口不少于 50m。

检查方式：检查井场是否符合作业要求。

检查比例：全部检查。

（9）绞车下钻台前应将相连的链条、护罩、管线、绳索及绞车固定件拆除。绞车落到地面后，用拖拉机拉游车，拉绳应拴牢。游车下放到地面后用绳索将游车固定于井架底座上。拆卸前应先切断电源，拆下全部油、气、水管路，分类存放。

检查方式：检查施工记录及现场照片。

检查比例：全部检查。

（10）吊装不带底座的柴油机单机时，要通过机体前后端面上的起重吊挂，用起重吊杠和钢丝绳吊装，不应在其他部位吊装。搬运时柴油机与其支架要用螺栓紧固。吊装带底座的柴油机配套机组时，要通过底座前后起重吊环用钢丝绳吊装，不应通过机体上的部位吊装。起吊柴油机的钢丝绳长度要适宜，吊钩的位置要高出排气管总管上平面 1m 以上。吊装时钢绳不应与柴油机零件直接接触。搬运时应将与柴油机相连接的外排气管、万向轴等附加装置全部拆除，传动皮带应用棕绳绑扎牢固；并将柴油机上所有油、水、气进出口用塑料布或其他合适的材料密封。

检查方式：检查施工记录及现场照片。

检查比例：全部检查。

（11）钻井液罐吊装应使用直径不小于22mm的钢丝绳。钻井液罐的过道、支撑应绑扎牢固。钻井液罐上的振动筛、除砂器、除泥器、除气器、离心机、混合漏斗、配药罐及照明灯具等均应拆除。

检查方式：检查施工记录及现场照片。

检查比例：全部检查。

（12）监理日志、旁站记录、现场检查表及不符合项整改单记录应及时，内容应完整、真实、准确。

检查方式：抽查监理日志、旁站记录、现场检查表及不符合项整改单记录。

检查比例：每个施工现场监理日志、旁站记录、现场检查表及不符合项整改单记录至少各抽查3份。

三十一、钻机搬迁

（1）所有岗位人员劳保防护用品配备齐全、完好（工衣、工鞋、安全帽、耳塞、护目镜、防护面罩）。

检查方式：抽查现场施工人员劳保着装是否符合作业要求。

检查比例：抽查现场施工人员总数的10%，不足10人时抽查1人。

（2）对运输车辆及人员证件、车况进行入场前检查。

检查方式：现场检查运输车辆及人员。

检查比例：全部检查。

（3）装车后必须对货物进行固定。

检查方式：现场检查车上货物是否固定牢固。

检查比例：全部检查。

（4）按规定路线行驶，禁止超速。

检查方式：现场检查车辆行驶路线及速度。

检查比例：全部检查。

（5）监理日志、旁站记录、现场检查表及不符合项整改单记录应及时，内容应完整、真实、准确。

检查方式：甲方抽查监理日志、旁站记录、现场检查表及不符合项整改单记录。

检查比例：每个施工现场监理日志、旁站记录、现场检查表及不符合项整改单记录至少各抽查3份。

三十二、井场恢复、交井

（1）注采井于完井后7d内由作业承包方向有关各方发出待交通知，由项目发包方组织交接井双方到现场进行验收交接。遇到因天气，道路等特殊情况不能按期交接的，由作业承包方与项目发包方进行协商，择期交接。

检查方式：检查井场是否符合验收条件。

检查比例：全部检查。

（2）现场交接时发现的不符合本标准要求的，应由作业承包方整改，合格后再进行交接。无法整改的，由作业承包方与项目发包方或其委托代理方按承包合同的有关规定协商解决。凡未经正式交接的井，发包方或其委托代理方不得运用。未经交接上作业投产的井，一律按合格井补签交接手续。在交接验收规定期间。因不履行交接井规定内容或承包合同规定而发生纠纷时，由上级主管部门协商解决或到双方认可的仲裁机构进行仲裁。

检查方式：检查井场是否符合交接标准。

检查比例：全部检查。

（3）评定井身质量的项目应符合SY/T 5088—2017《钻井井身质量控制规范》的规定，井斜、井眼轨迹、全角变化率、井底位移、闭合方位、靶心距等符合钻井设计要求。

检查方式：检查井身质量是否符合交接标准。

检查比例：全部检查。

（4）评定固井质量的项目应符合SY/T 6592—2016《固井质量评价方法》的规定，固井施工质量、水泥返深、水泥环胶结质量等符合固井设计要求。

检查方式：检查固井质量是否符合交接标准。

检查比例：全部检查。

（5）评价取心质量的项目应符合SY/T 5593—2016《井筒取心质量规范》的规定，取心进尺、岩心直径、取芯收获率符合设计要求。

检查方式：检查取心质量是否符合交接标准。

检查比例：全部检查。

（6）井口质量验收项目要求如下：

① 井口质量包括但不限于套管头质量、采卤树质量、井口倾斜角。

② 套管头安装试压应按SY/T 6789—2010《套管头使用规范》的规定执行。

③ 采卤树试压按钻井设计执行。

④ 井口倾斜角按SY/T 5088—2017《钻井井身质量控制规范》的要求进行评价。

⑤ 井口装置应有生产许可证、产品合格证、使用说明书、试压合格证、试压记录以及出厂原配套配件。

⑥ 井口装置应无渗漏，附件齐全、功能完好、开关灵活。

⑦ 地面流程应按建设方要求配套安装，流程合理、完整可靠。

⑧ 生产层套管头上法兰顶面距地面不超过0.5m。

⑨ 未装采卤树的井口应加装井口保护装置，并注明建设方与井号标志。

检查方式：检查井口质量是否符合交接标准。

检查比例：全部检查。

（7）井场内建设方投资的原建筑物设施齐全、完整，井场应平整，符合钻井工程合同要求。方（圆）井井壁完整，底面平整、干净，方（圆）井涵洞畅通或按建设方要求封堵。井场内地面、井场外放喷池和燃烧池的固体与液体废弃物清理干净。井场外放喷管线固定坑恢复地貌。

检查方式：检查井场及周围环境是否符合交接标准。

检查比例：全部检查。

（8）由各作业承包方向项目发包方提供下列有关资料：

① 钻井工程井史和原始资料（包括钻井及完井工程总结、套管记录等）。

② 钻井地质总结和原始资料（包括各类录井、取心资料等）。

③ 测井资料（包括声，放、磁、成像资料等）。

④ 土地使用证书及污染赔偿文件钻井完井交接书。交接书采用 A4 幅面。

检查方式：检查承包商提交的资料是否符合交接标准。

检查比例：全部检查。

第四章 造腔工程施工质量管理

第一节 造腔工程施工工序

造腔工程的主要施工工序见第一部分第五章第二节。

第二节 造腔施工质量管控要点

一、造腔施工准备

（1）特种设备（修井机等）操作手、施工人员应是经报验合格的准入人员。

检查方式：抽查人员工作证与经监理批准的人员报审表的符合性。

检查比例：每个机组至少全部检查一次，人员发生变化时应再次检查。

（2）现场施工设备（修井机等）应是经报验合格的准入设备。

检查方式：抽查机具设备型号及检测记录与经监理批准的设备报审表的符合性。

检查比例：每个机组准入机具总数的 10%，准入机具不足 10 台至少抽查 1 台。

（3）所有岗位人员劳保防护用品配备齐全、完好（工衣、工鞋、安全帽、耳塞、护目镜、防护面罩）。

检查方式：抽查现场施工人员劳保着装是否符合作业要求。

检查比例：抽查现场施工人员总数的 10%，不足 10 人时抽查 1 人。

（4）施工设备及材料（表 2-4-1）准备完善。

表 2-4-1 施工设备、工具及材料统计表

序号	设备、材料名称	序号	设备、材料名称
1	修井机	12	油罐
2	套管钳	13	套管螺纹脂
3	油管钳	14	变扣
4	循环罐	15	通径规
5	储液罐	16	饱和盐水
6	吊卡	17	旋塞阀
7	水龙带	18	压力表
8	电潜泵	19	单流阀
9	活动弯头	20	螺杆钻
10	水泥车	21	三牙轮钻头
11	发电机	22	采卤树井口

续表

序号	设备、材料名称	序号	设备、材料名称
23	油管	27	油管短节
24	套管	28	油水界面仪
25	套管短节	29	喇叭口
26	柴油		

检查方式：检查施工设备及材料准备是否齐全且符合设计要求。

检查比例：全部检查。

（5）对道路、井场及周围环境进行全面勘查，具备搬家条件。

检查方式：检查进入井场道路及周围环境是否符合开工标准。

检查比例：全部检查。

（6）平井场，打基础，安排设备摆放地，生活区的规划等。

检查方式：检查井场设施是否符合开工标准。

检查比例：全部检查。

（7）人员进场，设备、材料等搬至井场。

检查方式：抽查现场人员、设备、材料入场报验资料是否符合开工标准。

检查比例：每个机组抽查总数的10%，不足10份至少抽查1份。

（8）修井机就位，安装调试，校正井架。

检查方式：检查修井机安装调试是否符合开工标准。

检查比例：全部检查。

（9）接地面循环系统，搭油管桥，安装设备，达到平、正、牢靠、不刺不漏。

检查方式：检查地面设备安装是否符合开工标准。

检查比例：全部检查。

（10）井场准备完成后，报监理单位验收。

检查方式：检查开工验收交接单是否符合要求。

检查比例：全部检查。

二、通井作业

（1）特种设备（通井机等）操作手、施工人员应是经报验合格的准入人员。

检查方式：抽查人员工作证与经监理批准的人员报审表的符合性。

检查比例：每个机组至少全部检查一次，人员发生变化时应再次检查。

（2）现场施工设备（通井机等）应是经报验合格的准入设备。

检查方式：抽查机具设备型号及检测记录与经监理批准的设备报审表的符合性。

检查比例：每个机组准入机具总数的10%，准入机具不足10台至少抽查1台。

（3）所有岗位人员劳保防护用品配备齐全、完好（工衣、工鞋、安全帽、耳塞、护目镜、防护面罩）。

检查方式：抽查现场施工人员劳保着装是否符合作业要求。

检查比例：抽查现场施工人员总数的10%，不足10人时抽查1人。

（4）通井作业施工的施工方案应经监理/业主审查批准。

检查方式：检查施工方案报审表。

检查比例：全部检查。

（5）通井时，要随时检查井架、绷绳、地锚等地面设备变化情况。若发生问题，应停止通井并及时处理。

检查方式：检查通井时设备情况是否符合作业要求。

检查比例：全部检查。

（6）下通井管柱时，管柱连接螺纹应按标准扭矩上紧、上平，防止管柱出现脱扣，造成落井事故。下入井内管柱应清洗干净，螺纹涂密封脂。通井遇阻时，不得猛顿，应起出通径规进行检查，找出原因，待采取措施后，再进行通井。管柱长度、深度应丈量、计算准确，记录清晰。

检查方式：检查施工记录及入井通井管柱记录表。

检查比例：全部检查。

（7）冲砂管柱可直接用探砂面管柱。管柱下端可直接笔尖或水动力涡轮钻具等冲砂工具，冲砂工具应根据井况、历次冲砂井中合理选择。冲砂要将进口出口隔离，砂多时应及时清砂。冲砂尾管提至高砂面3m以上，开泵循环正常后先慢下放管柱冲砂，冲砂时排量应达到设计要求。每次单根冲完必须充分循环，洗井时间不得少于15min，控制接单根时间在3min以内。符合设计要求直径的套管，可采取正反冲砂的方式，并配以大排量（排量大小视实际效果确定）。改反冲砂前正洗不少于30min，再将管柱上提6~8m，反循环正常后方可下放。绞车、井口、泵车各岗位密切配合，根据泵压，出口排量来控制下放速度。

检查方式：检查施工记录及冲砂记录表。

检查比例：全部检查。

（8）冲砂深度应达到设计要求，冲砂至设计深度后，应保持400L/min以上的排量继续循环，视出口返砂情况逐步提高排量，当出口含砂量少于0.2%为冲砂合格。然后上提管柱至原砂面或防砂管桂顶界10m以上，沉降4h后复探砂面，记录深度。

检查方式：检查施工记录及冲砂深度记录表。

检查比例：全部检查。

（9）监理日志、旁站记录、现场检查表及不符合项整改单记录应及时，内容应完整、真实、准确。

检查方式：甲方抽查监理日志、旁站记录、现场检查表及不符合项整改单记录。

检查比例：每个施工现场监理日志、旁站记录、现场检查表及不符合项整改单记录至少各抽查3份。

三、下造腔外管

（1）特种设备（修井机等）操作手、施工人员应是经报验合格的准入人员。

检查方式：抽查人员工作证与经监理批准的人员报审表的符合性。

检查比例：每个机组至少全部检查一次，人员发生变化时应再次检查。

（2）现场施工设备（修井机等）应是经报验合格的准入设备。

检查方式：抽查机具设备型号及检测记录与经监理批准的设备报审表的符合性。

检查比例：每个机组准入机具总数的10%，准入机具不足10台至少抽查1台。

（3）所有岗位人员劳保防护用品配备齐全、完好（工衣、工鞋、安全帽、耳塞、护目

镜、防护面罩）。

检查方式：抽查现场施工人员劳保着装是否符合作业要求。

检查比例：抽查现场施工人员总数的 10%，不足 10 人时抽查 1 人。

（4）下造腔外管施工的施工方案应经监理/业主审查批准。

检查方式：检查施工方案报审表。

检查比例：全部检查。

（5）下造腔外管套管接箍进入生产套管鞋以下，套管接箍上端面必须切削出≤45°倒角。

检查方式：检查现场套管及套管接箍是否符合要求。

检查比例：全部检查。

（6）下入造腔外管时要控制下放速度，进入裸眼段后应缓慢进行下放，如中途遇阻则起出套管，再次实施通井工序，建立通畅的裸眼井段后，再下造腔外管。

检查方式：检查施工记录及造腔外管入井记录。

检查比例：全部检查。

（7）严防落物，防止造成卡管柱事故，完成光缆入井时，井眼内要充满水，以便检测，电缆下井作业与下套管作业同时进行，下套过程中防止井内套管转动，保护光缆安全，安装井口光缆密封装置的阀门必须完全打开，防止剪切断光缆，在完成界面仪的安装工作后及时注油，检测油水界面仪的性能，下油水界面仪操作过程中，严格执行厂家的操作要求。

检查方式：检查现场施工记录及油水界面仪质量检验合格证。

检查比例：全部检查。

（8）按照设计要求安装油管四通，并进行注脂试验。

检查方式：检查施工记录及试压记录表。

检查比例：全部检查。

（9）监理日志、旁站记录、现场检查表及不符合项整改单记录应及时，内容应完整、真实、准确。

检查方式：甲方抽查监理日志、旁站记录、现场检查表及不符合项整改单记录。

检查比例：每个施工现场监理日志、旁站记录、现场检查表及不符合项整改单记录至少各抽查 3 份。

四、下造腔内管

（1）特种设备（修井机等）操作手、施工人员应是经报验合格的准入人员。

检查方式：抽查人员工作证与经监理批准的人员报审表的符合性。

检查比例：每个机组至少全部检查一次，人员发生变化时应再次检查。

（2）现场施工设备（修井机等）应是经报验合格的准入设备。

检查方式：抽查机具设备型号及检测记录与经监理批准的设备报审表的符合性。

检查比例：每个机组准入机具总数的 10%，准入机具不足 10 台至少抽查 1 台。

（3）所有岗位人员劳保防护用品配备齐全、完好（工衣、工鞋、安全帽、耳塞、护目镜、防护面罩）。

检查方式：抽查现场施工人员劳保着装是否符合作业要求。

检查比例：抽查现场施工人员总数的 10%，不足 10 人时抽查 1 人。

（4）下造腔内管施工的施工方案应经监理/业主审查批准。

检查方式：检查施工方案报审表。

检查比例：全部检查。

（5）下油管底带油管笔尖，完成笔尖深度达到设计要求，并坐挂，在喇叭口以上 10m 范围内安装 1 根定位短节，在造腔外管内下入造腔内管时要控制下放速度，进入裸眼段后应缓慢进行下放，如中途遇阻则采用上提下放活动管柱通过遇阻位置，遇阻加压小于等于设计值，若无效，则接好循环管线进行循环冲洗，循环的同时并上下活动钻具，直至能够顺利通过遇阻点，然后继续下至设计要求深度。

检查方式：检查施工记录及造腔内管下入深度记录表。

检查比例：全部检查。

（6）造腔内管接箍上端面要切削≤45°的倒角，防止上提管柱时挂造腔外管喇叭口。下入的造腔内管深度要记录准确，确保造腔效果。

检查方式：检查施工记录及下造腔内管深度记录表。

检查比例：全部检查。

（7）监理日志、旁站记录、现场检查表及不符合项整改单记录应及时，内容应完整、真实、准确。

检查方式：抽查监理日志、旁站记录、现场检查表及不符合项整改单记录。

检查比例：每个施工现场监理日志、旁站记录、现场检查表及不符合项整改单记录至少各抽查 3 份。

五、连接造腔循环管线

（1）特种设备（修井机等）操作手、施工人员应是经报验合格的准入人员。

检查方式：抽查人员工作证与经监理批准的人员报审表的符合性。

检查比例：每个机组至少全部检查一次，人员发生变化时应再次检查。

（2）现场施工设备（修井机等）应是经报验合格的准入设备。

检查方式：抽查机具设备型号及检测记录与经监理批准的设备报审表的符合性。

检查比例：每个机组准入机具总数的 10%，准入机具不足 10 台至少抽查 1 台。

（3）所有岗位人员劳保防护用品配备齐全、完好（工衣、工鞋、安全帽、耳塞、护目镜、防护面罩）。

检查方式：抽查现场施工人员劳保着装是否符合作业要求。

检查比例：抽查现场施工人员总数的 10%，不足 10 人时抽查 1 人。

（4）连接造腔循环管线施工的施工方案应经监理/业主审查批准。

检查方式：检查施工方案报审表。

检查比例：全部检查。

（5）装采卤树，按设计要求注脂试压，丈量油管四通高度，并计算油补距。

检查方式：检查钢圈槽清理是否干净及试压记录表。

检查比例：全部检查。

（6）将地面注油管线、注水管线以及排卤管线与造腔井口相应阀门连接。

检查方式：检查施工记录、现场检查管线连接是否符合设计要求。

检查比例：全部检查。

（7）安装各种测试仪表，完成造腔前期准备工作。

检查方式：检查仪表检验报告及合格证。

检查比例：全部检查。

（8）监理日志、旁站记录、现场检查表及不符合项整改单记录应及时，内容应完整、真实、准确。

检查方式：甲方抽查监理日志、旁站记录、现场检查表及不符合项整改单记录。

检查比例：每个施工现场监理日志、旁站记录、现场检查表及不符合项整改单记录至少各抽查 3 份。

六、注保护液

（1）现场施工人员应是经报验合格的准入人员。

检查方式：抽查人员工作证与经监理批准的人员报审表的符合性。

检查比例：每个机组至少全部检查一次，人员发生变化时应再次检查。

（2）现场施工设备应是经报验合格的准入设备。

检查方式：抽查机具设备型号及检测记录与经监理批准的设备报审表的符合性。

检查比例：每个机组准入机具总数的 10%，准入机具不足 10 台至少抽查 1 台。

（3）所有岗位人员劳保防护用品配备齐全、完好（工衣、工鞋、安全帽、耳塞、护目镜、防护面罩）。

检查方式：抽查现场施工人员劳保着装是否符合作业要求。

检查比例：抽查现场施工人员总数的 10%，不足 10 人时抽查 1 人。

（4）注保护液施工的施工方案应经监理/业主审查批准。

检查方式：检查施工方案报审表。

检查比例：全部检查。

（5）在生产套管与造腔外管四通一侧连接注保护液管线，注入前确认开关情况。

检查方式：检查各阀门开关情况。

检查比例：全部检查。

（6）在生产套管与造腔外管四通另一侧接旋塞阀，安装 6MPa 精密压力表。

检查方式：检查压力表检验记录。

检查比例：全部检查。

（7）向生产套管与套管环空注入保护液（0 号柴油）至设计深度，排量应符合设计要求，注油泵压≤5MPa，如泵压超过 5MPa，则停泵检查，查出问题解决后方可继续注保护液。

检查方式：检查注入保护液压力是否符合设计要求。

检查比例：全部检查。

（8）注油同时应记录注油量、保护液压力及油水界面深度。

检查方式：检查施工记录、保护液压力及油水界面深度记录表。

检查比例：全部检查。

（9）监理日志、旁站记录、现场检查表及不符合项整改单记录应及时，内容应完整、真实、准确。

检查方式：甲方抽查监理日志、旁站记录、现场检查表及不符合项整改单记录。

检查比例：每个施工现场监理日志、旁站记录、现场检查表及不符合项整改单记录至少各抽查 3 份。

七、造腔测井作业

（1）现场施工人员应是经报验合格的准入人员。

检查方式：抽查人员工作证与经监理批准的人员报审表的符合性。

检查比例：每个机组至少全部检查一次，人员发生变化时应再次检查。

（2）现场施工设备应是经报验合格的准入设备。

检查方式：抽查机具设备型号及检测记录与经监理批准的设备报审表的符合性。

检查比例：每个机组准入机具总数的 10%，准入机具不足 10 台至少抽查 1 台。

（3）所有岗位人员劳保防护用品配备齐全、完好（工衣、工鞋、安全帽、耳塞、护目镜、防护面罩）。

检查方式：抽查现场施工人员劳保着装是否符合作业要求。

检查比例：抽查现场施工人员总数的 10%，不足 10 人时抽查 1 人。

（4）造腔测井作业的施工方案应经监理/业主审查批准。

检查方式：检查施工方案报审表。

检查比例：全部检查。

（5）测井队按照规定时间到达井场，所有车辆和发电机排气管戴好阻火器。施工单位与相关单位负责人签署《井场施工作业验收交接书》，将井场移交测井施工队。

检查方式：检查《井场施工作业验收交接书》是否签署、现场检查车辆和发电机排气管是否戴好阻火器。

检查比例：全部检查。

（6）安装井口活接头，连接部位缠绕密封胶带，连接防喷设施。下井电缆头后 20m 电缆涂抹黄油，连接井下仪器前，通知无关人员撤离现场，防止电离辐射，测量仪器零长及仪器串全长，通电检查地面仪器、井下仪器。

检查方式：检查施工记录、仪器零长及全长测量记录表、现场检查井口及防喷设施连接是否到位。

检查比例：全部检查。

（7）打开井口防落器，平稳下放仪器至井底，平稳上提电缆，随时观察电缆张力变化，测量自然伽马和磁定位曲线，与综合原图的自然伽马曲线对比，校正准确深度。

检查方式：检查施工记录、伽马曲线对比记录表。

检查比例：全部检查。

（8）再次下放仪器至预计油水界面以下 10~25m，按照要求上提仪器测量油水界面，如需进行界面调整，则在调整作业完成 15min 以后再次测量油水界面深度。

检查方式：检查施工记录、油水界面测量记录表、油水界面深度记录表。

检查比例：全部检查。

（9）按照《测井绞车系统操作规程》平稳上提电缆，随时观察电缆张力变化，完成电缆上提。防喷系统泄压，确认井内无压后拆卸井口防喷管快速活接头，司索工指挥吊车平稳吊卸防喷系统至地面。

检查方式：检查施工记录以及井口压力记录表。

检查比例：全部检查。

（10）监理日志、旁站记录、现场检查表及不符合项整改单记录应及时，内容应完整、真实、准确。

检查方式：甲方抽查监理日志、旁站记录、现场检查表及不符合项整改单记录。

检查比例：每个施工现场监理日志、旁站记录、现场检查表及不符合项整改单记录至少各抽查3份。

八、注水造腔

（1）现场施工人员应是经报验合格的准入人员。

检查方式：抽查人员工作证与经监理批准的人员报审表的符合性。

检查比例：每个机组至少全部检查一次，人员发生变化时应再次检查。

（2）现场施工设备应是经报验合格的准入设备。

检查方式：抽查机具设备型号及检测记录与经监理批准的设备报审表的符合性。

检查比例：每个机组准入机具总数的10%，准入机具不足10台至少抽查1台。

（3）所有岗位人员劳保防护用品配备齐全、完好（工衣、工鞋、安全帽、耳塞、护目镜、防护面罩）。

检查方式：抽查现场施工人员劳保着装是否符合作业要求。

检查比例：抽查现场施工人员总数的10%，不足10人时抽查1人。

（4）注水造腔的施工方案应经监理/业主审查批准。

检查方式：检查施工方案报审表。

检查比例：全部检查。

（5）注入水或卤水的浓度、注水排量及注水压力应符合设计要求。

检查方式：检查卤水检验报告、注水排量及注水压力记录表。

检查比例：全部检查。

（6）注水站的锅炉给水泵、稀油站、调速型液力偶合器、离心泵、三相异步电动机等设备应是经过质量检验合格的准入设备。

检查方式：检查设备质量检验报告以及合格证。

检查比例：全部检查。

（7）注水站的锅炉给水泵、稀油站、调速型液力偶合器、离心泵等设备应按厂家要求进行安装，锅炉给水泵、稀油站、调速型液力偶合器、离心泵等设备应有按厂家说明书编制的操作卡及巡检卡，锅炉给水泵、稀油站、调速型液力偶合器、离心泵等设备应按操作卡进行操作。

检查方式：检查操作卡是否张贴、检查巡检卡是否按规定时间及要求进行巡检、检查各设备压力记录表。

检查比例：全部检查。

（8）注水站的三相异步电动机的安装应按厂家要求安装，三相异步电动机应有按厂家说明书编制的操作卡及巡检卡，三相异步电动机应按操作卡进行操作。

检查方式：检查操作卡是否张贴、检查巡检卡是否按规定时间及要求进行巡检。

检查比例：全部检查。

（9）确保卤水罐内结晶、沉淀物在设计要求范围内以及确保清水罐内沉淀物在设计要求范围内。

检查方式：检查巡检卡以及现场检查罐内沉淀情况。

检查比例：全部检查。

（10）监理日志、旁站记录、现场检查表及不符合项整改单记录应及时，内容应完整、真实、准确。

检查方式：甲方抽查监理日志、旁站记录、现场检查表及不符合项整改单记录。

检查比例：每个施工现场监理日志、旁站记录、现场检查表及不符合项整改单记录至少各抽查3份。

九、造腔维护性作业前准备

（1）特种设备（修井机等）操作手、施工人员应是经报验合格的准入人员。

检查方式：抽查人员工作证与经监理批准的人员报审表的符合性。

检查比例：每个机组至少全部检查一次，人员发生变化时应再次检查。

（2）现场施工设备（修井机等）应是经报验合格的准入设备。

检查方式：抽查机具设备型号及检测记录与经监理批准的设备报审表的符合性。

检查比例：每个机组准入机具总数的10%，准入机具不足10台至少抽查1台。

（3）所有岗位人员劳保防护用品配备齐全、完好（工衣、工鞋、安全帽、耳塞、护目镜、防护面罩）。

检查方式：抽查现场施工人员劳保着装是否符合作业要求。

检查比例：抽查现场施工人员总数的10%，不足10人时抽查1人。

（4）对道路、井场及周围环境进行全面勘查，制订搬迁方案。

检查方式：检查进入井场道路及周围环境是否符合开工标准。

检查比例：全部检查。

（5）平井场，安排设备摆放地。

检查方式：检查井场设施是否符合开工标准。

检查比例：全部检查。

（6）施工设备及材料（表2-4-2）应准备完善。

表2-4-2　施工设备、工具及材料统计表

序号	设备、材料名称	序号	设备、材料名称
1	修井机	10	水龙带
2	水泥车	11	活动弯头
3	发电机	12	变扣
4	电潜泵	13	变扣
5	储液罐	14	套管短节
6	套管钳	15	套管
7	油管钳	16	油管
8	吊卡	17	套管螺纹脂
9	吊卡	18	旋塞阀

检查方式：检查施工设备、工具及材料是否准备完善。

检查比例：全部检查。

（7）监理日志、旁站记录、现场检查表及不符合项整改单记录应及时，内容应完整、真实、准确。

检查方式：甲方抽查监理日志、旁站记录、现场检查表及不符合项整改单记录。

检查比例：每个施工现场监理日志、旁站记录、现场检查表及不符合项整改单记录至少各抽查3份。

十、搬迁作业

（1）所有岗位人员劳保防护用品配备齐全、完好（工衣、工鞋、安全帽、耳塞、护目镜、防护面罩）。

检查方式：抽查现场施工人员劳保着装是否符合作业要求。

检查比例：抽查现场施工人员总数的10%，不足10人时抽查1人。

（2）对运输车辆及人员证件、车况进行入场前检查。

检查方式：现场检查运输车辆及人员。

（3）装车后必须对货物进行固定。

检查方式：现场检查车上货物是否固定牢固。

检查比例：全部检查。

（4）按规定路线行驶，禁止超速。

检查方式：现场检查车辆行驶路线以及是否超速。

检查比例：全部检查。

（5）监理日志、旁站记录、现场检查表及不符合项整改单记录应及时，内容应完整、真实、准确。

检查方式：抽查监理日志、旁站记录、现场检查表及不符合项整改单记录。

检查比例：每个施工现场监理日志、旁站记录、现场检查表及不符合项整改单记录至少各抽查3份。

十一、退保护液作业

（1）特种设备（修井机等）操作手、施工人员应是经报验合格的准入人员。

检查方式：抽查人员工作证与经监理批准的人员报审表的符合性。

检查比例：每个机组至少全部检查一次，人员发生变化时应再次检查。

（2）现场施工设备（修井机等）应是经报验合格的准入设备。

检查方式：抽查机具设备型号及检测记录与经监理批准的设备报审表的符合性。

检查比例：每个机组准入机具总数的10%，准入机具不足10台至少抽查1台。

（3）所有岗位人员劳保防护用品配备齐全、完好（工衣、工鞋、安全帽、耳塞、护目镜、防护面罩）。

检查方式：抽查现场施工人员劳保着装是否符合作业要求。

检查比例：抽查现场施工人员总数的10%，不足10人时抽查1人。

（4）退保护液作业的施工方案应经监理/业主审查批准。

检查方式：检查施工方案报审表。

检查比例：全部检查。

（5）连接退油管线，$\phi244.5mm$ 套管与 $\phi177.8mm$ 套管环空接高压水龙带，高压水龙带与油罐车固定连接。

检查方式：检查退油管线连接是否符合设计要求。

检查比例：全部检查。

（6）利用东站回水工艺流程灌注卤水，退出腔体内保护液（0号柴油），直至出口见水为止。

检查方式：检查施工记录、卤水浓度检验记录以及现场施工照片。

检查比例：全部检查。

（7）监理日志、旁站记录、现场检查表及不符合项整改单记录应及时，内容应完整、真实、准确。

检查方式：抽查监理日志、旁站记录、现场检查表及不符合项整改单记录。

检查比例：每个施工现场监理日志、旁站记录、现场检查表及不符合项整改单记录至少各抽查3份。

十二、拆井口、立井架作业

（1）特种设备（修井机等）操作手、施工人员应是经报验合格的准入人员。

检查方式：抽查人员工作证与经监理批准的人员报审表的符合性。

检查比例：每个机组至少全部检查一次，人员发生变化时应再次检查。

（2）现场施工设备（修井机等）应是经报验合格的准入设备。

检查方式：抽查机具设备型号及检测记录与经监理批准的设备报审表的符合性。

检查比例：每个机组准入机具总数的10%，准入机具不足10台至少抽查1台。

（3）所有岗位人员劳保防护用品配备齐全、完好（工衣、工鞋、安全帽、耳塞、护目镜、防护面罩）。

检查方式：抽查现场施工人员劳保着装是否符合作业要求。

检查比例：抽查现场施工人员总数的10%，不足10人时抽查1人。

（4）检查设备安装是否具备开工条件。

检查方式：现场检查设备安装情况。

检查比例：全部检查。

（5）拆井口前确保腔内无余压。

检查方式：检查施工记录表以及压力记录表。

检查比例：全部检查。

（6）井架各部拉筋、附件、连接销应是规格齐全、紧固、穿齐保险销，井架四角水平高差≤5mm，井架底座各连接销技术尺寸符合要求，穿齐保险销。各部梯子、扶手、栏杆应齐全、紧固、完好，各种平台板面应齐全、平整、牢固，间隙不超过59mm。

检查方式：检查现场井架连接是否符合要求。

检查比例：全部检查。

（7）井架四角水平高差≤5mm，井架底座各连接销技术尺寸符合要求，穿齐保险销。底座各部件必须完好，不得有扭曲变形。

检查方式：检查现场井架安装是否符合要求。

检查比例：全部检查。

（8）监理日志、旁站记录、现场检查表及不符合项整改单记录应及时，内容应完整、真实、准确。

检查方式：抽查监理日志、旁站记录、现场检查表及不符合项整改单记录。

检查比例：每个施工现场监理日志、旁站记录、现场检查表及不符合项整改单记录至少各抽查3份。

十三、起造腔内管

（1）特种设备（修井机等）操作手、施工人员应是经报验合格的准入人员。

检查方式：抽查人员工作证与经监理批准的人员报审表的符合性。

检查比例：每个机组至少全部检查一次，人员发生变化时应再次检查。

（2）现场施工设备（修井机等）应是经报验合格的准入设备。

检查方式：抽查机具设备型号及检测记录与经监理批准的设备报审表的符合性。

检查比例：每个机组准入机具总数的10%，准入机具不足10台至少抽查1台。

（3）所有岗位人员劳保防护用品配备齐全、完好（工衣、工鞋、安全帽、耳塞、护目镜、防护面罩）。

检查方式：抽查现场施工人员劳保着装是否符合作业要求。

检查比例：抽查现场施工人员总数的10%，不足10人时抽查1人。

（4）起造腔内管作业的施工方案应经监理/业主审查批准。

检查方式：检查施工方案报审表。

检查比例：全部检查。

（5）在起造腔内管前要先检查校对好指重表，保证钟表灵敏好用。在起造腔内管时，要缓慢上提管柱，细心观察悬重变化，并记录有较高悬重降至正常悬重的深度。起造腔内管最大负荷不超过设计要求（如果在造腔外管管鞋处遇阻，应立即停止上提，与甲方协商造腔内管上提的处理方案后，方可施工）。

检查方式：检查施工记录及悬重深度记录表。

检查比例：全部检查。

（6）起造腔内管过程中边起边补饱和卤水，严禁未饱和卤水入井。

检查方式：检查卤水浓度检验报告及卤水注入量。

检查比例：全部检查。

（7）监理日志、旁站记录、现场检查表及不符合项整改单记录应及时，内容应完整、真实、准确。

检查方式：抽查监理日志、旁站记录、现场检查表及不符合项整改单记录。

检查比例：每个施工现场监理日志、旁站记录、现场检查表及不符合项整改单记录至少各抽查3份。

十四、调整造腔外管

（1）特种设备（修井机等）操作手、施工人员应是经报验合格的准入人员。

检查方式：抽查人员工作证与经监理批准的人员报审表的符合性。

检查比例：每个机组至少全部检查一次，人员发生变化时应再次检查。

（2）现场施工设备（修井机等）应是经报验合格的准入设备。

检查方式：抽查机具设备型号及检测记录与经监理批准的设备报审表的符合性。

检查比例：每个机组准入机具总数的10%，准入机具不足10台至少抽查1台。

（3）所有岗位人员劳保防护用品配备齐全、完好（工衣、工鞋、安全帽、耳塞、护目镜、防护面罩）。

检查方式：抽查现场施工人员劳保着装是否符合作业要求。

检查比例：抽查现场施工人员总数的10%，不足10人时抽查1人。

（4）调整造腔外管施工的施工方案应经监理/业主审查批准。

检查方式：检查施工方案报审表。

检查比例：全部检查。

（5）拆除套管四通，拆下配件如螺栓、钢圈擦净，保养。

检查方式：检查施工记录及施工现场照片。

检查比例：全部检查。

（6）上提造腔外管若干根。井内有油水界面仪，调整时通知油水界面仪测井单位配合造腔外管的调整，起出的套管要认真丈量，调配套管短节达到要求。上提套管负荷不得超过设计要求。

检查方式：检查施工记录及调整油水界面仪记录表。

检查比例：全部检查。

（7）监理日志、旁站记录、现场检查表及不符合项整改单记录应及时，内容应完整、真实、准确。

检查方式：抽查监理日志、旁站记录、现场检查表及不符合项整改单记录。

检查比例：每个施工现场监理日志、旁站记录、现场检查表及不符合项整改单记录至少各抽查3份。

十五、声呐测腔

（1）特种设备操作手、施工人员应是经报验合格的准入人员。

检查方式：抽查人员工作证与经监理批准的人员报审表的符合性。

检查比例：每个机组至少全部检查一次，人员发生变化时应再次检查。

（2）现场施工设备应是经报验合格的准入设备。

检查方式：抽查机具设备型号及检测记录与经监理批准的设备报审表的符合性。

检查比例：每个机组准入机具总数的10%，准入机具不足10台至少抽查1台。

（3）所有岗位人员劳保防护用品配备齐全、完好（工衣、工鞋、安全帽、耳塞、护目镜、防护面罩）。

检查方式：抽查现场施工人员劳保着装是否符合作业要求。

检查比例：抽查现场施工人员总数的10%，不足10人时抽查1人。

（4）声呐测腔的施工方案应经监理/业主审查批准。

检查方式：检查施工方案报审表。

检查比例：全部检查。

（5）作业队伍到达现场前，应全面了解掌握作业井的工况和资料，并编制检测施工设计方案。应按检测施工设计方案要求及操作规程，对声呐仪器和设备进行调校，保证仪器和设备技术性能良好。

检查方式：检查施工方案报审表及设备调试、检测报告。

检查比例：全部检查。

（6）地面中心处理机、电缆、井下仪器组装连接后完成地面调试。检测仪器与电缆接地安全可靠。声呐检测仪器应具有以下技术性能：

① 可在不同浓度卤水介质中进行声速检测。

② 可进行方位检测。

③ 井下仪器声呐传感器可水平旋转检测。

④ 井下仪器声呐传感器可倾斜检测。

⑤ 可进行检测数据的存储、处理，并进行单腔和腔群二维、三维图像的存储、显示、打印。

⑥ 腔体的三维图像。

检查方式：检查施工记录及仪器调试记录。

检查比例：全部检查。

（7）以固井套管鞋的深度记录为准，校准声呐检测深度。在进行腔体底部检测时，应利用井下仪器下端安装的垂直方向声呐传感器探测腔体底部不溶物的顶面，利用水平方向声呐传感器探测腔体底部不同深度处水平方向的距离，并优选检测位置，利用倾斜检测功能，按照操作规程，对腔体底部区域进行倾斜检测，得到腔体底部的形状和位置，在进行腔体主体部分检测时，垂深测量间隔应小于5m，按照操作规程，利用水平方向声呐传感器探测腔体不同深度处水平方向的距离，得到腔体主体部分的形状和位置。

检查方式：检查施工记录及测量记录。

检查比例：全部检查。

（8）在进行腔体顶部检测时，按照操作规程，利用水平方向声呐传感器检测腔体顶部区域不同深度处水平方向的直径。并优选检测位置，利用倾斜检测功能，按照操作规程，对腔体顶部区域进行倾斜检测，得到腔体顶部的形状和位置对偏离腔体发展趋势较大的不规则部分，将在腔体底部、主体和顶部检测后进行。根据腔体底部、主体和顶部检测结果，优选检测位置，利用水平或倾斜检测功能，对腔体不规则部分进行加密检测，利用声呐检测原始数据，通过软件处理和解释，应得出以下腔体信息：

① 腔体的深度。

② 各主要水平剖面的半径和图表。

③ 最大水平剖面直径和图表。

④ 各主要垂直剖面图表。

⑤ 腔体的体积。

检查方式：检查施工记录、腔体深度记录表。

检查比例：全部检查。

（9）监理日志、旁站记录、现场检查表及不符合项整改单记录应及时，内容应完整、真实、准确。

检查方式：抽查监理日志、旁站记录、现场检查表及不符合项整改单记录。

检查比例：每个施工现场监理日志、旁站记录、现场检查表及不符合项整改单记录至少各抽查 3 份。

十六、完成调整造腔外管

（1）特种设备（修井机等）操作手、施工人员应是经报验合格的准入人员。

检查方式：抽查人员工作证与经监理批准的人员报审表的符合性。

检查比例：每个机组至少全部检查一次，人员发生变化时应再次检查。

（2）现场施工设备（修井机等）应是经报验合格的准入设备。

检查方式：抽查机具设备型号及检测记录与经监理批准的设备报审表的符合性。

检查比例：每个机组准入机具总数的 10%，准入机具不足 10 台至少抽查 1 台。

（3）所有岗位人员劳保防护用品配备齐全、完好（工衣、工鞋、安全帽、耳塞、护目镜、防护面罩）。

检查方式：抽查现场施工人员劳保着装是否符合作业要求。

检查比例：抽查现场施工人员总数的 10%，不足 10 人时抽查 1 人。

（4）调整造腔外管施工的施工方案应经监理/业主审查批准。

检查方式：检查施工方案报审表。

检查比例：全部检查。

（5）调整造腔外管套管鞋至补充设计深度。井内有油水界面仪，调整时通知厂家配合造腔外管的调整，起出的套管要认真丈量，调配套管短节达到要求。上提套管负荷不得超过 380kN。

检查方式：检查施工记录及调整油水界面仪记录表。

检查比例：全部检查。

（6）安装套管四通，按设计值试压，30min 压降小于 0.5MPa，为合格。

检查方式：检查施工记录、试压记录表以及现场施工照片。

检查比例：全部检查。

（7）监理日志、旁站记录、现场检查表及不符合项整改单记录应及时，内容应完整、真实、准确。

检查方式：抽查监理日志、旁站记录、现场检查表及不符合项整改单记录。

检查比例：每个施工现场监理日志、旁站记录、现场检查表及不符合项整改单记录至少各抽查 3 份。

十七、完成调整造腔内管

（1）特种设备（修井机等）操作手、施工人员应是经报验合格的准入人员。

检查方式：抽查人员工作证与经监理批准的人员报审表的符合性。

检查比例：每个机组至少全部检查一次，人员发生变化时应再次检查。

（2）现场施工设备（修井机等）应是经报验合格的准入设备。

检查方式：抽查机具设备型号及检测记录与经监理批准的设备报审表的符合性。

检查比例：每个机组准入机具总数的 10%，准入机具不足 10 台至少抽查 1 台。

（3）所有岗位人员劳保防护用品配备齐全、完好（工衣、工鞋、安全帽、耳塞、护目

镜、防护面罩）。

检查方式：抽查现场施工人员劳保着装是否符合作业要求。

检查比例：抽查现场施工人员总数的 10%，不足 10 人时抽查 1 人。

（4）完成造腔内管施工的施工方案应经监理/业主审查批准。

检查方式：检查施工方案报审表。

检查比例：全部检查。

（5）下造腔内管油管带造腔内管油管笔尖至设计深度，在造腔外管管鞋以上 10m 范围内安装 1 根定位短节。

检查方式：检查施工记录及现场施工照片。

检查比例：全部检查。

（6）凡下至造腔外管以下的造腔内管接箍均打倒角。

检查方式：检查施工记录及施工现场照片。

检查比例：全部检查。

（7）在造腔外管套管内下入造腔内管时要控制下放速度，进入裸眼段后应缓慢进行下放，如中途遇阻则采用上提下放活动管柱通过遇阻位置，遇阻加压不超过设计要求，若无效，则接好循环头进行循环，直至能够顺利通过遇阻点，然后继续下至设计深度。

检查方式：检查施工记录、造腔内管下入深度记录表。

检查比例：全部检查。

（8）监理日志、旁站记录、现场检查表及不符合项整改单记录应及时，内容应完整、真实、准确。

检查方式：抽查监理日志、旁站记录、现场检查表及不符合项整改单记录。

检查比例：每个施工现场监理日志、旁站记录、现场检查表及不符合项整改单记录至少各抽查 3 份。

十八、安装采卤井井口

（1）现场施工人员应是经报验合格的准入人员。

检查方式：抽查人员工作证与经监理批准的人员报审表的符合性。

检查比例：每个机组至少全部检查一次，人员发生变化时应再次检查。

（2）现场施工设备应是经报验合格的准入设备。

检查方式：抽查机具设备型号及检测记录与经监理批准的设备报审表的符合性。

检查比例：每个机组准入机机总数的 10%，准入机具不足 10 台至少抽查 1 台。

（3）所有岗位人员劳保防护用品配备齐全、完好（工衣、工鞋、安全帽、耳塞、护目镜、防护面罩）。

检查方式：抽查现场施工人员劳保着装是否符合作业要求。

检查比例：抽查现场施工人员总数的 10%，不足 10 人时抽查 1 人。

（4）安装采卤井井口施工的施工方案应经监理/业主审查批准。

检查方式：检查施工方案报审表。

检查比例：全部检查。

（5）依据 GB/T 22513—2013《石油天然气工业 钻井和采油设备 井口装置和采油树》安装井口，配齐采油树配件。

检查方式：检查施工记录、采油树配件报验表、现场检查井口安装以及采油树配件是否齐全。

检查比例：全部检查。

（6）采卤井井口按设计要求试压，30min 压降小于 0.5MPa，为合格。

检查方式：检查施工记录以及试压记录表。

检查比例：全部检查。

（7）监理日志、旁站记录、现场检查表及不符合项整改单记录应及时，内容应完整、真实、准确。

检查方式：抽查监理日志、旁站记录、现场检查表及不符合项整改单记录。

检查比例：每个施工现场监理日志、旁站记录、现场检查表及不符合项整改单记录至少各抽查 3 份。

十九、放井架、连流程

（1）特种设备（修井机等）操作手、施工人员应是经报验合格的准入人员。

检查方式：抽查人员工作证与经监理批准的人员报审表的符合性。

检查比例：每个机组至少全部检查一次，人员发生变化时应再次检查。

（2）现场施工设备（修井机等）应是经报验合格的准入设备。

检查方式：抽查机具设备型号及检测记录与经监理批准的设备报审表的符合性。

检查比例：每个机组准入机具总数的 10%，准入机具不足 10 台至少抽查 1 台。

（3）所有岗位人员劳保防护用品配备齐全、完好（工衣、工鞋、安全帽、耳塞、护目镜、防护面罩）。

检查方式：抽查现场施工人员劳保着装是否符合作业要求。

检查比例：抽查现场施工人员总数的 10%，不足 10 人时抽查 1 人。

（4）安装高、低压流程，注水排卤试运行，采卤井井口及注水、排卤管线无渗漏。

检查方式：检查施工记录、现场检查井口及管线是否正常。

检查比例：全部检查。

（5）不应在井架任何部位放置工具及零配件。井架上的各承载滑车应为开口链环型或为有防脱措施的开口吊钩型。各处钢斜梯宜与水平面成 40°~50°角，固定可靠；踏板呈水平位置；两侧扶手齐全牢固。搬迁车辆进入井场后，吊车不应在架空电力线路下面工作，吊车停放位置（包括起重吊杆、钢丝绳和重物）与架空线路的距离应符合 DL 409—1991《电业安全工作规程（电力线路部分）》中的有关规定。各种车辆穿越裸露在地面上的油、气、水管线及电缆时，应采取保护措施，防止损坏管线及电缆。

检查方式：检测施工记录、检查现场照片。

检查比例：全部检查。

（6）监理日志、旁站记录、现场检查表及不符合项整改单记录应及时，内容应完整、真实、准确。

检查方式：抽查监理日志、旁站记录、现场检查表及不符合项整改单记录。

检查比例：每个施工现场监理日志、旁站记录、现场检查表及不符合项整改单记录至少各抽查 3 份。

二十、注保护液

（1）施工人员应是经报验合格的准入人员。

检查方式：抽查人员工作证与经监理批准的人员报审表的符合性。

检查比例：每个机组至少全部检查一次，人员发生变化时应再次检查。

（2）现场施工设备应是经报验合格的准入设备。

检查方式：抽查机具设备型号及检测记录与经监理批准的设备报审表的符合性。

检查比例：每个机组准入机具总数的10%，准入机具不足10台至少抽查1台。

（3）所有岗位人员劳保防护用品配备齐全、完好（工衣、工鞋、安全帽、耳塞、护目镜、防护面罩）。

检查方式：抽查现场施工人员劳保着装是否符合作业要求。

检查比例：抽查现场施工人员总数的10%，不足10人时抽查1人。

（4）注保护液施工的施工方案应经监理/业主审查批准。

检查方式：检查施工方案报审表。

检查比例：全部检查。

（5）在生产套管与造腔外管四通一侧连接注保护液管线，注入前确认开关情况。

检查方式：检查各阀门开关情况。

检查比例：全部检查。

（6）在生产套管与造腔外管四通另一侧接旋塞阀，安装6MPa精密压力表。

检查方式：检查压力表检验记录。

检查比例：全部检查。

（7）向生产套管与套管环空注入保护液（0号柴油）至设计深度，排量≤设计最大值，注油泵压≤5MPa，如泵压超过5MPa，则停泵检查，查出问题解决后方可继续注保护液。

检查方式：检查施工记录以及注保护液压力记录表。

检查比例：全部检查。

（8）注油同时应记录注油量、注保护液压力及油水界面深度。

检查方式：检查施工记录、注保护液压力及界面深度记录表。

检查比例：全部检查。

（9）监理日志、旁站记录、现场检查表及不符合项整改单记录应及时，内容应完整、真实、准确。

检查方式：抽查监理日志、旁站记录、现场检查表及不符合项整改单记录。

检查比例：每个施工现场监理日志、旁站记录、现场检查表及不符合项整改单记录至少各抽查3份。

第五章　注采完井施工质量管理

第一节　注采完井工程施工工序

注采完井工程的主要施工工序见第一部分第五章第三节。

第二节　注采完井施工质量管控要点

一、设备搬迁、安装

（1）现场施工设备（修井机等）操作手应是经报验合格的准入人员。

检查方式：抽查人员工作证与经监理批准的人员报审表的符合性。

检查比例：每个机组至少全部检查一次，人员发生变化时应再次检查。

（2）现场施工设备（修井机等）应是经报验合格的准入设备。

检查方式：抽查机具设备型号及检测记录与经监理批准的设备报审表的符合性。

检查比例：每个机组准入机具总数的10%，准入机具不足10台至少抽查1台。

（3）所有岗位人员劳保防护用品配备齐全、完好（工衣、工鞋、安全帽、耳塞、护目镜、防护面罩）。

检查方式：抽查现场施工人员劳保着装是否符合作业要求。

检查比例：抽查现场施工人员总数的10%，不足10人时抽查1人。

（4）井架各部拉筋、附件、连接销应是规格齐全、紧固、穿齐保险销。井架四角水平高差≤5mm。底座各部件必须完好，不得有扭曲变形。各部梯子、扶手、栏杆应齐全、紧固、完好。各种平台板面应齐全、平整、牢固，间隙不超过59mm。

检查方式：检查现场井架连接是否符合要求。

检查比例：全部检查。

（5）自升式井架连接销、保险销必须齐全可靠，无开裂和严重锈蚀，各导向滑轮必须灵活。自升式井架起升绳应是无明显变形、扭曲、磨损、腐蚀，每一扭上断丝不得超过2丝。井架绷绳若出现以下任何一种情况不应继续使用：

① 一纽绳中发现有3根断丝。

② 端部连接部分的绳股沟内发现有2根断丝。

提升钢丝绳若出现以下任何一种情况不应继续使用：

① 一纽绳中发现随机分布的6根断丝。

② 一纽绳中的一股中发现有3根断丝。

检查方式：检查现场自升式井架起升绳是否符合要求。

检查比例：全部检查。

（6）监理日志、旁站记录、现场检查表及不符合项整改单记录应及时，内容应完整、真实、准确。

检查方式：甲方抽查监理日志、旁站记录、现场检查表及不符合项整改单记录。

检查比例：每个施工现场监理日志、旁站记录、现场检查表及不符合项整改单记录至少各抽查3份。

二、退保护液

（1）现场施工设备（修井机等）操作手应是经报验合格的准入人员。

检查方式：抽查人员工作证与经监理批准的人员报审表的符合性。

检查比例：每个机组至少全部检查一次，人员发生变化时应再次检查。

（2）现场施工设备（修井机等）应是经报验合格的准入设备。

检查方式：抽查机具设备型号及检测记录与经监理批准的设备报审表的符合性。

检查比例：每个机组准入机具总数的10%，准入机具不足10台至少抽查1台。

（3）所有岗位人员劳保防护用品配备齐全、完好（工衣、工鞋、安全帽、耳塞、护目镜）。

检查方式：抽查现场施工人员劳保着装是否符合作业要求。

检查比例：抽查现场施工人员总数的10%，不足10人时抽查1人。

（4）退保护液施工的施工方案应经监理/业主审查批准。

检查方式：检查施工方案报审表。

检查比例：全部检查。

（5）ϕ244.5mm套管与ϕ177.8mm油管环空接高压闸阀及高压水龙带，高压水龙带与油罐固定连接。

检查方式：现场检查设备连接是否符合设计要求。

检查比例：全部检查。

（6）关高压闸阀，全开套管环空阀门，缓慢开高压闸阀，依靠现有井内压力放出柴油，排量符合设计要求，直至无柴油返出（若井口无压力后仍有柴油返出，应补充NaCl含量大于设计要求的卤水继续退油，直至无柴油返出）。退出的柴油转存于甲方指定的地点。

检查方式：检查施工记录及施工现场照片。

检查比例：全部检查。

（7）监理日志、旁站记录、现场检查表及不符合项整改单记录应及时，内容应完整、真实、准确。

检查方式：甲方抽查监理日志、旁站记录、现场检查表及不符合项整改单记录。

检查比例：每个施工现场监理日志、旁站记录、现场检查表及不符合项整改单记录至少各抽查3份。

三、井口放压

（1）现场施工设备（修井机等）操作手应是经报验合格的准入人员。

检查方式：抽查人员工作证与经监理批准的人员报审表的符合性。

检查比例：每个机组至少全部检查一次，人员发生变化时应再次检查。

（2）现场施工设备（修井机等）应是经报验合格的准入设备。

检查方式：抽查机具设备型号及检测记录与经监理批准的设备报审表的符合性。

检查比例：每个机组准入机具总数的10%，准入机具不足10台至少抽查1台。

（3）所有岗位人员劳保防护用品配备齐全、完好（工衣、工鞋、安全帽、耳塞、护目镜、防护面罩）。

检查方式：抽查现场施工人员劳保着装是否符合作业要求。

检查比例：抽查现场施工人员总数的10%，不足10人时抽查1人。

（4）井口放压时应缓慢放出井内卤水，排量200L/min，24h压降小于1MPa，直至井内无溢流。

检查方式：检查施工记录、压降记录表及现场施工照片。

检查比例：全部检查。

（5）监理日志、旁站记录、现场检查表及不符合项整改单记录应及时，内容应完整、真实、准确。

检查方式：甲方抽查监理日志、旁站记录、现场检查表及不符合项整改单记录。

检查比例：每个施工现场监理日志、旁站记录、现场检查表及不符合项整改单记录至少各抽查3份。

四、起造腔内管

（1）现场施工设备（修井机等）操作手应是经报验合格的准入人员。

检查方式：抽查人员工作证与经监理批准的人员报审表的符合性。

检查比例：每个机组至少全部检查一次，人员发生变化时应再次检查。

（2）现场施工设备（修井机等）应是经报验合格的准入设备。

检查方式：抽查机具设备型号及检测记录与经监理批准的设备报审表的符合性。

检查比例：每个机组准入机具总数的10%，准入机具不足10台至少抽查1台。

（3）所有岗位人员劳保防护用品配备齐全、完好（工衣、工鞋、安全帽、耳塞、护目镜、防护面罩）。

检查方式：抽查现场施工人员劳保着装是否符合作业要求。

检查比例：抽查现场施工人员总数的10%，不足10人时抽查1人。

（4）有自溢能力的井，井筒内修井液应保持常满状态，每起10~20根油管灌注一次修井液。根据动力提升能力、井深和井下管柱结构的要求，管柱从缓慢提升开始，随着悬重的减少。逐步加快至规定提升速度。

检查方式：检查施工记录及现场密度检测。

检查比例：全部检查。

（5）起出造腔内管应按先后顺序排列整齐，每10根一组摆放在牢固的油管桥上，摆放整齐并按顺序丈量准确，做好记录。起油管过程中，随时观察并记录油管和井下工具有无异常，有无砂、蜡堵、腐蚀及偏磨等情况。起井下工具和最后几根油管时，提升速度要小于或等于5m/min，防止碰坏井口、拉断拉弯油管或井下工具。

检查方式：检查施工记录及油管起出记录表。

检查比例：全部检查。

（6）应对起出的造腔内管或工具进行检查，对不合格的及时进行标识、隔离或更换。

检查方式：检查施工记录及现场施工照片。

检查比例：全部检查。

（7）监理日志、旁站记录、现场检查表及不符合项整改单记录应及时，内容应完整、真实、准确。

检查方式：甲方抽查监理日志、旁站记录、现场检查表及不符合项整改单记录。

检查比例：每个施工现场监理日志、旁站记录、现场检查表及不符合项整改单记录至少各抽查 3 份。

五、探腔底、起造腔外管

（1）现场施工设备（修井机等）操作手、指挥员、检测人员应是经报验合格的准入人员。

检查方式：抽查人员工作证与经监理批准的人员报审表的符合性。

检查比例：每个机组至少全部检查一次，人员发生变化时应再次检查。

（2）现场施工设备（修井机等）应是经报验合格的准入设备。

检查方式：抽查机具设备型号及检测记录与经监理批准的设备报审表的符合性。

检查比例：每个机组准入机具总数的 10%，准入机具不足 10 台至少抽查 1 台。

（3）所有岗位人员劳保防护用品配备齐全、完好（工衣、工鞋、安全帽、耳塞、护目镜、防护面罩）。

检查方式：抽查现场施工人员劳保着装是否符合作业要求。

检查比例：抽查现场施工人员总数的 10%，不足 10 人时抽查 1 人。

（4）下造腔内管探腔底，反复探底 3 次以上，遇阻加压不能超过设计值，确定腔底具体深度。

检查方式：检查施工记录及腔体探底记录表。

检查比例：全部检查。

（5）有自溢能力的井，井筒内修井液应保持常满状态，每起 10~20 根油管灌注一次修井液。根据动力提升能力、井深和井下管柱结构的要求，管柱从缓慢提升开始，随着悬重的减少，逐步加快至规定提升速度。

检查方式：现场检查井筒内修井液情况及修井液检验报告。

检查比例：全部检查。

（6）起出造腔外管应按先后顺序排列整齐，每 10 根一组摆放在牢固的油管桥上，摆放整齐并按顺序丈量准确，做好记录。起油管过程中，随时观察并记录油管和井下工具有无异常，有无砂、蜡堵、腐蚀及偏磨等情况。起井下工具和最后几根油管时，提升速度要小于或等于 5m/min，防止碰坏井口、拉断拉弯油管或井下工具。

检查方式：检查施工记录及油管起出记录表。

检查比例：全部检查。

（7）应对起出的造腔外管或工具进行检查，对不合格的及时进行标识、隔离或更换。

检查方式：检查施工记录及现场施工照片。

检查比例：全部检查。

（8）监理日志、旁站记录、现场检查表及不符合项整改单记录应及时，内容应完整、真实、准确。

检查方式：抽查监理日志、旁站记录、现场检查表及不符合项整改单记录。

检查比例：每个施工现场监理日志、旁站记录、现场检查表及不符合项整改单记录至少各抽查 3 份。

六、通井作业

（1）现场施工设备（通井机等）操作手、指挥员、检测人员应是经报验合格的准入人员。

检查方式：抽查人员工作证与经监理批准的人员报审表的符合性。

检查比例：每个机组至少全部检查一次，人员发生变化时应再次检查。

（2）现场施工设备（通井机等）应是经报验合格的准入设备。

检查方式：抽查机具设备型号及检测记录与经监理批准的设备报审表的符合性。

检查比例：每个机组准入机具总数的 10%，准入机具不足 10 台至少抽查 1 台。

（3）所有岗位人员劳保防护用品配备齐全、完好（工衣、工鞋、安全帽、耳塞、护目镜、防护面罩）。

检查方式：抽查现场施工人员劳保着装是否符合作业要求。

检查比例：抽查现场施工人员总数的 10%，不足 10 人时抽查 1 人。

（4）下油管底带通径规通至生产套管鞋，通径规遇阻时加压不能超过设计值。

检查方式：检查施工记录、现场检查通径规安装及通井操作是否符合设计要求。

检查比例：全部检查。

（5）起出通径规，仔细检查，若有变形，找出原因并解决。

检查方式：检查施工记录、现场施工照片。

检查比例：全部检查。

（6）通径规不能出生产套管鞋，注意控制起下速度，尤其通径规过浮箍位置时要缓慢起下。

检查方式：现场检查通径规起下是否符合要求。

检查比例：全部检查。

（7）监理日志、旁站记录、现场检查表及不符合项整改单记录应及时，内容应完整、真实、准确。

检查方式：抽查监理日志、旁站记录、现场检查表及不符合项整改单记录。

检查比例：每个施工现场监理日志、旁站记录、现场检查表及不符合项整改单记录至少各抽查 3 份。

七、刮削、替淡水

（1）现场施工设备（修井机等）操作手、指挥员、检测人员应是经报验合格的准入人员。

检查方式：抽查人员工作证与经监理批准的人员报审表的符合性。

检查比例：每个机组至少全部检查一次，人员发生变化时应再次检查。

（2）现场施工设备（修井机等）应是经报验合格的准入设备。

检查方式：抽查机具设备型号及检测记录与经监理批准的设备报审表的符合性。

检查比例：每个机组准入机具总数的 10%，准入机具不足 10 台至少抽查 1 台。

（3）所有岗位人员劳保防护用品配备齐全、完好（工衣、工鞋、安全帽、耳塞、护目镜、防护面罩）。

检查方式：抽查现场施工人员劳保着装是否符合作业要求。

检查比例：抽查现场施工人员总数的 10%，不足 10 人时抽查 1 人。

（4）下油管底带刮削器刮削至生产套管，其中在封隔器坐封井段处反复刮削 6 次以上，至悬重无变化，控制提放管柱速度，封隔器坐封位置避开生产套管接箍位置。

检查方式：检查施工记录以及刮削记录表。

检查比例：全部检查。

（5）反替入淡水至满足井筒容积为止。

检查方式：检查施工记录以及现场照片。

检查比例：全部检查。

（6）监理日志、旁站记录、现场检查表及不符合项整改单记录应及时，内容应完整、真实、准确。

检查方式：抽查监理日志、旁站记录、现场检查表及不符合项整改单记录。

检查比例：每个施工现场监理日志、旁站记录、现场检查表及不符合项整改单记录至少各抽查 3 份。

八、下注采管柱

（1）现场施工设备（修井机等）操作手应是经报验合格的准入人员。

检查方式：抽查人员工作证与经监理批准的人员报审表的符合性。

检查比例：每个机组至少全部检查一次，人员发生变化时应再次检查。

（2）现场施工设备（修井机等）应是经报验合格的准入设备。

检查方式：抽查机具设备型号及检测记录与经监理批准的设备报审表的符合性。

检查比例：每个机组准入机具总数的 10%，准入机具不足 10 台至少抽查 1 台。

（3）所有岗位人员劳保防护用品配备齐全、完好（工衣、工鞋、安全帽、耳塞、护目镜、防护面罩）。

检查方式：抽查现场施工人员劳保着装是否符合作业要求。

检查比例：抽查现场施工人员总数的 10%，不足 10 人时抽查 1 人。

（4）气密封螺纹的清洗、保护、涂密封脂等工作听从套管服务人员和现场监理指挥。使用套管扭矩仪，最佳扭矩值按照套管厂家标准执行（套管上扣扭矩由套管供应商提供），按注采完井管柱结构依次下入注采管柱，并对进行每个接头进行气密封检测。

检查方式：检查施工记录、现场照片以及现场检查入井的注采管柱是否符合要求。

检查比例：全部检查。

（5）注采完井管柱使用气密螺纹套管，管柱配套工具有流动短节、井下安全阀、封隔器、坐落接头及引鞋等材料（表 2-5-1）。

表 2-5-1　主要材料清单表

序号	名称及要求描述	数量	扣型	备注
1	注采管：气密油管	若干	气密扣	

续表

序号	名称及要求描述	数量	扣型	备注
2	排卤管：气密油管	若干	气密扣	
3	井下安全阀	若干	气密扣	由厂家配套
	流动短节	若干	气密扣	
	控制管线	若干		
	控制管线夹子	若干		
4	封隔器组件	若干	气密扣	
5	坐落接头	若干	气密扣	
6	注采管引鞋	若干	气密扣	
7	注采管剪切球座	若干	气密扣	可选
8	坐落接头	若干	气密扣	
9	排卤管剪切球座	若干	气密扣	可选
10	注采管柱堵塞器组件	若干		
11	排卤管柱堵塞器组件	若干		

检查方式：检查材料入场报验资料。

检查比例：全部检查。

（6）下入引鞋和坐落短节管串以及连接好的封隔器管串。在封隔器入井时，井口有专人负责，严禁挂卡井口，并检查封隔器剪切销钉数量是否正确以及是否被剪断，如果被剪断，应更换新的剪切销钉，下入封隔器，要严格控制下放速度，每根套管下放时间不小于40s，不可猛提猛放，避免误坐封，注意保护好井口，严防井内落物。注采管柱如图2-5-1所示。

检查方式：检查施工记录，现场检查入井封隔器管串是否符合设计要求。

检查比例：全部检查。

（7）下入连接好的安全阀管串，下井下安全阀时应小心操作，井口有专人负责，安全阀过井口时严禁挂卡和碰靠井口，安全阀管串下入完成后将控制管线与井下安全阀连接，并按设计要求试压。试压结束后继续下入套管，并在每根套管接箍上安装一个护箍，使其将液压控制管线固定好，保持控制管线是直线形状，下管柱时应小心操作，严禁挤伤液压管线。

检查方式：检查施工记录、试压记录表、现场检查管串下入顺序以及下入井管串时是否有挂卡和碰靠井口的现场。

检查比例：全部检查。

（8）监理日志、旁站记录、现场检查表及不符合项整

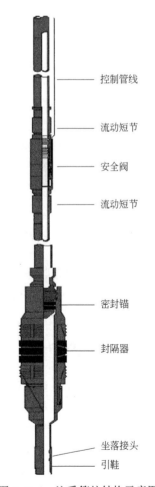

控制管线

流动短节

安全阀

流动短节

密封锚

封隔器

坐落接头

引鞋

图2-5-1　注采管柱结构示意图

改单记录应及时，内容应完整、真实、准确。

检查方式：抽查监理日志、旁站记录、现场检查表及不符合项整改单记录。

检查比例：每个施工现场监理日志、旁站记录、现场检查表及不符合项整改单记录至少各抽查 3 份。

九、坐挂注采套管

（1）现场施工设备（修井机等）操作手应是经报验合格的准入人员。

检查方式：抽查人员工作证与经监理批准的人员报审表的符合性。

检查比例：每个机组至少全部检查一次，人员发生变化时应再次检查。

（2）现场施工设备（修井机等）应是经报验合格的准入设备。

检查方式：抽查机具设备型号及检测记录与经监理批准的设备报审表的符合性。

检查比例：每个机组准入机具总数的 10%，准入机具不足 10 台至少抽查 1 台。

（3）所有岗位人员劳保防护用品配备齐全、完好（工衣、工鞋、安全帽、耳塞、护目镜、防护面罩）。

检查方式：抽查现场施工人员劳保着装是否符合作业要求。

检查比例：抽查现场施工人员总数的 10%，不足 10 人时抽查 1 人。

（4）管柱配长完成后连接注采套管挂，套管挂上部连接短套管提升套管挂。缠绕 4~6 圈控制管线在套管挂下面，将控制管线穿过套管挂，固定在套管挂上（采气树到井后，落实套管挂的扣型，并选配与之扣型相适应的短套管）。

检查方式：检查施工记录及现场施工照片。

检查比例：全部检查。

（5）按采气树安装要求，坐挂注采套管挂，缠绕 4~6 圈控制管线在套管挂颈部，并对套管挂进行试压（试压压力，稳压时间及判别标准等按采气树的说明书并在生产厂家的指导下进行）。

检查方式：现场检查采气树安装情况及试压记录表。

检查比例：全部检查。

（6）监理日志、旁站记录、现场检查表及不符合项整改单记录应及时，内容应完整、真实、准确。

检查方式：抽查监理日志、旁站记录、现场检查表及不符合项整改单记录。

检查比例：每个施工现场监理日志、旁站记录、现场检查表及不符合项整改单记录至少各抽查 3 份。

十、注环空保护液

（1）现场施工人员应是经报验合格的准入人员。

检查方式：抽查人员工作证与经监理批准的人员报审表的符合性。

检查比例：每个机组至少全部检查一次，人员发生变化时应再次检查。

（2）现场施工设备应是经报验合格的准入设备。

检查方式：抽查机具设备型号及检测记录与经监理批准的设备报审表的符合性。

检查比例：每个机组准入机具总数的 10%，准入机具不足 10 台至少抽查 1 台。

（3）所有岗位人员劳保防护用品配备齐全、完好（工衣、工鞋、安全帽、耳塞、护目镜、防护面罩）。

检查方式：抽查现场施工人员劳保着装是否符合作业要求。

检查比例：抽查现场施工人员总数的 10%，不足 10 人时抽查 1 人。

（4）环空保护液密度、pH 值等参数应符合设计要求。

检查方式：检查保护液检验记录及质量检验合格证。

检查比例：全部检查。

（5）在 $\phi244.5mm\times\phi177.8mm$ 环空套管头阀门上连接注环空保护液管线，并对管线试压 $10MPa\times10min$，压力下降小于 0.5MPa 为合格，连接排卤水管线，反循环注环空保护液，注完环空保护液后拆除注排管线。

检查方式：检查管线连接及试压记录表。

检查比例：全部检查。

（6）监理日志、旁站记录、现场检查表及不符合项整改单记录应及时，内容应完整、真实、准确。

检查方式：抽查监理日志、旁站记录、现场检查表及不符合项整改单记录。

检查比例：每个施工现场监理日志、旁站记录、现场检查表及不符合项整改单记录至少各抽查 3 份。

十一、封隔器坐封

（1）现场施工设备（修井机等）操作手、施工人员应是经报验合格的准入人员。

检查方式：抽查人员工作证与经监理批准的人员报审表的符合性。

检查比例：每个机组至少全部检查一次，人员发生变化时应再次检查。

（2）现场施工设备（修井机等）应是经报验合格的准入设备。

检查方式：抽查机具设备型号及检测记录与经监理批准的设备报审表的符合性。

检查比例：每个机组准入机具总数的 10%，准入机具不足 10 台至少抽查 1 台。

（3）所有岗位人员劳保防护用品配备齐全、完好（工衣、工鞋、安全帽、耳塞、护目镜、防护面罩）。

检查方式：抽查现场施工人员劳保着装是否符合作业要求。

检查比例：抽查现场施工人员总数的 10%，不足 10 人时抽查 1 人。

（4）用钢丝下通管规通至坐落接头，然后提出，上提通管规过程中，在封隔器及井下安全阀等处需小心慢行。

检查方式：检查施工记录，现场检查通管规规格是否符合设计要求。

检查比例：全部检查。

（5）用钢丝下入堵塞器，坐落于坐落接头处，下入与堵塞器配套的平衡杆，坐落在堵塞器内，起出下入工具。

检查方式：检查施工记录，现场检查堵塞器规格是否符合设计要求。

检查比例：全部检查。

（6）在提升短套管上连接试压帽和打压管线，并对地面管线按设计要求试压，压力下降小于 0.5MPa 为合格。

检查方式：检查地面管线试压记录表。

检查比例：全部检查。

（7）坐封封隔器根据不同井深、不同工具执行现场工具工程师指令操作，坐封完毕对注采管柱试压，压力下降小于 0.5MPa 为合格，缓慢放压，反试压，对生产套管和注采管环空加压至设计值，验证封隔器的密封性，压力下降小于 0.5MPa 为合格，缓慢放压。用钢丝作业起出平衡杆和堵塞器，或打压剪切球座。

检查方式：检查封隔器试压记录表。

检查比例：全部检查。

（8）监理日志、旁站记录、现场检查表及不符合项整改单记录应及时，内容应完整、真实、准确。

检查方式：抽查监理日志、旁站记录、现场检查表及不符合项整改单记录。

检查比例：每个施工现场监理日志、旁站记录、现场检查表及不符合项整改单记录至少各抽查 3 份。

十二、安装注采井口

（1）现场施工设备（修井机等）操作手、施工人员应是经报验合格的准入人员。

检查方式：抽查人员工作证与经监理批准的人员报审表的符合性。

检查比例：每个机组至少全部检查一次，人员发生变化时应再次检查。

（2）现场施工设备（修井机等）应是经报验合格的准入设备。

检查方式：抽查机具设备型号及检测记录与经监理批准的设备报审表的符合性。

检查比例：每个机组准入机具总数的 10%，准入机具不足 10 台至少抽查 1 台。

（3）所有岗位人员劳保防护用品配备齐全、完好（工衣、工鞋、安全帽、耳塞、护目镜、防护面罩）。

检查方式：抽查现场施工人员劳保着装是否符合作业要求。

检查比例：抽查现场施工人员总数的 10%，不足 10 人时抽查 1 人。

（4）清洗干净注采套管头法兰面及密封部位，按采气树安装技术要求安装注采井口和排卤管油管头并试压。

检查方式：检查施工记录、注采井口安装是否符合要，试压是否合格。

检查比例：全部检查。

（5）监理日志、旁站记录、现场检查表及不符合项整改单记录应及时，内容应完整、真实、准确。

检查方式：抽查监理日志、旁站记录、现场检查表及不符合项整改单记录。

检查比例：每个施工现场监理日志、旁站记录、现场检查表及不符合项整改单记录至少各抽查 3 份。

十三、下排卤管柱

（1）现场施工设备（修井机等）操作施工人员应是经报验合格的准入人员。

检查方式：抽查人员工作证与经监理批准的人员报审表的符合性。

检查比例：每个机组至少全部检查一次，人员发生变化时应再次检查。

（2）现场施工设备（修井机等）应是经报验合格的准入设备。

检查方式：抽查机具设备型号及检测记录与经监理批准的设备报审表的符合性。

检查比例：每个机组准入机具总数的10%，准入机具不足10台至少抽查1台。

（3）所有岗位人员劳保防护用品配备齐全、完好（工衣、工鞋、安全帽、耳塞、护目镜、防护面罩）。

检查方式：抽查现场施工人员劳保着装是否符合作业要求。

检查比例：抽查现场施工人员总数的10%，不足10人时抽查1人。

（4）下排卤管柱施工的施工方案应经监理/业主审查批准。

检查方式：检查施工方案报审表。

检查比例：全部检查。

（5）入井的排卤管螺纹应进行清洗、保护、涂密封脂等工作，确保符合入井要求。

检查方式：检查施工记录、现场施工照片、现场检查排卤管密封端面是否符合要求。

检查比例：全部检查。

（6）下入引鞋+油管短节1根（5m）+坐落接头，下入排卤管柱若干根，用油管短节调整长度，使排卤管柱引鞋距腔底1.0~1.5m，具体位置根据下管柱前的探底情况，结合最近一次声呐测腔数据确定。注气排卤井筒结构与管柱如图2-5-2所示。

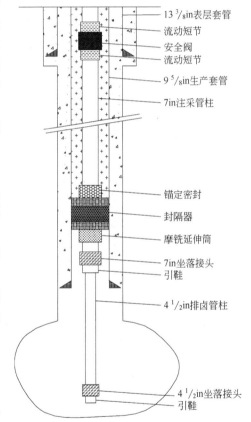

图 2-5-2　注气排卤井筒结构与管柱

检查方式：检查施工记录、入井管柱记录表。

检查比例：全部检查。

（7）监理日志、旁站记录、现场检查表及不符合项整改单记录应及时，内容应完整、真实、准确。

检查方式：抽查监理日志、旁站记录、现场检查表及不符合项整改单记录。

检查比例：每个施工现场监理日志、旁站记录、现场检查表及不符合项整改单记录至少各抽查3份。

十四、安装注气排卤井口

（1）现场施工设备（修井机等）操作手、施工人员应是经报验合格的准入人员。

检查方式：抽查人员工作证与经监理批准的人员报审表的符合性。

检查比例：每个机组至少全部检查一次，人员发生变化时应再次检查。

（2）现场施工设备（修井机等）应是经报验合格的准入设备。

检查方式：抽查机具设备型号及检测记录与经监理批准的设备报审表的符合性。

检查比例：每个机组准入机具总数的10%，准入机具不足10台至少抽查1台。

（3）所有岗位人员劳保防护用品配备齐全、完好（工衣、工鞋、安全帽、耳塞、护目镜、防护面罩）。

检查方式：抽查现场施工人员劳保着装是否符合作业要求。

检查比例：抽查现场施工人员总数的10%，不足10人时抽查1人。

（4）安装注气排卤井口施工的施工方案应经监理/业主审查批准。

检查方式：检查施工方案报审表。

检查比例：全部检查。

（5）按采气树安装要求安装注气排卤井口，并试压，试压压力，稳压时间及判别标准等按采气树的说明书并在生产厂家的指导下进行。注气排卤井口安装如图2-5-3所示。

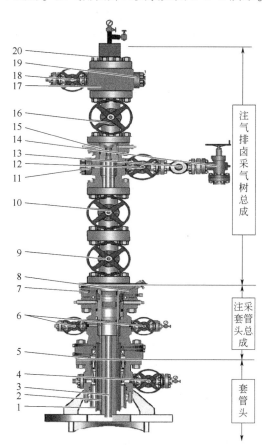

序号	名称	规格
20	采气树帽	$7^{1}/_{16}$in5K
19	上盲板法兰	$5^{1}/_{8}$in5K
18	排卤闸阀	$5^{1}/_{8}$in5K
17	排卤四通	5K
16	上闸阀	$7^{1}/_{16}$in5K
15	油管头	$7^{1}/_{16}$in5K芯轴式油管挂
14	节流阀	$5^{1}/_{8}$in5K
13	安全阀	$5^{1}/_{8}$in5K
12	注采闸阀	$5^{1}/_{8}$in5K
11	下盲板法兰	$5^{1}/_{8}$in5K
10	中主闸阀	$7^{1}/_{16}$in5K
9	下主闸阀	$7^{1}/_{16}$in5K
8	控制管线	1/4in
7	注采套管头	$13^{5}/_{8}$in5K TOP BTM& 11in芯轴式套管挂11in×7in可穿越1/4in控制管线
6	闸阀	$2^{1}/_{16}$in5K
5	套管头	$13^{5}/_{8}$in5K TOP BTM卡瓦连接，套管挂11in×$9^{5}/_{8}$in
4	闸阀	$2^{1}/_{16}$in5K
3	排卤管	$4^{1}/_{2}$in
2	注采管	7in
1	套管	$9^{5}/_{8}$in

图2-5-3　注气排卤采气树装配

检查方式：检查注气排卤井口安装及试压结果是否符合设计要求。

检查比例：全部检查。

（6）监理日志、旁站记录、现场检查表及不符合项整改单记录应及时，内容应完整、真实、准确。

检查方式：抽查监理日志、旁站记录、现场检查表及不符合项整改单记录。

检查比例：每个施工现场监理日志、旁站记录、现场检查表及不符合项整改单记录至少各抽查3份。

十五、排卤管柱试压

（1）现场施工设备（修井机等）操作手、指挥员、检测人员应是经报验合格的准入人员。

检查方式：抽查人员工作证与经监理批准的人员报审表的符合性。

检查比例：每个机组至少全部检查一次，人员发生变化时应再次检查。

（2）现场施工设备（修井机等）应是经报验合格的准入设备。

检查方式：抽查机具设备型号及检测记录与经监理批准的设备报审表的符合性。

检查比例：每个机组准入机具总数的 10%，准入机具不足 10 台至少抽查 1 台。

（3）所有岗位人员劳保防护用品配备齐全、完好（工衣、工鞋、安全帽、耳塞、护目镜、防护面罩）。

检查方式：抽查现场施工人员劳保着装是否符合作业要求。

检查比例：抽查现场施工人员总数的 10%，不足 10 人时抽查 1 人。

（4）排卤管柱试压的施工方案应经监理/业主审查批准。

检查方式：检查施工方案报审表。

检查比例：全部检查。

（5）用钢丝下入油管通管规，通至坐落接头处，通管正常后下入油管堵塞器，坐到坐落接头上；下入油管堵塞器配套平衡杆，坐落在堵塞器内，起出下入工具，接试压管线到排卤闸阀上，按设计要求对试压管线试压和排卤管进行试压，试压合格后用钢丝起出堵塞器和平衡杆。

检查方式：检查施工记录以及试压记录表。

检查比例：全部检查。

（6）监理日志、旁站记录、现场检查表及不符合项整改单记录应及时，内容应完整、真实、准确。

检查方式：抽查监理日志、旁站记录、现场检查表及不符合项整改单记录。

检查比例：每个施工现场监理日志、旁站记录、现场检查表及不符合项整改单记录至少各抽查 3 份。

十六、气密封试压

（1）现场施工人员、检测人员应是经报验合格的准入人员。

检查方式：抽查人员工作证与经监理批准的人员报审表的符合性。

检查比例：每个机组至少全部检查一次，人员发生变化时应再次检查。

（2）现场施工设备应是经报验合格的准入设备。

检查方式：抽查机具设备型号及检测记录与经监理批准的设备报审表的符合性。

检查比例：每个机组准入机具总数的 10%，准入机具不足 10 台至少抽查 1 台。

（3）所有岗位人员劳保防护用品配备齐全、完好（工衣、工鞋、安全帽、耳塞、护目镜、防护面罩）。

检查方式：抽查现场施工人员劳保着装是否符合作业要求。

检查比例：抽查现场施工人员总数的 10%，不足 10 人时抽查 1 人。

（4）气密封试压的施工方案应经监理/业主审查批准。

检查方式：检查施工方案报审表。

检查比例：全部检查。

（5）气密封试压步骤及气密封试压如图2-5-4所示。

① 连接注氮气及注排卤水管线，注氮气管线连接在注采气闸阀处，注排卤水管线连接到排卤闸阀处。注气管线及设备按设计要求用氮气试压；注排卤水管线及设备使用饱和卤水按设计要求试压。

② 下界面测井仪器，安装测井防喷盒，试压。

③ 打开采气树上下所有主阀，关闭注采气闸阀。

④ 打开排卤闸阀，通过注卤水管线向排卤管内注入饱和卤水至设计初始压力时停止注入卤水，使环空注气压力达到设计压力，要确保排卤管柱内压力不得超过设计压力。

检查方式：检查施工记录、试压记录表、现场检查采气树各连接部位是否有渗漏。

检查比例：全部检查。

（6）通过界面测井测出气水界面位置。

① 如果气水界面达到设定的位置，停止注气，关闭注气闸阀，保持整个测压系统静止8h，以补偿温差效应。

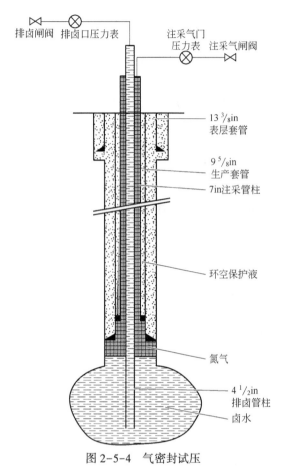

排卤闸阀　排卤口压力表　　注采气门压力表　注采气闸阀

13 3/8 in 表层套管

9 5/8 in 生产套管

7in注采管柱

环空保护液

氮气

4 1/2 in 排卤管柱

卤水

图2-5-4　气密封试压

② 如果气水界面深度在设定位置以上，则打开排卤闸阀放出适量的卤水，直至气水界面深度达到设定位置，同时补注适量的氮气，使7in×4½in环空压力表读数达到设计压力，然后关闭注采闸阀，保持整个测压系统静止8h，以补偿温差效应。

③ 如果气水界面深度在设定位置以下，则打开排卤闸阀向排卤管内注入适量卤水，同时打开注采闸阀放出适量氮气（泄压速度不大于0.25MPa/h），直至气水界面深度达到设定位置，使7in×4½in环空压力表读数达到设计压力，然后关闭注采气闸阀和排卤闸阀，保持整个测压系统静止8h，以补偿温差效应。

④ 再次通过界面测井仪器测定气水界面深度，同时观测井口压力表读数，如果气水界面深度在设定位置以上，则向环空中补注适量的氮气，同时保证7in×4½in环空压力表读数达到设计压力，然后关闭注采闸阀，如果气水界面深度在设定位置以下，则打开注采闸阀，缓慢释放出适量的氮气，以使气水界面深度达到设定位置，7in×4½in环空压力表读数达到设计压力。

检查方式：检查施工记录、气水界面深度记录表及试验压力记录表。

检查比例：全部检查。

（7）开始测试程序。

① 每隔 1h 记录一次井口检测仪表读数和对应的气水界面深度。

② 如果测试过程中，7in×4½in 环空压力表读数小于设计压力，则打开排卤闸阀，向排卤管内补注适量的卤水，以保证井口压力始终在设计压力。

③ 观察 7in×9⅝in 环空和排卤管柱压力变化，判断注采管柱和排卤管柱的密封性。24h 后，停止测试过程，如有异议可以适当延长测试时间。

④ 装节流阀后，打开注采闸阀，缓慢排出 7in×4½in 环空内的氮气（泄压速度不大于 0.25MPa/h），然后关闭注采闸阀。

⑤ 打开排卤闸阀，观察是否有气体排出，判断排卤管柱是否漏失，缓慢放出腔体中压缩的卤水。

⑥ 拆卸试压及测试设备，完成整个腔体的密封检测过程。

⑦ 根据记录数据，依据评价标准对腔体密封性进行评价。

⑧ 若腔体密封性检测不合格，不宜在 21 天内进行再次检测。

检查方式：检查施工记录及试压记录表。

检查比例：全部检查。

（8）气密封试压评价标准。

① 气体泄漏率随时间逐渐减小，并趋近于零值。

② 在 24h 检测时间内，气水界面深度变化小于 1m。

如果检测结果能够同时满足上述两条标准，则认为腔体密封性是合格的。

检查方式：检查气密封试压结果是否符合的要求。

检查比例：全部检查。

（9）注采管柱密封性评价标准。

① 注采管柱密封性判断：当试压开始时观察 $\phi177.8mm$ 注采管与 $\phi244.5mm$ 生产套管环空压力，若压力升高明显，缓慢打开环空阀门有气体排出，证明注采管漏失。

② 气密封试压完成后，$\phi177.8mm$ 注采管与 $\phi244.5mm$ 生产套管环空压力无明显升高，缓慢打开环空阀门无气体排出，证明注采管柱密封完好。

检查方式：检查注采管柱密封性是否评价标准。

检查比例：全部检查。

（10）排卤管柱密封性评价标准。

① 注气后观察排卤管压力表，若压力较快升高，表明排卤管密封不好。

② 若压力正常，当试压结束后，缓慢打开排卤阀观察是否有气体排出，若没有气体排出证明排卤管柱密封完好，若有气体排出证明排卤管柱密封不好。

检查方式：检查排卤管柱密封性是否符合评价标准。

检查比例：全部检查。

（11）监理日志、旁站记录、现场检查表及不符合项整改单记录应及时，内容应完整、真实、准确。

检查方式：抽查监理日志、旁站记录、现场检查表及不符合项整改单记录。

检查比例：每个施工现场监理日志、旁站记录、现场检查表及不符合项整改单记录至少各抽查 3 份。

第六章 注气排卤施工质量管理

第一节 注气排卤施工工序

注气排卤的主要施工工序见第一部分第五章第四节。

第二节 注气排卤施工质量管控要点

一、试注气排卤

（1）现场施工人员应是经报验合格的准入人员。

检查方式：抽查人员工作证与办理承包商准入填报时人员信息的符合性。

检查比例：每个井组至少全部检查一次，人员发生变化时应再次检查。

（2）所有岗位人员劳保防护用品配备齐全、完好（工衣、工鞋、安全帽、耳塞、护目镜、防护面罩等）。

检查方式：抽查现场施工人员劳保着装是否符合作业要求。

检查比例：抽查现场施工人员总数的10%，不足10人时抽查1人。

（3）试注气排卤施工的施工方案应经业主审查批准。

检查方式：检查施工方案签字页。

检查比例：全部检查。

（4）连接注气排卤地面管线及流程，注气排卤流程试压及试运行，做好卤水处理准备。

检查方式：检查施工记录、试压记录表、现场检测地面管线连接是否符合设计要求。

检查比例：全部检查。

（5）注气排卤准备工作完成后，进行试注气排卤，操作步骤如下：

① 打开排卤总阀和排卤池的阀门，倒通排卤流程。

② 打开注采闸阀，缓慢打开注气闸阀，以地面注气设备可以达到的最小排量逐渐注入天然气，使注气压力达到管线压力；操作过程中确保井口注气压力平稳升高，排卤量不大于 $40m^3/h$。

③ 观察环空压力表、井下安全阀液压控制管线压力、注气压力以及排卤压力变化情况。

④ 观察采气树各连接处以及与地面管线连接处是否漏气。

⑤ 观察卤水返出情况，记录排出卤水流量。

⑥ 若压力表指示正常，各连接处不漏气，卤水返出正常表明注气排卤系统正常，可以正式注气排卤，若不正常分析原因进行整改，整改合格后进行正式注气。

⑦ 试注气排卤到腔体正常进气，返出卤水正常为止。

⑧ 试注气排卤地面和地下密切配合，现场全程观察，每10min记录一次各压力、排量、

温度以及累计注入气量和排出卤水量，实时分析现场注气排卤变化情况，及时研究处理出现的新情况，注入参数可根据实际情况由现场研究决定进行调整。

检查方式：检查施工记录、压力记录表以及试注气排卤记录表。

检查比例：全部检查。

（6）现场检查表及不符合项整改单记录应及时，内容应完整、真实、准确。

检查方式：现场检查表及不符合项整改单记录。

检查比例：每个施工现场的现场检查表及不符合项整改单记录至少各抽查 3 份。

二、注气排卤

（1）现场施工人员应是经报验合格的准入人员。

检查方式：抽查人员工作证与办理承包商准入填报时人员信息的符合性。

检查比例：每个井组至少全部检查一次，人员发生变化时应再次检查。

（2）所有岗位人员劳保防护用品配备齐全、完好（工衣、工鞋、安全帽、耳塞、护目镜、防护面罩等）。

检查方式：抽查现场施工人员劳保着装是否符合作业要求。

检查比例：抽查现场施工人员总数的 10%，不足 10 人时抽查 1 人。

（3）注气排卤施工的施工方案应经业主审查批准。

检查方式：检查施工方案签字页。

检查比例：全部检查。

（4）试注气正常后，按设计压力、排量进行正常注气，注气时按照先控制压力，后控制排量原则实施。注气压力不能超过设计值的最高值。

检查方式：检查施工记录及注气压力记录表。

检查比例：全部检查。

（5）观察排出卤水并记录排出卤水流量。卤水中不含天然气且卤水排量相对稳定则排卤正常，利用天然气报警装置监控排除卤水中的天然气浓度，若排出卤水中有天然气立即停止注气，分析原因进行处理。注气和排卤值班人员密切注视注气排卤情况，保持联系畅通，一旦发现异常情况和异常响声，立即汇报主管人员处理，紧急情况停止注气，及时关闭井口注气闸阀和排卤闸阀；并将情况及时汇报主管人员处理。

检查方式：检查卤水排出量是否稳定且卤水中是否含有天然气。

检查比例：全部检查。

（6）根据注入天然气气量、溶腔体积、排出卤水总量以及井口压力综合判断气液界面位置，当注气量达到总库容的 70% 左右进行气液界面深度检测，确认注气量与排卤量测算是否准确。当气液界面距离排卤管鞋 10m 后进入注气排卤后期。在气液界面离排卤底部管口小于 4m 时，应以不超过 $60m^3/h$ 的排卤流量缓慢排卤；在气液界面离排卤底部管口小于 2m 时，应以不超过 $40m^3/h$ 的排卤流量缓慢排卤；在气液界面离排卤管柱进水口 0.5m 左右时，表明到了气液界面的过渡区，表明卤水排出结束。

检查方式：检查注气量、排卤量记录表、气液界面深度测算记录表以及气液界面深度检测表。

检查比例：全部检查。

（7）注气排卤后期加强对排出卤水的观察，当卤水中有天然气时，停止压缩机注气，关闭注气闸阀，观察排卤口是否继续有气体冒出，若有大量气体冒出，表明可能管柱漏失，立即停止注气，根据实际情况研究处理措施。

检查方式：检查注气排卤记录表、现场检查排卤口卤水中是否含有天然气。

检查比例：全部检查。

（8）地面排卤操作人员分工明确，24h 值班，确保地面注气排卤系统安全，各设备及闸阀开关准确、及时，各岗位配合默契，每小时至少巡视注气排卤井口一次，观察井口是否有漏气点、圆井液面是否有气泡、井下安全阀是否处于全开状态（井下安全阀液压控制管线压力表显示压力不低于设计值），在出现异常情况下加密巡视次数。

检查方式：检查施工记录以及地面设备开关状态。

检查比例：全部检查。

（9）排卤管反冲洗时现场根据具体情况安排冲洗排卤管冲洗间隔、冲洗量、冲洗时间，冲洗结束后，静止 30min 打开排卤闸阀，将压力升至注气压力表压力时，再开启注气闸阀，继续注气。排卤中后期排卤量减少，压力增高要延长反冲洗注水时间，增大注水量，以减少管柱二次结晶。

检查方式：检查排卤管柱冲洗记录表、现场检查排卤管柱冲洗操作及时间是否符合要求。

检查比例：全部检查。

（10）现场检查表及不符合项整改单记录应及时，内容应完整、真实、准确。

检查方式：现场检查表及不符合项整改单记录。

检查比例：每个施工现场现场检查表及不符合项整改单记录至少各抽查 3 份。

第七章　不压井作业施工质量管理

第一节　不压井作业工程施工工序

不压井作业工程的主要施工工序如图 2-7-1 所示。

图 2-7-1　不压井作业工程主要施工工序示意图

第二节　不压井作业施工质量管控要点

一、投捞堵塞器及坐封静压桥塞作业

（1）现场施工人员应是经报验合格的准入人员。

检查方式：抽查人员工作证与经监理批准的人员报审表的符合性。

检查比例：每个机组至少全部检查一次，人员发生变化时应再次检查。

（2）现场施工设备应是经报验合格的准入设备。

检查方式：抽查机具设备型号及检测记录与经监理批准的设备报审表的符合性。

检查比例：每个机组准入机具总数的 10%，准入机具不足 10 台至少抽查 1 台。

（3）所有岗位人员劳保防护用品配备齐全、完好（工衣、工鞋、安全帽、耳塞、护目镜、防护面罩）。

检查方式：抽查现场施工人员劳保着装是否符合作业要求。

检查比例：抽查现场施工人员总数的 10%，不足 10 人时抽查 1 人。

（4）投捞堵塞器及坐封静压桥塞作业的施工方案应经监理/业主审查批准。

检查方式：检查施工方案报审表。

检查比例：全部检查。

（5）在地面连接防喷管，连接完毕后先进行地面试压，合格后再连接到井口；将地面仪器与井下仪器配接，在地面对堵塞器及静压桥塞进行检查，保证仪器性能良好。地面连接线满足相关技术规范要求。连接防喷管串、入井工具串以及井口防喷装置。

检查方式：检查施工记录、防喷管试压记录及仪器检测报告。

检查比例：全部检查。

（6）关闭采气树上闸阀和流程管线，打开采气树帽泄压后确认无压力泄漏、无阀门不严。拆卸采气树帽，安装变径接头或转换法兰。

检查方式：检查施工记录，现场检查采气树是否有压力泄漏。

检查比例：全部检查。

（7）防喷管串和防喷器安装完成后，用原井筒压力对井口防喷设备进行试压，观察30min，井口防喷管柱内压降不超过设计要求视为合格，方可进行下一步工序。

检查方式：检查施工记录及井口防喷设备试压记录表。

检查比例：全部检查。

（8）投堵塞器前需要用清水对排卤柱进行冲洗确保井筒内干净，通井工具下放到坐落接头位置，记录上提张力，提出通井工具；连接堵塞器，下放到坐落接头处，遇阻后，向下震击一次，上提后张力增大，向上震击，直到堵塞器销钉剪断，提出堵塞器下放工具。工具提出井口后，开始井口放压，放压完成后，井口压力不涨，则堵塞器投放成功。

检查方式：检查施工记录、上提张力记录表、现场检查井口压力情况。

检查比例：全部检查。

（9）堵塞器投放成功，钢丝下放静压桥塞，下放到遇阻后，上提 4~5m，记录上提张力，刹住绞车；井口打压坐封桥塞，打压完成后，上提钢丝，观察张力并记录，上提张力需大于设计要求值以上，则桥塞坐封成功，向下震击剪切销钉，提出桥塞下放工具。按设计要求进行井口打压，稳压 30min 后，井口压降不超过 0.5MPa 验封合格，则桥塞投放成功。

检查方式：检查施工记录、上提张力记录表及井口试压记录表。

检查比例：全部检查。

（10）监理日志、旁站记录、现场检查表及不符合项整改单记录应及时，内容应完整、真实、准确。

检查方式：抽查监理日志、旁站记录、现场检查表及不符合项整改单记录。

检查比例：每个施工现场监理日志、旁站记录、现场检查表及不符合项整改单记录至少各抽查 3 份。

二、安装不压井装置及作业机

（1）特种设备（不压井作业机等）操作手、施工人员应是经报验合格的准入人员。

检查方式：抽查人员工作证与经监理批准的人员报审表的符合性。

检查比例：每个机组至少全部检查一次，人员发生变化时应再次检查。

（2）现场施工设备（不压井作业机等）应是经报验合格的准入设备。

检查方式：抽查机具设备型号及检测记录与经监理批准的设备报审表的符合性。

检查比例：每个机组准入机具总数的 10%，准入机具不足 10 台至少抽查 1 台。

（3）所有岗位人员劳保防护用品配备齐全、完好（工衣、工鞋、安全帽、耳塞、护目镜、防护面罩）。

检查方式：抽查现场施工人员劳保着装是否符合作业要求。

检查比例：抽查现场施工人员总数的 10%，不足 10 人时抽查 1 人。

（4）安装不压井装置及作业机的施工方案应经监理/业主审查批准。

检查方式：检查施工方案报审表。

检查比例：全部检查。

（5）在排卤油管头上法兰以上依次安装：变径法兰+2FZ18-70 闸板防喷器（下剪切闸板、上全封闸板）+FZ18-70 闸板防喷器（4½in 半封闸板）+FZ18-70 闸板防喷器（4½in

半封闸板），各处的连接螺栓应带全上紧，螺栓两端剩余螺纹不应少于 3 扣。在安全防喷器组上安装不压井作业机，紧固所有螺栓，将不压井作业设备和水泥基墩连接固定。

检查方式：现场检查不压井作业设备安装是否符合要求。

检查比例：全部检查。

（6）传动系统柴油机（包括车载发动机）应符合 GB 17691—2018《重型柴油车污染物排放限值及测量方法（中国第六阶段）》的规定。油气井作业发动机排气管应设有灭火花装置。使用万向联轴器装置传动时，万向联轴器的轴线夹角不宜大于 8°。各传动系统应运转平稳，各箱体、管线接头应无渗透漏油现象，在正常工况下连续运转，其轴承外壳温升不应超过 40℃，最高温度不大于 80℃，润滑油温度不应超过 70℃。

检查方式：现场检查传动系统运转是否符合设计要求。

检查比例：全部检查。

（7）防喷系统要求管柱内防喷工具的工作压力应大于或等于井口防喷器工作压力。关闭闸板防喷器、环形防喷器或液动阀的时间应少于 10s。防喷系统应进行通径检测，用通径规在不施加外力下能顺利通过。防喷系统应进行气密封试验。压力平衡系统应设置远程控制阀口，平衡系统的承压能力应大于或等于井口防喷器工作压力。

检查方式：检查施工记录、防喷系统试压记录表。

检查比例：全部检查。

（8）卡瓦要求卡瓦应满足向下（管柱的载荷）和向上（井筒压力产生的上顶力）两方向轴向载荷的作用。卡瓦的轴向承载力不应小于提升和下压额定载荷的 1.5 倍。最大载荷作用下，卡瓦牙与管柱接触齿数应占卡瓦牙总齿数的 90% 以上，并且压痕分布均匀，无崩齿。卡瓦应设置机械或液压锁紧装置。卡瓦控制系统应设置内锁定安全控制装置，有序控制卡瓦开闭。

检查方式：检查施工记录及卡瓦系统安装是否符合设计要求。

检查比例：全部检查。

（9）提升和下压系统液压缸额定下拉力不应小于最大下压载荷的 1.5 倍，额定上推力不应小于最大上提力的 1.5 倍。制动系统应安全可靠，最大载荷时制动后在 3min 内应无滑移现象，且其制动过程时间不应超过 1.5s。液压油缸提升时井架天车底部安全防碰距离不应小于 1m。

检查方式：检查提升和下压系统是否符合设计要求。

检查比例：全部检查。

（10）设备调整（整机行走、调平、井架起降）液压系统的额定压力宜为 14MPa，作业系统额定压力宜为 21MPa 或 14MPa。液压系统应使用规定的液压油，滤油器过滤粒度宜为 20μm。除特殊规定外，液压泵的进口工作油温不宜超过 60℃。液压支腿应带机械式锁紧装置。提升或下压液压缸的控制应设置平衡管路。井架起升、伸缩液压缸进油口应设置单向节流阀，以防止井架自由下落。宜选择合适的位置设置明显标记，提示和警告操作者在每次操作前应将液压缸内气体排尽。液压系统油量不应少于关—开—关所有井控装置所需液压油量的 125%。

检查方式：检查液压系统是否符合设计要求。

检查比例：全部检查。

（11）气路系统应设过滤装置，过滤粒度为 40μm。气路系统应设防冻、干燥和排水装置。气路系统及元件的额定压力宜为 0.8MPa。

检查方式：检查气路系统是否符合设计要求。

检查比例：全部检查。

（12）电气装置场所在作业井口周围区域的分类应符合相关标准的规定。电气线路宜采用不同的颜色区分。不压井作业装备的顶部、井口作业区域和仪表处应设置夜间防爆工作灯。

检查方式：检查电气装置是否符合设计要求。

检查比例：全部检查。

（13）监理日志、旁站记录、现场检查表及不符合项整改单记录应及时，内容应完整、真实、准确。

检查方式：抽查监理日志、旁站记录、现场检查表及不符合项整改单记录。

检查比例：每个施工现场监理日志、旁站记录、现场检查表及不符合项整改单记录至少各抽查 3 份。

三、起排卤管柱

（1）特种设备（不压井作业机等）操作手、施工人员应是经报验合格的准入人员。

检查方式：抽查人员工作证与经监理批准的人员报审表的符合性。

检查比例：每个机组至少全部检查一次，人员发生变化时应再次检查。

（2）现场施工设备（不压井作业机等）应是经报验合格的准入设备。

检查方式：抽查机具设备型号及检测记录与经监理批准的设备报审表的符合性。

检查比例：每个机组准入机具总数的 10%，准入机具不足 10 台至少抽查 1 台。

（3）所有岗位人员劳保防护用品配备齐全、完好（工衣、工鞋、安全帽、耳塞、护目镜、防护面罩）。

检查方式：抽查现场施工人员劳保着装是否符合作业要求。

检查比例：抽查现场施工人员总数的 10%，不足 10 人时抽查 1 人。

（4）起排卤管柱施工的施工方案应经监理/业主审查批准。

检查方式：检查施工方案报审表。

检查比例：全部检查。

（5）打开上主闸阀，打开排卤闸阀，检查管柱内是否有气体，没有气体则关闭排卤闸阀。打开不压井作业装置的所有防喷器。下入提升油管至排卤管油管挂处对扣，先人工将提升油管与油管挂上扣，后用油管钳将扣上好，向上试提油管挂到 150kN，确保上好扣后再进行下步作业。关闭不压井作业装置上下防喷器，卸油管挂顶丝，确保所有顶丝退到位，用不压井作业装置，缓慢上提油管挂到不压井作业装置下防喷器处，停止上提，开下防喷器，缓慢上提油管挂过下防喷器，快到上防喷器处，停止上提，关闭下防喷器，打开上下防喷器间的排气闸阀，将两防喷器间的天然气压力放至大气压，打开上防喷器，缓慢上提油管挂过上防喷器，后关闭上防喷器，缓慢将油管挂提出井口，卸掉油管挂，按不压井作业装置正常工作状况起排卤管柱，当排卤管柱最下端起至井下安全阀以上，关闭井下安全阀，按正常作业起出剩余排卤管，当排卤管最下端起至采气树下主闸阀以上，关闭下主闸阀，排卤管柱全部起出后，关闭采气树上主闸阀。

检查方式：检查施工记录、起排卤管柱操作是否符合要求。

检查比例：全部检查。

（6）监理日志、旁站记录、现场检查表及不符合项整改单记录应及时，内容应完整、真实、准确。

检查方式：抽查监理日志、旁站记录、现场检查表及不符合项整改单记录。

检查比例：每个施工现场监理日志、旁站记录、现场检查表及不符合项整改单记录至少各抽查 3 份。

四、拆不压井装置及作业机

（1）现场施工人员应是经报验合格的准入人员。

检查方式：抽查人员工作证与经监理批准的人员报审表的符合性。

检查比例：每个机组至少全部检查一次，人员发生变化时应再次检查。

（2）现场施工设备应是经报验合格的准入设备。

检查方式：抽查机具设备型号及检测记录与经监理批准的设备报审表的符合性。

检查比例：每个机组准入机具总数的 10%，准入机具不足 10 台至少抽查 1 台。

（3）所有岗位人员劳保防护用品配备齐全、完好（工衣、工鞋、安全帽、耳塞、护目镜、防护面罩）。

检查方式：抽查现场施工人员劳保着装是否符合作业要求。

检查比例：抽查现场施工人员总数的 10%，不足 10 人时抽查 1 人。

（4）拆卸不压井作业机，拆卸安全防喷器组，安装井口闸阀及采气树树帽。

检查方式：检查采气树安装是否符合要求。

检查比例：全部检查。

（5）不压井作业完成后恢复井场，做到"工完料尽，场地清"。

检查方式：检查井场恢复是否达到验收标准。

检查比例：全部检查。

（6）整理施工班报报表，日报报表，试压记录，井场交接书。

检查方式：检查井场资料是否齐全完善且达到验收标准。

检查比例：全部检查。

（7）监理日志、旁站记录、现场检查表及不符合项整改单记录应及时，内容应完整、真实、准确。

检查方式：抽查监理日志、旁站记录、现场检查表及不符合项整改单记录。

检查比例：每个场监理日志、旁站记录、现场检查表及不符合项整改单记录至少各抽查 3 份。

第八章 检查频次及不符合项处理

第一节 检查频次

项目部应在每次开工后及每月至少一次（1月以内的施工项目至少开展一次）对施工承包商质量行为及现场实体质量进行检查（抽查开工机组数量比例不低于30%，每季度检查应全面覆盖所有开工机组，隐蔽工程进行全过程检查），并应根据工程进展以及特殊作业要求，组织开展专项质量检查。

第二节 不符合项处理

对现场检查发现的轻微不符合项，现场发出口头通知，责任方按要求即时整改。对于发现的下列问题，应下发《不符合项通知》（见附表1.1.1），由监理单位组织落实整改，施工单位按要求提交不符合项整改回复单，经监理单位对回复内容进行验证后向建设单位提交监理单位签字确认的不符合项整改回复单，项目部/分公司应对监理单位提交的《不符合项整改情况报告》（见附表1.1.2）的整改完成内容进行复查。

（1）未经批准或未取得法定开工手续自行开工建设。

（2）违反法律法规和强制性标准进行设计和施工。

（3）不按设计图纸和规范要求施工，用施工图设计变更代替初步设计变更，用施工变更代替施工图设计变更，应变更未履行变更程序。

（4）对工程项目质量管理体系或HSE管理体系运行有效性（区域或系统性）有影响的，对工程实体质量、人身安全及环境可能产生后果的。

（5）违反国家管网十大禁令的。

（6）国家管网集团承包商管理十项措施。

附录

附录1 隐患整改通知单、检查发现问题整改反馈单

附表1.1 隐患整改通知单

编号：_____	签发：_____

_____：

　　经检查，你单位存在下列事故隐患：

　　上述各项，限____年____月____日前整改，并将整改结果反馈给_____。

年　　月　　日

附表 1.2　检查发现问题整改反馈单

□急件□平件　问题严重性：□严重□一般

安全隐患主题： 安全隐患所在区域：	责任单位： 限期整改日期：

问题现象描述：

问题相片

　　附件：文字（　）页，图片（　）张，音像（　）份

不符合依据：

整改措施或控制措施：

　　附件：文字（　）页，图片（　）张

整改完成日期：＿＿＿年＿＿＿月＿＿＿日

隐患形成的责任和原因分析：

被查单位负责人：＿＿＿年＿＿＿月＿＿＿日

验证结果：

　　附件：文字（　）页，图片（　）张

验证人：
验证时间：＿＿＿年＿＿＿月＿＿＿日

后续工作：

监督人：

　　注1：隐患单位必须分析隐患形成的责任和原因，落实直线责任，避免同类问题重复发生。
　　注2：被查单位未制订"整改措施"或暂时无法整改的问题，需制订"控制措施"。
　　注3：反馈单中"责任人""整改完成日期""验证人""验证结果""验证时间"及"被查单位负责人"均为本人手填，不得打印或代签。
　　注4：此反馈单一式两份，一份返回给检查单位，另一份由被查单位留存

附录 2　施工现场安全目视标准化手册

2.1　人员目视化管理

2.1.1　安全帽

安全帽应配件齐全，佩戴规范。管理人员佩戴的安全帽为白色，安全监督人员佩戴的安全帽为黄色，操作人员佩戴的安全帽为红色，电力系统员工佩戴的安全帽为蓝色，集团公司以外承包商所使用安全帽颜色，应不同于集团公司员工安全帽颜色，具体颜色由各企业自定。普通安全帽帽箍、系带和吸汗带均为灰色。防寒安全帽外表面颜色为黑色，帽衬、帽带及帽绒均为棕色。

安全帽禁止使用有机溶剂清洗，禁止自行钻孔，禁止涂上或喷上油漆，禁止有损坏时仍然使用，禁止抛掷或敲打，禁止在帽内戴上其他帽子。

2.1.2　工作服

配发的工作服质量应符合产品标准的要求，防护服款式，应以符合安全要求为主，区别不同专业、工种，兼顾穿戴方便，合体美观，色泽明显，不影响员工上岗操作。

特种劳动护品，应具有国家主管部门颁发的"全国工业产品生产许可证"和"特种劳动护品安全标志"。

焊接服的结构应安全、卫生，有利于人体正常生理要求与健康。配用的防护用品应尽可能少地影响工作，并完整地覆盖暴露区域。上衣长度应盖住裤子上端20cm以上，袖口、脚口、领子应用可调松紧结构，尽可能不设外衣袋。明衣袋应带袋盖，袋盖长应超过袋盖口2cm，上衣门襟以右压左为宜，裤子两侧口袋不得用斜插袋，避免活褶向上倒，衣物外部接缝的折叠部位向下，以免集存飞溅熔融金属或火花。

2.1.3　安全鞋

进入施工作业区域应穿戴安全鞋，从事切割作业人员或存在脚部切割风险的施工作业区域不得选用式样 A 安全鞋。参建单位应根据防护需要选择不同种类安全鞋。安全鞋式样应符合附图 2.1 的相关规定。

式样 E 是在高筒靴（D 型）上装一种薄的、能延长帮面的不渗水或防沙材料，且该材料能裁剪以适合穿着者。

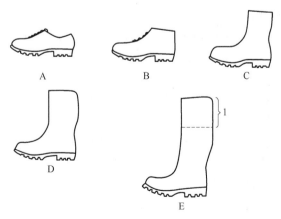

附图 2.1　安全鞋式样

A—低帮鞋；B—高腰靴；C—半筒靴；D—高筒靴；E—长靴；1—适合穿着者的各种延长部分

2.1.4 工作证

进入施工作业现场人员均应佩戴工作证。其人员范围包括政府质量监督、国家石油天然气管网、项目单位、承包商、其他单位人员。其中，项目单位人员包括工程项目单位和运行单位的人员，承包商人员包括监督单位、设计单位、采办服务商、供应商/厂家、施工单位、无损检测单位的人员等，其他单位人员包括国家石油天然气管网外单位到项目进行视察、调研、检查、采访等工作的人员。式样如附图2.2所示。

附图 2.2　工作证式样

2.2　设备目视化管理

2.2.1　管理内容和基本要求

要明确属地管理要求，在主要设备（如井架、绞车、钻井泵、发电机组、电控房、钻井液循环罐、井控设备、油罐等）明显部位标注设备名称、维护保养人、操作使用人、属地管理人和自重。

2.2.2　设备状态、指示说明目视化管理

设备投用后应制作设备状态指示牌，设备状态指示牌分为"在用""备用""待修""在修""停用"五种，根据不同设备状态挂不同指示牌。设备状态指示牌如附图2.3所示。

设备控制盘按钮及指示装置应标注指示及说明，原有英文说明的，应翻译成中文后标注，或在明显位置标明中英文对照表。设备厂房或控制室开关应有标签标注控制对象。

2.2.3　设备标签管理

标签的数据管理、标签制作、标签安装位置应符合《油气管道工程数字标签通用规定》

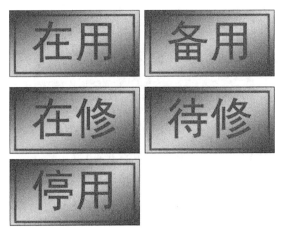

附图 2.3　设备状态指示牌

（DEC-OGP-D-CM-003-2020-1）的要求。设备标签采用复合标签，供应商或设备厂家应将设备标签妥善固定在设备本体易观察处。设备出厂前，供应商或设备厂家应按本文件规定完成设备数字标签的制作、安装工作。带执行机构的阀门应分别制作数字标签。

　　压缩机及其相关的电动机、变频、燃气轮机、干气密封橇、润滑油站、防喘阀、油冷器、控制柜等均应分别制作数字标签。泵及其相关的电动机、变频、润滑油站、控制柜等均应分别制作数字标签。设备数字标签由设备铭牌（若设备太小无法制作铭牌时可采用吊牌）、二维码、电子标签组成，如附图 2.4 所示。

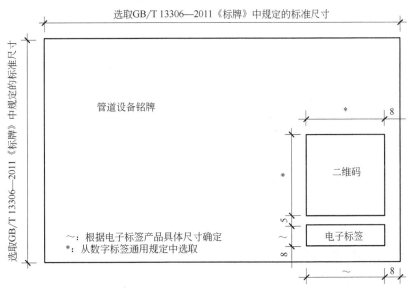

附图 2.4　设备标签示意图

2.2.4　压力容器目视化管理

投产后应向设备主管部门申请压力容器（主要为储气瓶）检查牌（附图 2.5），并固定于该压力容器明显位置，铭牌上应清晰标明压力容器的最大安全压力。

2.2.5　指示仪表目视化管理

工艺、设备附属压力表、温度表、液位计等指示仪表用红色透明色条标识出异常工作区

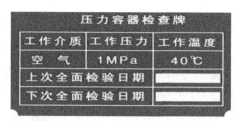

附图 2.5　压力容器目视化管理要求

域。如出厂时原有标识与额定工作压力相同时可直接选用。

工艺、设备附属压力表、温度表、液位计等指示仪表应用统一计量标识，压力范围通常是画出安全区域、工作区域、危险区域。

2.2.6　隔离带目视化管理

作业（工作）场所内如可能存在下列情况，就必须用围绳（安全专用隔离带）或围栏隔离出不同工作区域，如维修作业区域、承包商作业区域、临时物品存放区域、走道区域等危险区域，并挂上标签以明确隔离相关信息。

隔离要求：

（1）安全专用隔离带隔离适用于警告性的区域隔离，是用一条安全专用隔离带（附图 2.6）将需要防护的区域围起来，围绳的高度离地面 120cm，围绳应绑在稳固的立柱上。

（2）围栏隔离适用于保护性的区域隔离，围栏是用木板或金属板围隔而成，例如 1m 以上深沟、未防护的开口孔洞及路上施工工地必须用围栏隔离。

（3）围栏围在路上者必须用反光或照明器具进行警示。

（4）隔离应在危险消除后立刻拆除。

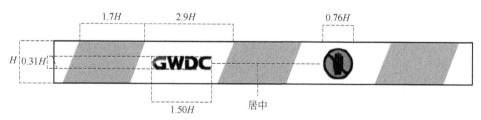

附图 2.6　隔离带目视化管理要求

隔离带的设置要求如下：

（1）放置的位置根据需要而定。

（2）固定方式为站立，高度 1.25m。

（3）隔离带颜色为红白相间。

（4）隔离带上文字为 GWDC 和禁止标识。

2.3　设施目视化管理

以下内容摘录自 GB/T 50484—2019《石油化工建设工程施工安全技术标准》：

（1）施工现场应实行封闭管理，宜设置围挡。

（2）作业区、办公区应设置一般照明并配置足量的消防器材，设置应急撤离线路、紧急集合点等标志。

（3）油漆、油料等可燃物品仓库应配置消防器材，设置警示标志，留有宽度不小于4m的消防通道，并保持畅通。

（4）可燃物品仓库与其他建筑物、铁路、道路、工艺装置、燃料罐区之间的防火间距，应符合现行国家标准 GB 50160—2008《石油化工企业设计防火标准（2018 年版）》的规定。

（5）施工现场采用集装箱作为办公室、休息室、会议室，应设置集装箱接地保护设施。

（6）仓库或堆放场的电气设备应保持完好状态，与用电设备相关的金属结构设施等应接地保护。

2.4 工器具目视化管理

2.4.1 管理内容和基本要求

工用器具是指各式梯子、脚手架、电动工具、移动式发电机、电焊机、压缩气瓶、手动起重工具、检测仪器、气动工具、消防设施等，一旦出现缺陷或问题易发生事故。

所有工用具入场时必须进行检查，并列入检查表，未列入检查表的工用具，依照相应工用具安全和完整性要求进行检查，检查合格，以附有检查日期的不同颜色标签，粘贴于工用具的开关、插座或其他明显位置，以确认该工用具合格。未粘贴标签，表明该工用具检查不合格或未检查。不合格、标签超期及未贴标签的工用具不得使用，所有工用具的使用者必须在使用工用具前再次进行目视检查。

2.4.2 压缩气瓶目视化管理

压缩气瓶的外表面涂色以及有关警示标签应符合 GB/T 7144—2016《气瓶颜色标志》和 GB/T 16804—2011《气瓶警示标签》等有关标准的要求，同时还应采用标牌标明气瓶状态（如满瓶、空瓶、使用中等，如附图 2.7 所示）。

附图 2.7　气瓶状态标牌

2.4.3 消防器材目视化管理

施工现场应根据施工情况配备一定数量的灭火器材，每个作业区域配备不少于 2 个灭火器，消防器材应定期进行检查，确保产品在有效期内；站内施工通道与消防通道应保持畅通。

2.4.4　工器具库房目视化管理

（1）库房应具备密闭性，并按功能分区；配备足够的照明灯具、消防器材及应急照明器材，保证其室内环境清洁、通风良好、方便存放和取用。

（2）为便于存取，内部可采用多层式存放架；宜具备柜内湿度调节、漏电保护等功能。

（3）安全工器具柜中使用的材料均应是阻燃的，遭受非正常发热或遇火后，不得失效或危及安全。

（4）采用金属材料作为安全工器具柜的外壳时，应对外壳进行有效防锈蚀处理；外壳防护等级不低于 IP54。

2.4.5　手持电动工具检查目视化要求

手持电动工具入厂时必须进行检查；长期工作使用，必须每季度进行一次检查；依照相应安全和完整性要求进行检查，检查合格，以附有检查日期的不同颜色（春季：绿色；夏季：红色；秋季：黄色；冬季：蓝色）标签，粘贴于明显位置，以确认该工具合格。未粘贴标签，表明该工具检查不合格或未检查。

2.4.6　起重绳套目视化要求

安全状态：绳套铅封上刷绿色油漆。

不安全状态：绳套铅封上刷红色油漆。

2.4.7　梯子目视化要求

现场使用的平台楼梯或临时搭设的楼梯的第一和最后一级踏步刷黄色荧光安全色。不易区分高差、存在绊倒隐患的任何台阶处应刷黄色荧光安全色。

直梯、延伸梯、人字梯等活动梯子最上面两个踏步刷黄色安全色或以文字标示，禁止使用时踩踏。

2.4.8　其他工器具目视化要求

除压缩气瓶、手持电动工具、消防器材等以外的其他工器具，使用单位应依照相应工器具安全和完整性要求进行检查，检查合格，将有检查日期的不同颜色标签，粘贴于工具的开关或其他明显位置，以确认该工器具合格、不合格，超期未检及未贴标签的工器具不得使用。

2.5　井场安全标识目视化

2.5.1　井场大门区域

2.5.1.1　井场大门标识

（1）尺寸。长宽比为 3 : 2，推荐尺寸为 120mm×80mm。

（2）材质。推荐使用 1.5mm 厚 304 型不锈钢。

（3）工艺。推荐采用腐蚀刻板，丝网印刷。

（4）说明：安装于井场左侧大门合适位置，尺寸可根据现场调整，也可根据实际情况安装于井场外墙入口左侧位置，美观耐看即可。

（5）内容要求：

① 公司 logo 置于标识牌左上角。

② 警示标识置于标识牌内容左侧。

③ 职业病危害告知信息置于标识牌内容右侧。

④ 应急电话置于告知牌右下角。

2.5.1.2　井场平面示意图

（1）放置的位置：大门外。

（2）模板尺寸大小：2100mm×1100mm。

（3）固定方式：站立，高度1.8m。

（4）制作材料：周边白钢，铁皮。

2.5.1.3　入场须知和安全生产禁令

（1）放置的位置：大门外。

（2）模板尺寸大小：2100mm×1100mm。

（3）固定方式：站立，高度1.8m。

（4）制作材料：周边白钢，铁皮。

2.5.1.4　H_2S含量警示牌

（1）H_2S含量警示牌（附图2.8）分红、黄、绿三种颜色，超过20mL/m^3时使用红色，10~20mL/m^3时使用黄色，小于10mL/m^3时使用绿色。

附图2.8　H_2S含量警示牌

（2）放置的位置：大门外。

（3）模板尺寸大小：250mm×400mm。

（4）固定方式：站立，可移动，高1.25m，可插拔，更换警示牌。

（5）制作材料：铝，荧光显示。

2.5.1.5　停车标识（附图2.9）

（1）放置的位置：井场大门外停车区域。

（2）模板尺寸大小：250mm×400mm。

（3）固定方式：站立，可移动，高1.25m。

（4）制作材料：铝，荧光显示。

（5）颜色：蓝底白字。

（6）显示类型：单面显示。

2.5.2　井口区域

2.5.2.1　上下梯子警示牌

（1）上下梯子警示牌（扶好扶手标志，如附图2.10所示）。

附图 2.9　停车区域目视化管理要求

① 放置的位置：上下梯子处。

② 模板尺寸大小：400mm×500mm。

③ 固定方式：固定在栏杆上。

④ 颜色：白、蓝底，白字。

⑤ 语言：中英文。

⑥ 制作材料：铝，荧光显示。

（2）上下梯子警示牌（当心滑跌标志，如附图 2.11 所示）。

① 放置的位置：上下梯子处。

② 模板尺寸大小：400mm×500mm。

③ 固定方式：铆钉栏杆上。

④ 颜色：白、黄底，黑字。

⑤ 语言：中英文。

⑥ 制作材料：铝，荧光显示。

附图 2.10　上下梯子扶好扶手标志

附图 2.11　当心滑跌标志

上下梯子警示牌的上述两类标牌按顺序固定于梯子扶手处，如附图 2.12 所示。

2.5.2.2　四联牌

（1）禁止吸烟禁止抛物当心井喷当心滑跌放置于钻台正面左护栏上。

（2）必须戴安全帽必须系安全带当心坠落当心落物放置于钻台正面右护栏上。

四联牌包括以下 4 项内容：

附图 2.12　上下梯子警示牌的固定顺序

（1）四联牌——禁止吸烟，如附图 2.13 所示。

① 放置的位置：钻台正面左护栏上。

② 模板尺寸大小：400mm×500mm。

③ 固定方式：固定在栏杆上。

④ 颜色：根据图示。

⑤ 语言：中英文。

⑥ 制作材料：铝，荧光显示。

（2）四联牌——禁止抛物，如附图 2.14 所示。

① 放置的位置：钻台正面左护栏上。

② 模板尺寸大小：400mm×500mm。

③ 固定方式：固定栏杆上。

④ 颜色：根据图示。

⑤ 语言：无。

⑥ 制作材料：铝，荧光显示。

附图 2.13　禁止吸烟指示牌

附图 2.14　禁止抛物指示牌

（3）四联牌——当心井喷，如附图 2.15 所示。

① 放置的位置：钻台正面左护栏上。

② 模板尺寸大小：400mm×500mm。

③ 固定方式：固定栏杆上。

④ 颜色：根据图示。

⑤ 语言：中英文。

⑥ 制作材料：铝，荧光显示。

（4）四联牌——当心滑跌，如附图 2.16 所示。

① 放置的位置：钻台正面左护栏上。

② 模板尺寸大小：400mm×500mm。

③ 固定方式：固定栏杆上。

④ 颜色：根据图示。

⑤ 语言：中英文。

⑥ 制作材料：铝，荧光显示。

附图 2.15　当心井喷指示牌　　　　　附图 2.16　当心滑跌指示牌

四联牌的放置要求如附图 2.17 所示。

附图 2.17　四联牌的放置图示

2.5.3　循环罐及泵房区域

2.5.3.1　当心 H_2S 中毒标识牌（附图 2.18）

（1）放置的位置：振动筛处。

（2）模板尺寸大小：400mm×500mm。

（3）语言：中英文。

（4）固定方式：固定于 1 号罐栏杆上（梯子处）。

（5）制作材料：铝，荧光显示。

2.5.3.2　当心井喷标识牌（附图 2.19）

（1）放置的位置：坐岗观察房外。

（2）模板尺寸大小：400mm×500mm。

（3）固定方式：固定在坐岗观察房外。

附图 2.18　当心 H_2S 中毒标识牌　　（4）颜色：根据图示。

（5）语言：中英文。

（6）制作材料：铝，荧光显示。

2.5.3.3　当心高压标识牌（附图2.20）

（1）放置的位置：泵房区域（左后底座高压管线处）。

（2）模板尺寸大小：400mm×500mm。

（3）固定方式：站立，高度1.25m。

（4）语言：中英文。

（5）制作材料：铝，荧光显示。

（6）显示类型：单面显示。

附图2.19　当心井喷标识牌

附图2.20　当心高压管线标识牌

2.5.3.4　当心腐蚀标识牌（附图2.21）

（1）放置的位置：药品罐/钻井液材料区域。

（2）模板尺寸大小：400mm×500mm。

（3）固定方式：站立，高度1.25m。

（4）制作材料：铝，荧光显示。

（5）语言：中英文。

（6）显示类型：单面显示。

2.5.4　机房区域

2.5.4.1　泥浆药品说明（附图2.22）

（1）放置的位置：泥浆药品处。

附图2.21　当心腐蚀标识牌

附图2.22　泥浆药品标识牌

（2）模板尺寸大小：800mm×500mm。

（3）固定方式：站立，高度1.25m。

（4）制作材料：铝，插入式。

（5）显示类型：双面显示。

（6）语言：中英文。

（7）数量：26个。

2.5.4.2 戴好护耳器标识牌（附图2.23）

（1）放置的位置：柴油机房外。

（2）模板尺寸大小：400mm×500mm。

（3）固定方式：固定在1号柴油机房外侧门上。

（4）语言：中英文。

（5）制作材料：铝。

2.5.4.3 当心机械伤人标识牌（附图2.24）

（1）放置的位置：柴油机房；泵房

（2）模板尺寸大小：400mm×500mm，可根据实际情况调整。

（3）固定方式：在柴油机房处，固定在"戴好护耳用品标识牌"旁边。

（4）在泵房处，固定在泵护罩上。

（5）制作材料：铝。

（6）语言：中英文。

附图2.23　戴好护耳器标识牌　　附图2.24　当心机械伤人标识牌

2.5.4.4 当心触电标识牌（附图2.25）

（1）放置的位置：电控房。

（2）模板尺寸大小：400mm×500mm。

（3）固定方式：固定在电控房外墙上。

（4）语言：中英文。

（5）制作材料：铝。

2.5.4.5 配电重地闲人莫入标识牌（附图2.26）

（1）放置的位置：电控房。

（2）模板尺寸大小：400mm×500mm。

（3）固定方式：固定在电控房外墙上，和"当心触电"标识牌并列。

（4）制作材料：铝。

附图 2.25　当心触电标识牌

附图 2.26　配电重地闲人莫入标识牌

附图 2.27　禁止烟火
标识牌

2.5.4.6　禁止烟火标识牌（附图 2.27）

（1）放置的位置：柴油罐区。

（2）模板尺寸大小：400mm×500mm。

（3）固定方式：固定在柴油罐上。

（4）语言：中英文。

（5）制作材料：铝，荧光显示。

2.5.5　场地区域

2.5.5.1　应急集合地点标识牌（附图 2.28）

（1）放置的位置：井场大门口 1 块，根据风向和地形实际 1 块。

（2）模板尺寸大小：400mm×500mm。

（3）固定方式：站立，高度 1.25m。

（4）制作材料：铝，荧光显示。

（5）语言：中英文。

（6）显示类型：双面显示。

（7）数量：2 块。

2.5.5.2　禁止混放标识牌（附图 2.29）

（1）放置的位置：氧气乙炔瓶存放处。

附图 2.28　应急集合地点标识牌

附图 2.29　禁止混放标识牌

（2）模板尺寸大小：400mm×500mm。

（3）固定方式：固定在氧气和乙炔存放处。

（4）语言：中英文。

（5）制作材料：铝。

2.5.5.3　危险区域标识牌（附图2.30）

（1）放置的位置：放喷点火处。

（2）模板尺寸大小：400mm×500mm。

（3）固定方式：站立，高度1.25m。

（4）制作材料：铝，荧光显示。

（5）语言：中英文。

（6）显示类型：双面显示。

2.5.5.4　消防砂标识牌（附图2.31）

（1）放置的位置：消防砂旁。

（2）模板尺寸大小：300mm×200mm。

附图2.30　危险区域标识牌　　　　附图2.31　消防砂标识牌

（3）固定方式：站立，1.25m。

（4）语言：中英文。

（5）制作材料：铝，荧光显示。

（6）显示类型：单面显示。

2.5.5.5　禁止乱动消防器材标识牌（附图2.32）

（1）放置的位置：消防室。

附图2.32　禁止乱动消防器材标识牌

（2）模板尺寸大小：400mm×500mm。

（3）固定方式：固定在消防室（或消防器材）外墙上。

（4）语言：中英文。

（5）制作材料：铝。

2.5.5.6　当心高压标识牌（附图2.20）

（1）放置的位置：立管座旁。

（2）模板尺寸大小：400mm×500mm。

（3）固定方式：站立，1.25m。

（4）语言：中英文。

（5）制作材料：铝，荧光显示。

（6）显示类型：单面显示。

2.5.5.7　逃生路线标识牌（附图2.33）

（1）放置的位置：井场逃生路线区，共8处，如附图2.34所示。

附图2.33　逃生路线标识牌

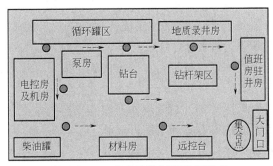

附图2.34　逃生路线标识牌摆放点

（2）模板尺寸大小：300mm×200mm。

（3）固定方式：站立，高1.25m。

（4）制作材料：铝，荧光显示。

（5）语言：中英文。

（6）显示类型：双面显示。

2.5.5.8　当心蒸汽伤人标识牌（附图2.35）

（1）放置的位置：锅炉房。

（2）模板尺寸大小：400mm×500mm。

（3）固定方式：固定在锅炉房外墙上，和当心超压标识牌并列。

（4）语言：中英文。

（5）制作材料：铝。

附图 2.35　当心蒸汽伤人标识牌

附录3　承包商工程项目 QHSE 承诺书

　　××××公司××××队（项目部）作为××××工程项目的施工队伍，有义务并严格遵守国家、地方政府和国家管网集团西气东输公司 QHSE 有关规定，最大限度地保证不发生事故、不损害员工健康、不破坏和污染环境。我单位作为××分公司×××项目的施工队伍，作出以下郑重承诺：

　　一、遵守并履行《国家石油天然气管网集团有限公司安全生产十大禁令》的所有管控要求。

　　二、接受国家管网 QHSE 理念，全面实施 QHSE 管理，切实履行 QHSE 责任。

　　三、严格执行本工程 HSE 合同或协议，保证各项 QHSE 措施落实到位，认真遵守风险防控、作业许可、变更管理等管理要求。

　　四、按照投标承诺和合同约定，保证符合要求的施工人员和设备设施投入，保证安全生产施工保护费用有效实施。

　　五、制订落实安全教育培训计划，对危险作业实施安全技术交底。

　　六、保证严格按照规定的施工方案和工序开展施工。

　　七、开展经常性的安全环保检查，及时消除事故隐患。

　　八、开展事故（事件）统计分析，发出预警信息，落实防范措施。

　　九、及时开展事故（事件）抢险救援，如实报告事故（事件）信息。

　　　　　　　　　　　　　　　　　　　　　　施工队伍名称（盖章）：

　　　　　　　　　　　　　　　　　　　　　　项目主要负责人（签字）：

　　　　　　　　　　　　　　　　　　　　　　　　年　月　日

附录4 工程施工安全现场检查表

附表4.1 工程服务承包商QHSE施工现场检查表（通用）

工程名称：　　　　　　　部门：

施工单位：

检查项目	受检单位	序号	检查内容	检查结果			检查描述	检查人
				符合	基本符合	不符合		
直线责任部门	项目部或属地单位	1	检查项目部或属地单位是否按"一岗双责"明确HSE管理职责，是否按规定派出驻项目监督人员					
		2	检查项目部或属地单位是否对施工过程中存在较大安全风险的项目提出技术性的安全措施，主要包括大件物品运输、起重作业、高空作业、动火作业、受限空间作业、临时用电、大型设备的试运行以及其他高风险的作业等					
		3	检查项目部或属地单位是否按规定向施工单位提供施工现场及毗邻区域内供水、排水、供电、供气、供热、通信、广播电视等地下管线资料，气象和水文地质观测资料、相邻建筑物和构筑物、地下工程的有关资料和有关情况					
		4	检查检修维修服务项目是否开展了生产交接检和检修交付生产的界面验收与环境确认					
		5	检查项目部或属地单位是否按规定向施工单位提供安全作业环境及安全施工措施所需费用					
		6	检查项目部或属地单位在同一项目一同一包商可能存在多个承包商可能危及及对方生产安全时，是否组织承包商互相签订安全生产（HSE）合同（协议）					
		7	检查承包商培训和考试记录是否对报送项目部或属地单位备案，培训内容是否包括项目执行的规章制度和标准、HSE作业计划书、安全技术措施和应急预案等					
		8	检查项目部或属地单位主要负责项目主要负责人及安全管理人员进行专项培训，培训内容是否包括承包商执行的规章制度和标准、属地HSE要求、作业许可证等，是否考核合格					

续表

检查项目	受检单位	序号	检查内容	检查结果			检查描述	检查人
				符合	基本符合	不符合		
施工现场质量管理	监理单位	1	查看现场监理人员是否到位,并抽查是否持证上岗,携带工器具,记录是否齐全					
		2	访谈验证监理人员是否了解施工管理人员、技术人员、质量检查人员及特殊工种人员的变更情况,必要时查看记录					
		3	抽查平行检验记录,旁站检查记录,劳务站人员见证件及签认等情况,监理日志是否齐全,并按要求记录					
		4	抽查记录,验证是否按规定进行进场设备及原材料、构配件,设备投入使用或安装前的检查和验收,对不合格品是否有标识					
		5	是否有已到场物资质量记录					
		6	抽查是否适时下达监理通知单,对整改情况是否有效跟踪落实,使质量问题处理形成闭环					
		7	访谈验证现场监理对重点部位、关键工序的质量控制程序是否熟知					
	施工单位	1	质量管理人员是否持证上岗					
		2	对进场人员、机具、原材料、设备、构配件、隐蔽工程、工序等的验收是否及时向监理工程师报验					
		3	入场材料检验资料是否齐全,并符合要求					
		4	查看现场是否对产品有追溯性的部位、工序进行标识,并做好标识记录					
		5	通过访谈,抽查监理令记录,查看现场,验证是否严格执行监理指令,对照监理通知单查验施工质量问题是否按要求处理到位					
		6	抽查施工记录,质量检查记录、隐蔽工程检查记录等质量保证资料是否齐全,内容是否完整、准确					
		7	现场是否有质量管理细则明细表,特殊工序作业指导书,关键工序的施工技术方案施工技术措施					
		8	抽查管道光缆埋深是否符合要求					
		9	随机抽查20%可提供检查的已完成的补口、补伤,进行外观质量检查,抽查防腐层厚度、剥离强度记录					

续表

检查项目	受检单位	序号	检查内容	检查结果			检查描述	检查人
				符合	基本符合	不符合		
施工现场质量管理	检测单位	1	是否定期分析项目检测结果,并将结果及时反馈监理和业主					
		2	抽查记录,验证是否定期统计底片质量合格率,底片评定准确率和探伤比例执行率,底片的保管是否到位					
		3	通过访谈,抽查监理指令记录,查看现场,验证执行监理指令时效性是否到位					
		4	检测质量检记录,报告审查是否符合要求					
		5	探伤人员是否持证上岗					
		6	抽查探伤设备是否完好,必要时检查是否有及时校准的证明,并在有效期内					
	监理单位	1	查看 HSE 日报是否按要求记录,内容是否属实					
		2	现场沟通验证监理对风险识别、施工安全技术措施的熟悉情况					
		3	是否对场内危险品进行报审管理					
		4	查看特殊危险性作业时现场监理人员是否到位,改扩建站场现场监理人员人场证是否取得及佩戴					
		5	查看现场监理人员劳保穿戴是否合格					
施工现场HSE管理	施工单位	1	查看施工现场消防器材实际布置是否与消防布置图相符,施工现场存在火灾危险的地点或区域是否配备了灭火器,灭火器的种类和规格是否符合要求,消防器材和设备是否在有效期内					
		2	检查项目主要负责人施工作业期间在项目施工现场时间是否不低于70%,关键作业、危险作业是否在场;检查入(场)施工作业人员与施工作业前准入人员评估结果中确定的人员是否一致					
		3	检查设计、设备、工艺、方案、人员等变更管理是否严格执行有关规定					
		4	检查是否及时纠正和处理"三违"行为,严重违章人员是否清出施工现场并纳入"黑名单"					
		5	检查施工单位对排查出的事故隐患是否登记、评估,落实监控措施并及时整改					
		6	检查施工单位应急预案培训与演练情况,抽查相关人员是否清楚应急程序与职责					

续表

检查项目	受检单位	序号	检查内容	检查结果			检查描述	检查人
				符合	基本符合	不符合		
		7	检查是否按应急预案要求配备应急物资,是否按规定进行维护保管					
		8	检查是否及时报告,记录和调查分析事故事件,是否及时进行事故事件信息分享					
		9	访谈验证作业人员是否了解项目危害因素,防控措施,是否具备应急响应知识					
		10	检查施工现场的"五牌一图"(工程概况牌,管理人员名单及监督电话牌,消防保卫牌,安全生产牌,文明施工牌和施工平面总图)是否齐全					
		11	查看作业现场如挖掘作业防坍塌,高处作业防触电,用电作业防触电,高空作业防高空坠落等安全警示牌是否满足要求,安放的位置是否合适					
		12	查看施工现场是否设置了"紧急集合点",应急疏散通道旁是否设置了"疏散通道"或"安全通道"标志牌					
		13	查看现场施工人员是否穿戴好劳保服装,安全帽佩戴是否偏戴;改扩建站现场人员入场是否取得并及佩戴					
施工现场HSE管理	施工单位	14	查验施工单位是否配备安全员并具备相应资质,是否偏戴明显标识					
		15	抽查访谈现场施工人员验证入场安全教育是否到位					
		16	查看施工现场是否配有初级急救器箱和药箱,抽查药箱(急救包)内的药品与清单是否符合,是否过期;抽查急救人员是否经过相关部门的培训并求得上岗证					
		17	抽查现场特殊工种(容高架设,起重,电工,司炉,无损检测,金属焊接切割,机动车辆驾驶等七大工种)作业人员是否持证上岗且证书在有效期内					
		18	查阅现场特殊危险性作业是否履行了作业许可管理程序,作业许可票是否在现场公示					
		19	抽查特种设备,车辆是否按期检验,现场机具设备是否合规使用					
		20	抽查用电设备是否有保护接零或接地;查看施工现场电缆电线是否有破损,是否存在乱拉乱放现象;查看各场所应急照明是否完好有效					
		21	查看设备传动部位是否有防护罩					
		22	固定施工机械和设备旁,在不影响操作人员视线的醒目位置是否设置了该台机械或设备的安全操作规程和维修人,操作人铭牌					

续表

检查项目	受检单位	序号	检查内容	检查结果			检查描述	检查人
				符合	基本符合	不符合		
施工现场HSE管理	施工单位	23	查看立体交叉施工作业区是否进行了区域隔离,抽查访谈作业人员是否了解现场交叉作业安全防护措施					
		24	查看焊接作业区是否有堆放可燃易燃物,氧气瓶和乙炔瓶的站立摆放是否整齐、固定,储存和使用是否保持两者最小安全距离5m,距明火10m,是否存在着火灾隐患					
		25	脚手架工程,现场抽查访谈是否搭设、拆除方案,拆除施工措施是否到位					
		26	查看现场高处作业及独立悬空作业的安全防护措施是否到位,是否系安全带或安装防护网,是否有人监护					
		27	土方工程,抽查访谈是否确定开挖的方法,查看警示带、边坡坡度、护坡支撑及防土方坍塌措施是否到位,挖出物料应距坑、沟边至少1m,堆积高度不得超过1.5m					
		28	吊装作业是否对吊装区域进行划定并拉警示带,是否有防高空坠落警示标识,是否有专人指挥,起重臂杆旋转半径范围内严禁站入或通过;不得在6级以上大风,雨、雾天进行吊装作业					
		29	防爆场所无非防爆设备、器具使用					
		30	施工现场有无临时厕所					
		31	查看现场是否有效地控制了粉尘、噪声、固体废弃物、泥浆、强光灯对环境的污染和危害					
		32	抽查进入施工现场易燃易爆区域的机动车是否带阻火器					
		33	查看施工现场内有限速标志,机动车按规定路线行驶,不许超过限速,车辆进出口区域					
		34	新改扩建施工现场必须实行封闭式施工,沿工地四周连续设置围栏并目统一,整洁、美观,野外流动作业时,不具备设置围栏条件的施工现场应拉好警示带					
		35	施工现场是否实行封闭管理,设置进出口大门,制订门卫制度					
		36	施工场地道路畅通、平坦,整洁,无散落物					
		37	施工现场设置排水系统,排水畅通,不积水					
		38	施工现场适当地方设置吸烟处,作业区内禁止吸烟					

检查项目	受检单位	序号	检查内容	检查结果			检查描述	检查人
				符合	基本符合	不符合		
	施工单位	39	建筑材料、构建、料具必须按施工现场总平面布置图堆放,布置合理;堆料分门别类,悬挂标牌,表明品名、数量等,堆放整齐,不得超高					
		40	危险化学品储藏区域是否张贴有化学品安全技术说明书(MSDS)					
		41	施工现场应按作业性质和作业分布设置固定垃圾箱,每一作业班组应配备流动的废品回收桶,对施工产生的废品进行分类收集处置					
		42	查看现场产生的废液或被废液污染的土壤是否回收单独存放,并设置警示标志;存放点应远离火源,并应采取防渗漏、防雨、防火措施					
施工现场HSE管理		43	对于土方开挖造成的表层土破坏,应进行分类存放、分类回填					
	检测单位	1	作业许可申请和批复是否齐全					
		2	改扩建站场作业人员入场证是否取得					
		3	查看放射源储存场所是否采取有效的防火、防盗、防泄漏的安全防护措施,放射性同位素不得与易燃、易爆、腐蚀性物品放在一起,并指定专人负责保管					
		4	抬运伽马射线探伤仪器的时间不应超过0.5h,拉运仪器设备时,应采取防振措施					
		5	在室外、野外从事射线工作时,是否划出安全防护区域并设置危险标志,必要时应设专人警戒;进行射线探伤作业前,是否提前通知临近施工单位及施工人员避让					
		6	查看射线探伤作业点是否配备放射置测量仪等检测仪器,是否配备与使用场所相适应的防护设备及个人防护用品					
		7	抽查访谈作业人员是否经过线源泄漏事故的应急处理培训					
黑名单	承包商及其主要负责人、项目主要负责人纳入"黑名单"条件	1	提供虚假安全资质材料和信息,骗取准入资格的					
		2	现场管理混乱,隐患不及时治理,不能保证生产安全的					
		3	违反国家有关法律、法规、规章、标准及集团公司有关规定,拒不服从管理的					
		4	发生一般A级以上工业生产安全责任事故的					
		5	被负有安全生产监督管理职责的部门认定纳入"黑名单"的					
		6	年度内因安全环保违法行为受到地方政府有关部门12次及以上重大行政处罚的					
		7	发生事故隐瞒不报、谎报,或者因伪造、故意破坏事故现场,或者转移、隐匿、毁灭有关证据,或者主要负责人逃逸的					

续表

检查项目	受检单位	序号	检查内容	检查结果			检查描述	检查人
				符合	基本符合	不符合		
黑名单	施工作业人员纳入"黑名单"条件	1	未按规定佩戴劳动防护用品和用具的					
		2	未按规定持有效资格证上岗操作的					
		3	在易燃易爆烟区内吸烟或携带火种进入禁烟区、禁火区及重点防火区的					
		4	在易燃易爆区域接打手机的					
		5	机动车辆未经批准进入爆炸危险区域的					
		6	私自使用易燃物品清洗物品、擦拭设备的					
		7	违反操作规程操作的					
		8	脱岗、睡岗和酒后上岗的					
		9	未对动火、进入受限空间、挖掘、高处作业、吊装、管线打开、临时用电及其他危险作业进行风险辨识的					
		10	无票证从事动火、进入受限空间、挖掘、高处作业、吊装、管线打开、临时用电及其他危险作业的					
		11	未进行可燃、有毒有害气体、氧含量分析，擅自动火、进入受限空间的					
		12	危险作业时间、地点、人员发生变更，未履行变更手续的					
		13	擅自拆除、挪用安全防护设施、设备、器材的					
		14	擅自动用未经检查、验收或者查封的设备的					
		15	违反规定运输民爆物品、放射源和危险化学品的					
		16	未正确履行安全监护职责，对生产过程中发现的事故隐患、危险情况不报告，不采取有效措施，危险极处理的					
		17	按有关要求应当履行监护职责，或者履行监护职责不到位的					
		18	未对已发生的事故有效处置措施，致使事故扩大或者发生次生事故的					
		19	违章指挥、强令他人违章作业，代替作业人员签证的					
		20	其他违反安全生产规定的应当清出施工现场的行为					

续表

检查项目	受检单位	序号	检查内容	检查结果			检查描述	检查人
				符合	基本符合	不符合		

监理单位负责人签字：
　　　　　　年　月　日

检查人签字：
　　　　　　年　月　日

施工单位负责人签字：
　　　　　　年　月　日

检测单位负责人签字：
　　　　　　年　月　日

备注：
(1) 本检查表适用于由项目管理单位组织实施的新、改、扩建工程项目及大修项目，更新改造项目。
(2) 每月检查一次，建设时间不足一月的工程项目至少应检查一次。
(3) 对受检工程项目适用的检查项，建议自行采用访谈、现场查看、抽查记录等多种检查方式。
(4) 对受检工程项目不适用的检查项，在检查结果以中划线"—"表示。
(5) 针对每一项检查项目，若检查结果为全部符合，在"符合"一栏画"√"；若部分符合，在"基本符合"一栏画"√"；其余在"不符合"一栏画"√"。

附表 4.2　钻井工程 HSE 检查表

工程名称：
施工单位：

检查项目	受检单位	序号	检查内容	检查结果			检查描述	检查人
				符合	基本符合	不符合		
直线责任部门\现场管理（监理）单位	施工单位	1	作业前进行安全技术交底					
		2	佩戴好劳动防护用品及救生器材					
		3	安装数码防碰天车、重锤式防碰天车、滚筒过卷阀防碰天车，确保灵活、可靠。防碰天车必须按照厂家说明书要求安装维护，并定期更换。数码防碰天车上下限位设置灵敏，反应灵敏。过卷阀防碰天车限位控制杆位置调节合适，固定良好，无弯曲					
		4	逃生滑道安装在钻台左侧，滑道内侧净宽不小于650mm，固定牢靠，无变形损坏，滑道内清洁，无杂物、无毛刺					
		5	逃生滑道入口处应有内开式防护门或防护链，灵活可靠					
		6	下端设置缓冲垫（或沙坑），清洁，无杂物，不高于滑道出口，前方5m内无障碍物					

续表

检查项目	受检单位	序号	检查内容	检查结果			检查描述	检查人
				符合	基本符合	不符合		
直线责任部门\现场管理（监理）单位	施工单位	7	井架两侧固定式直梯安装速差防坠器或直梯攀登保护器，钻台下高处作业时在转盘底座两侧安装速差防坠器，防坠装置选型适合，安装正确，紧急制动试验能锁紧					
		8	速差器不用时引导绳处于收缩状态，钢丝绳伸缩自如。完体无破裂变形、无冰冻堵塞，钢丝绳无磨碰受伤或沾染油污、酸、碱、锈蚀					
		9	直梯攀登保护器附件齐全，导向绳无打扭、断丝、松紧适度					
		10	所有安全带必须使用全身式安全带，并在有效期内使用					
		11	安全带附件齐全有效，攀登井架使用有缓冲包，其他安全带不能使用缓冲挂钩。高处行走的作业期配有双尾绳挂钩					
		12	安全带妥善保管维护，避免日晒、油浸，不得有割损					
		13	双向二层台逃生器使用的地锚固定牢靠，两地锚间距不小于4m，落地处各有一块缓冲垫，摆放位置恰当					
		14	双向二层台逃生器导向绳与地面夹角为25°~55°，两绳长度一致，松紧适宜，无打扭、断丝、挤扁，油污及附着物，上、下拉绳与导向绳无缠绕，二层台逃生器引绳余绳盘放整齐，下端的定位卡子位置适合井架操作人员摘取					
		15	导向绳下方及地锚2m范围内不应有电源线和其他设施设备摆放					
		16	二层逃生器下部手动控制器处于滑动状态，挂钩处于打开状态且开闭灵活，调节丝杠灵活，上部手动控制器处于卡紧状态，警示牌完好、醒目，距逃生门大于0.5m且易于摘取					
		17	钻井泵、储气瓶、气体压缩机、自动甩钻具装置、水泥储罐、液气分离器等设施按规定配置检验合格的安全阀					
		18	钻井泵安全阀安装灵活、可靠、无锈蚀，定期检查、保养。有悬挂压力提示牌，设定压力高于使用压力一个档次，定压标尺完好清晰，阀盖固定完好					

续表

检查项目	受检单位	序号	检查内容	检查结果			检查描述	检查人
				符合	基本符合	不符合		
直线责任部门\现场监理（监理）单位	施工单位	19	发电房、野营房、配电箱、钻井液循环罐、电动机外壳等用电设施连接到统一的PE线（或安装接地装置），油罐区安装防静电、防雷击装置					
		20	发电房、野营房，钻井液循环罐区接地电阻不大于4Ω					
		21	井场供电系统、配电柜金属构架接地电阻不大于10Ω					
		22	油罐区防静电装置电阻不大于30Ω					
		23	按照井控细则要求配置，坐岗人员、司钻岗位各佩戴1台"四合一"便携式气体检测仪					
		24	应配有便携式氧气和可燃气体检测仪，可以检测氧气、可燃气体的含量，保证有限空间作业和动火作业要求					
		25	正压式空气呼吸器配备数量、位置满足工程设计和井控细则要求					
		26	正压式空气呼吸器附件完整，定期检查，并保持至备用状态					
		27	正压式空气呼吸器压力在28~30MPa，报警哨在4~6MPa报警，气瓶在有效期（3年）内					
		28	井场值班房、远程控制台、钻台偏房、应急集合点处风向标					
		29	井场消防设施的配备数量、型号、位置等，始终满足工程设计和井控细则的要求，纳入属地管理范围，并不得挪用					
		30	灭火器应定期检查，并保留检查记录，检查周期不超过一个月。干粉灭火器压力指针应在绿区，CO_2灭火器称重检测（年泄漏量不超过灭火器额定充装量的5%）。安全销完好无锈蚀，喷嘴与胶管完好无龟裂，铅封完好，瓶体和瓶底无锈蚀					
		31	同一灭火器配置场所，不能选用两种灭火剂不相容的灭火器（例如磷酸铵盐干粉灭火剂与碳酸氢钾干粉灭火剂不相容）					
		32	发电、配电、电子仪表集中的场所必须配备CO_2灭火器					
		33	井场、驻地的野营房以及有防火要求的车房，配备独立式感烟火灾探测报警器（GB 20517—2006《独立式感烟火灾探测报警器》）					

续表

检查项目	受检单位	序号	检查内容	检查结果			检查描述	检查人
				符合	基本符合	不符合		
直线责任部门\现场监理（管理）单位	施工单位	34	每个野营房至少配备 2kg 干粉 ABC 灭火器 2 具，连体管房过道还应配备干粉 ABC 灭火器					
		35	钻杆、套管等管具上钻台必须使用专用提丝、吊带，吊钩应随吊挂，尼龙吊带无本体破切割，严重擦伤、局部破裂					
		36	高处作业所携带工具必须安装安全尾绳，必须使用传递绳上下传物品，严禁抛掷物件					
		37	排污沟尺寸要求：宽 0.5m×深 0.3m。在排污沟合理位置挖掘废液收集池：长 1m×宽 1m×深 1m					
		38	生活污水存放在铺设防渗布的坑内，固体废弃物应分类存放					
		39	各阀门，管线连接紧固，无泄漏，瓶底无积水					
		40	储气瓶校检在有效期内，外观检测期 1 年，压力检测期 3 年，压力表齐全准确，运行参数正常，定时放水，并做好记录					
		41	安全阀校检在有效期内，检测周期 1 年					
		42	连接安全阀进出口的管线不能小于安全阀的公称直径，安全阀进出口管线不允许设置截断阀					
		43	安全阀额定压力大于工作压力，小于设计压力，安全阀泄压口不得朝向人员活动方向					
		44	井架、井架底座结构件连接螺栓、弹簧垫、销子，抗剪销及保险别针齐全紧固，各种滑轮润滑良好					
		45	井架、井架底座结构件平齐，斜拉筋安装齐全平直，无扭斜、变形，结构件无严重腐蚀					
		46	井架上各辅助滑轮连接螺栓、弹簧垫、销子及保险别针齐全紧固，滑轮润滑良好，并挂有保险绳（固定式滑轮不挂保险绳）					
		47	井架笼梯、梯子和平台与井架连接螺栓、弹簧垫、销子及保险别针齐全紧固，井架起升后两侧各用两个 U 形片（或连接耳板）与人字架固定牢固，并备帽					

续表

检查项目	受检单位	序号	检查内容	检查结果			检查描述	检查人
				符合	基本符合	不符合		
直线责任部门\现场监理（监理单位）	施工单位	48	井架电路无老化、破损，电线与井架接触处有防磨绝缘护套，照明充足，防爆灯固定牢靠并挂保险链					
		49	钻井大绳、起井架等钢丝绳与井架有防磨、防碰保护					
		50	高压立管固定牢固，无刺漏，有减震胶皮，各闸阀护帽齐全、润滑良好，开关灵活，闸阀不松扣					
		51	井架悬吊附件固定牢靠，灵活好用，加保险绳（链）二层台逃生器上部挂点离二层台2~3m，凸面朝上					
		52	游车及大钩的螺栓、销子及护罩齐全紧固					
		53	游车各滑轮轮槽无严重磨损，大钩伸缩、转动灵活，保险销完好可靠					
		54	无变形、定期探伤、检测，并保留检测报告复印件					
		55	方钻杆无弯曲，滚子方补心螺栓紧固牢靠					
		56	水龙带两端使用压板、卸扣，环链或保险链（绳）固定					
		57	传动护罩连接牢靠，无缺损、变形、松动					
		58	万向轴连接螺栓齐全紧固，安装防松装置					
		59	转盘及大方瓦锁紧装置可靠，工作灵活					
		60	转盘锁定装置灵活有效					
		61	固定螺栓齐全牢固，油压正常，运转平稳					
		62	底座固定牢固，固定螺栓安装并备帽					
		63	绞车护罩安装齐全牢固，无损坏变形，并进行清洁					
		64	游车吊环放置转盘面时，滚筒上余绳第二层不少于3圈；直流电动钻机高低速离合器随挂灵活，摩擦片间隙符合要求，气胎进放气正常，换挡机构灵活可靠					
		65	自动排绳器固定牢固，导向轮转动灵活，配件齐全					

续表

检查项目	受检单位	序号	检查内容	检查结果			检查描述	检查人
				符合	基本符合	不符合		
直线责任部门\现场监理（监理）单位	施工单位	66	离合器摩擦毂无油污，摩擦片间隙不大于4mm，摩擦片固定螺栓保险销齐全，牢固，剩余厚度>7mm；齿式离合器摘挂灵活，无打毛现象					
		67	液压盘式刹车液压站油面在油标尺范围内，滤油器无堵塞，蓄能器压力大于4MPa。各液压管线无渗漏。工作钳动作灵活，刹车块厚度大于12mm。安全钳松刹间隙不大于0.5mm					
		68	电磁刹车电流正常，冷却良好，离合器挂合顺畅，润滑良好，运转无杂音					
		69	大、小鼠洞固定牢靠，钢丝绳绷紧					
		70	小鼠洞上端与钻台面平齐，盖板齐全完整					
		71	大门坡道有防护门链/柱，门柱固定牢固					
		72	大门坡道安装采用耳板连接要牢固，位置、坡度合适，坡道下安全通道畅通。挂钩式安装的应加装保险链或保险绳					
		73	大门坡道两侧严禁放置杂物					
		74	摆放在井架底座前端并齐，不妨碍人员通行					
		75	滚筒轴两端有防脱销，钻井大绳、引绳有防腐措施					
		76	液压绞车固定牢靠					
		77	死绳固定器及稳绳装置安装牢固，可靠，死绳挡绳螺杆加衬套上紧档绳杆，压板及螺栓，螺母和备帽齐全紧固，大绳缠满死绳固定器，与绳径相符的防滑绳卡3个，间距100~150mm，绳卡数座应卡在主绳段上，绳卡方向一致					
		78	绞车滚筒上的活绳头绳卡2个，安装紧固，绳卡数座应卡在主绳段上，绳卡方向一致					
		79	大绳与井架，钻台等触点处垫衬防磨物，大绳无扭结，死弯，压扁，胶松，绳芯挤出，锈蚀；无断丝超标（<2根/捻，节距），直径磨损≤7%，外层钢丝磨损≤40%					

续表

检查项目	受检单位	序号	检查内容	检查结果			检查描述	检查人
				符合	基本符合	不符合		
直线责任部门\现场管理（监理）单位	施工单位	80	大绳与井架、钻台等触点处垫衬防磨物，排列整齐，大绳无扭结、死弯、压偏、股松，绳芯挤出，无断丝超标（<2根/捻、节距），直径磨损≤7%，外层钢丝磨损≤40%；使用报废标准：起放次数≤10次或使用时间≤2年（或按照检测结果报废）					
		81	钻台板与井架主体固定牢靠；钻台面孔洞不大于40mm×40mm，平整，稳固无翘动，无严重锈蚀，井口有防滑垫					
		82	工具、器材、物品摆放整齐，卫生清洁，无杂物					
		83	钻杆盒与井架主体固定牢靠					
		84	上面无杂物，枕木完好，无钻井液沉积					
		85	钻台偏房和偏房支架固定牢靠					
		86	钻台用电符合防爆要求，防爆接线口装有密封垫，开关有统一规范控制对象标识					
		87	照明灯充足，固定牢靠并拴保护链					
		88	钻台偏房与司钻操作房空调运转良好，排水引至室外，管线畅通					
		89	井口装有排污泵（或气动隔膜泵），线路走向合理，冬季应采取保温措施					
		90	配电箱上无异物，控制面板下部铺绝缘胶皮，面积不小于1m²，厚度不小于3mm					
		91	司钻操作台固定牢靠，箱内阀件、管线连接紧固					
		92	各阀件齐全，标识清楚，重要阀件有锁定装置，阀件无锈蚀、卡滞，冬季应采取保温措施					
		93	司钻操作房内电路应符合防爆要求					
		94	所有视频监视清晰，转盘手柄有锁定装置					
		95	设置手工具、安全帽、对讲机、水杯等物品专用放置架，方便取用；司钻操作台上方无杂物					

续表

检查项目	受检单位	序号	检查内容	检查结果			检查描述	检查人
				符合	基本符合	不符合		
直线责任部门\现场管理（监理）单位	施工单位	96	仪表齐全，工作正常，按钮、手轮齐全灵活可靠；电控自动及控制备份切换正常；自动送钻功能正常					
		97	吊绳采用φ22mm钢丝绳，两端使用压制绳套，加装鸡形环，挤扁、麻芯外露，压制绳套无本体被切割、严重擦伤、局部破裂现象，使用期不超过2年					
		98	移送缸与井架或固定桩连接安全可靠，加装专用保险链（绳），长度适宜，各连接销加装保险销					
		99	移送缸平衡使用O形花篮螺栓，松紧适宜，所用配件承载3t以上					
		100	液压大钳底盘固定螺栓齐全，紧固，钳牙清洁，用专用螺栓紧固，钳框、手柄完好牢固					
		101	高压油管线两端加保险链，两端固定符合要求					
		102	液气大钳旋转部位有护罩并能完全封闭。各操作手柄有限位锁定装置					
		103	猫头绳应使用φ22mm型号为6×37+NF的专用钢丝绳，钢丝绳无打扭、断股、断丝、压扁等现象，绳卡与绳径相符，复位弹簧完好					
		104	液压缸、管线、阀件不漏油，液压油压力正常					
		105	液压缸伸缩自由，无阻滞现象					
		106	使用φ15.9mm的单头专用钢丝绳100m，压制套无变形、磨损、裂纹、钢丝绳排列整齐，无打扭、断丝、压扁、锈蚀等现象					
		107	使用索链与专用旋转吊钩连接，吊钩无裂纹、变形、转动灵活、安全锁销能自动闭合，开口不超过8mm					
		108	两套刹车系统可靠完整，护罩齐全					
		109	气动绞车与钻台固定牢靠，钢丝绳头在滚筒内固定牢靠					

检查项目	受检单位	序号	检查内容	检查结果			检查描述	检查人
				符合	基本符合	不符合		
直线责任部门\现场管理（监理）单位	施工单位	110	绞车停用时气源手柄保持关闭					
		111	吊绳采用φ12.7mm单头单卡压制钢丝绳套，绳卡子固定端采用3个与绳径相符的绳卡加备帽卡牢，压制套无变形、损坏，钢丝绳无打扭、断股、断丝、压扁等现象，加装鸡心环					
		112	钳尾绳采用φ22mm压制钢丝绳套，无断丝、弯折、挤扁、麻芯外露，长度合适，连接方向与工况相符（使用液压猫头加装钳尾绳）					
		113	大钳钳尾销、安全销、保险销应齐全牢固					
		114	循环罐系统罐面平整、人孔盖板稳固、通道平整、畅通、无锈蚀、破损，罐体各种阀件工作正常					
		115	循环罐口有"受限空间"的警示标识，所有用电设备均可以实现上锁挂签					
		116	罐体完整、无裂缝、开焊，罐面及加药网板平整、无锈蚀、破损、搅拌器护罩齐全、紧固					
		117	打药泵使用离心泵或轴流泵，轴流泵使用支架固定、使用防爆电动机					
		118	罐体完整、清洁、开焊、无裂缝，罐面平整、无锈蚀、破损					
		119	泵仓内地面无积水、照明设施完好，设有消防泵的，配接头和消防水龙带					
		120	水罐阀门完好、开关灵活					
		121	振动筛安装牢固、润滑良好、工作正常、不外溢钻井液、出砂口处有防溅护板、卫生清洁					
		122	筛网无破损、无脱层；筛框无开裂、变形、支撑弹簧齐全、完好、调节装置灵活可靠					
		123	除砂器、除泥器、除气器各连接管紧固、不渗漏、供液管线压力符合规定、旋流筒密封可靠、溢流管不刺漏、筛网无破损、脱层					

续表

检查项目	受检单位	序号	检查内容	检查结果			检查描述	检查人
				符合	基本符合	不符合		
		124	砂泵电动机润滑油量与油标尺定油位相符，运转部位护罩齐全紧固					
		125	离心机有过载保护齐并完整，运转部位护罩齐全，管线连接不渗漏，无锈蚀，卫生清洁					
		126	离心机运转正常无异响，皮带轮完好，皮带无破损，张紧适中，均匀，供浆可调节，使用后应冲洗干净					
		127	搅拌器护罩齐全，紧固，无漏油，卫生清洁，油质、油量符合要求					
		128	搅拌器有转向标识，转向正确，固定牢固，联轴器柱销完整，无杂音，振动小					
	施工单位	129	报警器灵敏好用，及时调整报警间隙，报警喇叭完好					
		130	刻度尺清晰，备有坐岗钢尺					
		131	加重装置运转正常，加重斗无堵塞，冬季需有防冻保温措施					
直线责任部门\现场管理（监理）单位		132	按设计储备加重材料，重钻井液，储备的重钻井液密度不得低于设计。					
		133	挂牌标明储备的加重材料名称、数量					
		134	按设计要求储备重钻井液并挂牌标明密度，体积及负责人					
		135	储备罐上安装的搅拌器运转正常，定时搅拌，重浆不出现沉淀					
		136	钻井泵运转无异常振动，运转部位不与护罩相磨					
		137	护罩完整、固定牢靠，销子齐全，无变形，并符合 GB/T 23821—2009《机械安全防止上下肢触及危险区的安全距离》的要求					
		138	钻井泵不漏油、漏水、漏钻井液，卫生清洁，无杂物					
		139	喷淋泵冷却水管线不漏；喷淋泵冷却喷嘴角度合适，冷却良好；拉杆卡子紧固；拉杆箱内无杂物；中心拉杆防水密封良好，喷淋泵传动皮带齐全、松紧合适，冷却水清洁					

续表

检查项目	受检单位	序号	检查内容	检查结果 符合	基本符合	不符合	检查描述	检查人
直线责任部门、现场管理（监理）单位	施工单位	140	泵体与基础之间不悬空；泵体与底座连接座固定齐全，紧固，电动机底座调节丝杠防腐					
		141	空气包顶部压力表和截止阀灵敏可靠，手柄齐全，表盘清晰，完好					
		142	空气包应充氮气或压缩空气，使用16MPa压力表，预充压力不得超过泵的排出压力的2/3，最大充气压力为4.5MPa（650psi）					
		143	高压管汇采用压板固定牢固平稳，与压板之间垫有防磨胶皮，大小合适。与其他设备无干涉磨蹭，不刺，不漏					
		144	固定螺栓及备帽紧固，使用高压软管线的两头有安全链（绳）					
		145	高压管汇闸阀，手柄护帽，丝杆灵活，开关齐全，闸阀不松旷，不刺，不漏					
		146	油、气、水管线布局合理，走向通畅，用卡子紧固，仪表整洁，漏水					
		147	机体各连接，固定螺栓齐全，牢固，卡子紧固，仪表整洁，运转平稳，无杂音，排烟正常					
		148	护罩无破损，变形，松动，无干涉					
		149	风扇传动皮带齐全，松紧适度					
		150	卫生清洁，无杂物，散热水箱清洁，无脏堵，各部位波纹管完好					
		151	排气管消音灭火装置完好有效					
		152	各螺栓紧固，运转正常，仪表灵敏，准确，指示正常，管线连接不漏气					
		153	机滤，空滤，散热器干净整洁					
		154	供气系统主气管线安装固定牢靠，冬季应保温防冻					
		155	各阀门工作灵敏，可靠					
		156	空气干燥装置运转正常					
		157	安全阀安装位置正确，并在校验有效期内					
		158	柴油预滤器完好，有效					

续表

检查项目	受检单位	序号	检查内容	检查结果			检查描述	检查人
				符合	基本符合	不符合		
直线责任部门\现场管理（监理）单位	施工单位	159	油罐不漏油，泵组密封及管路无泄漏					
		160	油罐流量计、液位计安装角度正确，表盘清晰、完好，流量计（B类）在有效期（12个月）内					
		161	方井有尺寸相当的井口盖并支撑牢固					
		162	钻井四通两侧闸阀处于常开状态					
		163	防喷器法兰螺栓上紧，螺杆两头螺纹余扣均匀					
		164	手动操作杆安装齐全，转动灵活，靠手轮端做支撑牢固（支撑点不能在放喷管线上），其中心与操作轴之间的夹角不小于30°，挂牌标明开关方向和到位圈数；高度超过1.6m时应安装操作台，操作台落地平稳并有护栏。操作台不得与防喷管线接触。因钻机底座原因不能引出底座以外的，手动锁紧杆上不加万向节也可不支撑固定，方向节引出钻台底座并固定					
		165	防喷器上安装钻井液回收装置并固定，四角加装固定或支撑，并保持封井器及井口卫生					
		166	用直径不小于16mm的压制钢丝绳和正反扣螺栓对四角固定防喷器组并绷紧（三组合防喷器分两层固定，上层固定在环形防喷器提环上，中间固定点加装专用卡箍和搭扣），不得固定在导管上，但可固定在导管低压法兰的耳板上，使用的钢丝绳不得有断丝					
		167	储能器压力17.5～21MPa，管汇压力8.5～10.5MPa，气源压力0.60～0.80MPa					
		168	三位四通换向阀手柄处于工作状态，全封闸板手柄安装防误操作装置，剪切闸板手柄安装限位装置（手柄处于开位）					
		169	电泵电源开关处于自动位置					
		170	气泵气源通气、进气阀、气路旁通阀关闭，气泵工作正常					
		171	供电线路专线控制，内有防爆灯及防爆开关					

续表

检查项目	受检单位	序号	检查内容	检查结果 符合	检查结果 基本符合	检查结果 不符合	检查描述	检查人
直线责任部门\现场监理（监理单位）	施工单位	172	远控台未打压时液压油离顶面小于200mm，待命工况下，油箱中剩油高于下部油位计下限					
		173	控制台内照明灯白天应关闭，保持控制台卫生					
		174	液控管线排放整齐，无渗漏，设置防碰压保护装置，与放喷管线的距离不小于1m，备用液压管接口采取防尘防腐措施					
		175	储能器、油箱等油路连接处不渗油、不漏油					
		176	在司钻控制台明显处张贴防喷器各闸板钻台面的高度数据					
		177	各压力表完好齐全，控制阀件、手柄完好，操作灵活，气源表压力0.6～0.80MPa					
		178	手柄控制对象及开关状态与远程控制台压力值的误差不超过1MPa					
		179	司钻控制台禁止安装操作剪切闸板的手柄					
		180	压力级别符合设计要求，各闸阀挂牌编号并标明其开、关状态，压井提示牌数据准确					
		181	安装高、低量程压力表，节流管汇处压力表方向应朝向手动节流阀（J4），35MPa、105MPa管汇低压表量程为25MPa，105MPa管汇高压表量程为35MPa，70MPa管汇低压表量程为16MPa，70MPa管汇高压表量程为50MPa，105MPa管汇高压表量程为100MPa，150MPa管汇高压表量程为150MPa，压力表下安装旋塞阀（针型阀），旋塞阀（针型阀）手轮转动灵活，低压表在常开状态，高压表常闭状态					
		182	控制箱阀位开度3/8～1/2，压力2～3MPa，气源压力0.6～0.8MPa，液气管线连接规范，走向合理					
		183	节流管汇数量齐全，正确、字迹清楚，正对操作者					

续表

检查项目	受检单位	序号	检查内容	检查结果			检查描述	检查人
				符合	基本符合	不符合		
直线责任部门\现场管理（监理）单位	施工单位	184	连接螺栓两端余扣均匀					
		185	内防喷管线采用标准法兰连接，法兰连接螺栓两端余扣均匀，不允许现场焊接；超过7m加装基墩固定，固定基墩不得悬空					
		186	钻井液回收管线出口应接至循环罐，回收管线内径不小于78mm，爬坡处用基墩固定，两端固定牢靠，使用高压耐火软管时两端要加固安全链，压板处垫胶皮，管线进入真空除气器上水口上游					
		187	节流管汇安装场地平整或整使用活动铜木基础					
		188	节流控制箱安装在节流管汇上方的钻台上，视线良好，便于操作，套管压力表及压力变送器安装在节流管汇五通上，节流控制箱上张贴不同密度下对应的关井套压值，正对操作者					
		189	内防喷管线不得与钻台底座或其他设施接触					
		190	压力级别符合设计要求，各闸阀挂牌编号并标明其开、关状态，实际与其相符					
		191	压井管汇应安装高，低量程压力表，压力表方向应背向钻台底座（可偏向前场），下端安装截止阀，高，低压量程压力表任命待命状态下均为常开。35MPa管汇低压表量程为16MPa，高压表量程50MPa，压力表下安装旋塞阀（针型阀），旋塞阀（针型阀）手轮转动灵活					
		192	内防喷管线采用标准法兰连接，不允许现场焊接；超过7m加装基墩固定，固定基墩不得悬空					
		193	连接螺栓两端余扣均匀					
		194	内防喷管线不得与钻台底座接触					
		195	配备压井短节，并采取防堵措施，单流阀前安装堵头					
		196	冬季采取锅炉蒸汽管或电热带等防冻措施，配备与高，低压相匹配的扫线接头，定期扫线吹扫					

续表

检查项目	受检单位	序号	检查内容	检查结果			检查描述	检查人
				符合	基本符合	不符合		
直线责任部门	施工单位 现场管理（监理）单位	197	放喷管线出口螺纹清洁、防腐，用基墩固定，基墩距离出口小于1m，出口无障碍，放喷出口应设置放喷坑，前端加装防火墙					
		198	基墩压板与防喷管线之间有大小合适的防磨胶皮，紧固螺栓上紧防腐，并备帽，各法兰连接螺栓两端余扣均匀					
		199	钢制管线的转弯处应使用角度大于120°的铸（锻）钢弯头，如确需要90°转弯时，可以使用90°缓冲（如灌铅等）弯头					
		200	内防喷工具螺纹要防腐，卫生清洁，位置便于取用并不影响钻台施工作业					
		201	防喷单根上的旋塞要安装在上部，防喷立柱要安装在上单根与中单根之间旋塞开关灵活，处于开位，上、下旋塞和防喷单根旋塞扳手应通用					
		202	旋塞扣型一致，快装装置带2个手柄目开关活好用					
		203	旋塞扳手配备齐全并有专人保管，严禁擅自加工、焊接					
		204	内防喷工具按标准试压，额定工作压力不小于防喷器额定工作压力，合格证齐全（有效期1年）					
		205	防喷单根放在坡道上，旋塞开关灵活，处于开位，外螺纹端接与钻链连接的转接头上紧，螺纹装护丝保护。防喷单根上用黄线标明下放位置					
		206	打开油气层的井，下套管与能防万能防喷器的（未更换与套管尺寸相同的变扣接头、带顶开装置的钻具止回阀或顶开型相同的变扣接头）应配备与套管和在用钻杆尺寸相符的变扣接头					
		207	钻台上要配备与钻具尺寸相符的带顶开的带顶装置的钻具止回阀（或应急旋塞阀），带顶开装置的钻具止回阀的阀芯应处于顶开状态，锁紧手柄灵活好用					
		208	钻具按内螺纹接箍为基准排列，钻具螺纹清洁、防腐					
		209	好坏钻具分开摆放，标示清楚规范、钻具安装有防滚落装置					

续表

检查项目	受检单位	序号	检查内容	检查结果 符合	检查结果 基本符合	检查结果 不符合	检查描述	检查人
直线责任部门\现场监管（监理）单位	施工单位	210	钻具及套管摆放最多不能超过三层，并不用钻具及套管做杠杆使用，设置警戒线，距钻具堆放 0.5m，管架 1.5m					
		211	接单根螺纹脂油涂抹到位并使用标准螺纹螺丝油刷，油桶加盖					
		212	钻具上、下钻合戴护丝					
		213	甩方钻杆不带滚子方补心，甩下的钻具不带接头、工具					
		214	吊带不得长期暴晒，避免与油品、腐蚀品、紫外线或高温物体接触					
		215	不得存在吊带本体被切割、严重擦伤、局部破裂（含保护套）严重热损伤、磨损损伤，穿孔、切口、切口变形起毛，或吊装带合成纤维出现老化变质、腐蚀，热融化或剥落，弹性变小，或吊装带发霉变质，腐蚀，酸碱烧焦，热融化或烧焦，吊装带受损变形拉长造成外套破断等现象					
		216	使用规范的吊索具，吊索具定期检查并标识载荷，钢丝绳使用严格按照 GB/T 5972—2016《起重机钢丝绳 保养、维护、检验和报废》条件报废					
		217	钢丝绳卡使用的数量、尺寸、位置等符合 GB/T 5976—2006《钢丝绳夹》的要求，并纳入属地检查范围					
		218	不得存在铝合金压套明显磨损，有裂纹或变形、钢丝绳与铝合金压套根部有断丝或变形，或整股发生一定长度范围内多根断丝，或钢丝绳经多次使用后，发生外部磨损，实测直径相对于公称直径减小 7% 以上，或钢丝绳弹性降低，绳股回处出现磁色粉末，钢丝绳明显的不易弯曲等现象，或钢丝绳发生较严重内部腐蚀，如钢丝绳表面出现深坑，钢丝之间松弛，或钢丝绳表面起毛刺严重，或钢丝绳由于受热或电弧而改变颜色或本体有焊点					
		219	不得使用现场自制的提丝					
		220	提升短节固定在安全位置存放，并采取有效的防倒落措施					

续表

检查项目	受检单位	序号	检查内容	检查结果			检查描述	检查人
				符合	基本符合	不符合		
直线责任部门\现场管理（监理）单位	施工单位	221	不得出现螺纹尖磨尖或有效螺纹不足3扣的，或参照钻具探伤标准后，检验或探伤不合格的					
		222	卸扣表面光滑，缺陷不得补焊，不得有裂纹、折叠、锐角、过烧等缺陷，内部不得有裂纹和影响安全使用性能的缺陷，不得在吊钩上钻孔或焊接，与卸扣销轴连接接触的吊物耳板及其他索具配件其厚度应不小于销轴直径。使用规范的卸扣锁销					
		223	吊钩缺陷不得焊补，吊钩表面应光滑，不得有裂纹、折叠、锐角、过烧等缺陷。吊钩内部不得有裂纹或影响安全使用性能的缺陷。未经设计制造单位同意不得在吊钩上钻孔或焊接。在吊钩开口最短距离处，选两个适当位置做出不易磨损的标志，测出标志间的距离，作为使用中检测开口度是否发生变化的依据					
		224	灵活好用、完好不缺件、卫生清洁，定期探伤检测。吊卡使用足够长度的磁性销，吊卡孔保持畅通					
		225	灵活好用、卫生清洁，卡瓦牙无缺损，手柄齐全、完好，无变形，有阻挡销					
		226	灵活好用、卫生清洁，连接销与主体用链连接，卡瓦牙无缺损，有阻挡销					
		227	便携式梯子符合GB 12142—2007《便携式金属梯安全要求》和Q/SY 08370—2020《便携式梯子使用安全管理规范》的要求					
		228	固定式梯子、护栏、通道符合GB 17888.1~4—2020《机械安全》系列标准和GB/T 31255—2014《机械安全 工业楼梯、工作平台和通道的安全设计规范》的要求					
		229	电源线走向合理、无破皮、老化，不妨碍人行通道；无拖地、油水浸泡现象；两根以上电源线应绑扎整齐，使用机带绑扎，与金属接触处加装绝缘护套；接地装置齐全、有效					
		230	配电房配电柜前后地面全部铺设3mm厚电绝缘胶皮，其他地点电源控制箱铺设1m×0.8m×3mm（长×宽×厚）绝缘胶皮					
		231	上下梯子固定可靠，摆放坡度合适，固定销、安全销穿向合理，踏板水平、不打滑，扶手齐全、无开裂、无变形					

续表

检查项目	受检单位	序号	检查内容	检查结果			检查描述	检查人
				符合	基本符合	不符合		
直线责任部门\现场监管（监理）单位	施工单位	232	人行梯子、阶梯、坡道、斜坡滑道和平台不得存在妨碍人员撤离的物体和杂物					
		233	工具摆放在指定位置集中存放，摆放整齐，不应侵占钻台通道，有问题的钻井工具及时返厂检修，不能在钻台存放					
		234	井场移动探照灯4具，护罩齐全，专线控制，明确标示					
		235	野营房应置于井场边缘50m外的上风处。含硫油气井施工时，野营房离井口不少于300m					
		236	钻井作业产生的各类固体废弃物应指定地点分类收集、存放、处置					
		237	钻井液化材料下垫上盖、分类摆放整齐、标识清楚，有化学品安全技术说明书（MSDS）					
		238	综合录井房、地质值班房、钻井液化验房、工程值班房应摆放在大门右前方，距井口不小于30m					
		239	材料房、平台经理房（队长房），钻井监督房等井场专用房应摆放在有利于生产的位置，距井口不少于30m					
		240	发电房距井口不小于30m，发电房与油罐区不小于20m					
		241	井场采用TN-S或TN-C-S接地方式，所有电线电缆颜色标识符合GB/T 6995.1~5-2008《电线电缆识别标志方法》，所有PE线导通不中断，用电端相序正确					
		242	井场主电路采用YCW型防油橡套电缆					
		243	井场临时供电电线路应高架设高度不低于2m，泵房、净化系统的供电线路应高于设备2.5m，严禁将供电线路直接牵挂在任何金属物体上，不能悬挂的要深埋0.7m					
		244	钻台、发电房、净化系统的电气设备、照明灯具应分闸控制，配电柜及设备完好					

续表

检查项目	受检单位	序号	检查内容	检查结果			检查描述	检查人
				符合	基本符合	不符合		
直线责任部门\现场管理（监理）单位	施工单位	245	电缆应使用整根导线，特殊情况下接头个数不得超过2个，且电缆线接头应做架空处理					
		246	截面≥16mm²的线缆，应采用线鼻子或插接有接头；穿越井场车道和公路的落地线缆不允许有接头；防爆区内电缆应有可靠的保护措施；电磁刹车应设专线供电和专用开关控制					
		247	场地照明、电磁刹车、防喷器远程控制台用电应专线并单独控制，不受井场总电源开关控制					
		248	配电房密闭防尘条件良好，地板铺有绝缘胶垫					
		249	配电柜接线规范，设备完整，供电相序、电压正常					
		250	设置有应急总开关并便于操作，所有控制开关（手柄、按钮）控制对象明确，均能实现上锁挂签					
		251	氧气瓶、乙炔气瓶三年一检，按GB 9448—1999《焊接与切割安全》，气瓶应安装在专用支架上，气瓶应安装安全帽和防振圈，空、满瓶分库存放，标识清晰，气焊管应满足GB/T 2550—2016《气体焊接设备焊接、切割和类似作业用橡胶软管》的要求，使用氧气乙炔装有回火阀					
		252	电焊机一次线长度小于2m					
		253	电焊机焊接电缆宜使用整根电缆，特殊情况下接头不许超过两个					
		254	电焊机外壳接地，停用时处于断电状态，上面无异物。电焊机接线桩、板和接线端应有完好的隔离防护装置					
		255	电焊线绝缘良好，电焊面罩、电焊钳和绝缘手套符合规定					
		256	所有机加工设备，工具有操作规程					
		257	库房干净整洁，物资按现场实际分类存放，整齐有序，标识明显					
		258	库存物资做到账、物、卡三对口					
		259	库房管理制度健全，材料员岗位责任制及现场物资管理制度张贴上墙					

续表

检查项目	受检单位	序号	检查内容	检查结果			检查描述	检查人
				符合	基本符合	不符合		
直线责任部门\现场监管（监理）单位	施工单位	260	定期对库存物资进行除锈保养和防腐处理，不得存放半年以上无动态常用物资					
		261	挂钩、照明齐全有效，支架齐全便于分类存放					
		262	各种吊索具分类管理，齐全完好，标识明确					
		263	接线规范，有保护接地					
		264	相关方各类电源、数据等专业线路走向合理规范，固定牢靠					
		265	房内物品摆放整齐，手工工具定置管理					
		266	有坐岗制度及本井的逃生路线图，有常用钻具体积换算表。配有专用锁具盒子、锁具齐全完好					
		267	存有专用绝缘手套一副，卫生清洁，无破损，在有效期内并保留合格证					
		268	进出电缆线及接地线无松动和发热现象。房体应接地，检测接地电阻符合要求					
		269	MCC柜所有仪表、指示灯指示正常，接头无烧损，腐蚀和生锈					
		270	所有直流电动机电刷磨损正常，电缆无磨损、破裂及振动摩擦等现象					
		271	油灌区布置在发电机组的后方或左后方，距井口不小于30m，距发电房不小于20m的安全位置。防静电措施到位					
		272	油品房内各油品摆放整齐、卫生清洁，无油污，通风良好					
		273	油品按规定分类存放，标识清楚（名称、牌号、入库日期、MSDS）					
		274	油品容器及其他器具按规定使用，并保持清洁。润滑器具标识清晰，各级滤网符合技术要求					
		275	各类润滑用具应齐全、完好、标识清晰、装油专用、定期清洗					
		276	有油料进、出库记录准确、齐全					

续表

检查项目	受检单位	序号	检查内容	符合	基本符合	不符合	检查描述	检查人
直线责任部门\现场管理（监理）单位	施工单位	277	摆放在大门左前方距井口大于25m，线路专线控制，周围保持2m以上的人行通道，周围10m不得有易燃、易爆及腐蚀性物品					
		278	安装在司钻房后侧，固定牢固，卫生清洁，无杂物					
		279	放喷管线每10~15m安装一个基墩（或地锚固定），接出距井口75m以上，如受井场限制，接至井场边分的放喷管线及基墩；两条管线走向一致时，应保持大于0.3m的距离，并分别固定					
		280	放喷管线设置防碾压保护装置，不得与放喷管线接触					
		281	放喷管线拐弯处前后1m各加一个基墩固定（或地锚）					
		282	备用管架、基墩排放整齐，备有螺栓、压板、钢圈等集中存放在一个箱内，摆放在附近位置，防腐					
		283	进液管内径不小于78mm，进液管采用带钢圈法兰的高压（不小于14MPa）钢制管线或高压耐火管线。气井及井口装置工作压力大于35MPa的油水井高压耐火管线使用期限不得超过5年，为确保固定安全可靠，要求管线拐弯角度不大于120°，管线中间用水泥基墩固定					
		284	进液管用高压软管（不小于4in）与管汇连接，出液管连接到振动筛缓冲池内，排气管接出井场，尽量减少弯头，不得少于50m，管线上不允许连接阀门，应长期畅通					
		285	液气分离器安装地面应进行硬化处理或加装基础，四角（或三角）用带花盘螺丝的φ13mm钢丝绳绷紧固定。排液管最高处应在液气分离器本体下端三分之一左右位置。排液管排出液体应进入振动筛上游。液气分离器最高出液口差不低于400mm。排液管排出液量为罐体最高工作压力的1.5倍~2倍。压力表并安装截止阀，直径不小于排气管线。U形管预留排污孔，排污孔安装排污阀，定期进行排污检查。罐体排污线一致或向上，定期进行排污检查。罐体排污线一致或向上，根据打φ20mm的孔					

续表

检查项目	受检单位	序号	检查内容	检查结果			检查描述	检查人
				符合	基本符合	不符合		
直线责任部门\现场管理（监理）单位	施工单位	286	排气管外径不小于203mm，每隔10~15m加基墩固定，欠平衡、控压钻井、天然气井排气管线接出距井口50m远，应和放喷管线并排、排气管线出口距放喷管线3m以上。点火装置配备防回火装置，预探井、气井、含硫化氢井安装自动点火装置，分别在排气管落地位置和防回火装置前安装管前安装一试压孔，最低位置安装排液装置					
		287	根据当时的风向和当地的环境，在井场前后应分别设置紧急集合点，且位置合理，便于逃生					
		288	由食堂管理员专门负责食品采购，保持合理库存，防止积压，避免食品变质，落实防鼠防蝇措施					
		289	库房清洁有序，食品摆放整齐，生熟食品分开存放					
		290	生熟食留样存放48h					
		291	配备急救箱一个，担架一副，按标准配备急救药品并确保在有效期内					
		292	灭蝇灭鼠药品放置有标识提示					
		293	炊事人员持健康证上岗					
		294	炊事人员上岗穿戴工作服、帽，勤剪指甲、勤理发、勤洗工服，保持个人卫生清洁					
		295	定期刷洗刷墙壁，天窗的油污，保持操作间卫生清洁					
		296	操作间及餐厅配备必要的防蝇设施					
		297	操作间炊具经常消毒，保持干净卫生					
		298	操作间各种物品摆放整齐。加工生熟食的案板、刀具等工具要分开存放，并张贴生、熟标识					
		299	食堂垃圾、剩余饭菜要有专人负责，并挂牌倒入指定地点					
		300	炊事机械设备有设备操作规程					

续表

检查项目	受检单位	序号	检查内容	检查结果			检查描述	检查人
				符合	基本符合	不符合		
直线责任部门\现场管理（监理）单位	施工单位	301	设备卫生清洁，并经常维护、保养					
		302	营房内地板、墙壁、天花板清洁，无乱贴、乱挂、乱接，乱拉现象					
		303	公用间拖鞋、皮鞋、工鞋等物品，摆放整齐、规范					
		304	洗漱堂、洗衣房要有人负责管理，保持清洁，无积水					
		305	生活水处理间要有专人负责管理，水罐进水口要密封完好，上锁管理，水管线连接处不漏水					
		306	营房内电气设备安装合格，有防护罩，有控制标识，温控开关正常。电热器上方无杂物并无烘烤物品现象					
		307	用电设备具有短路保护或过载保护装置，并保持完好					
		308	营房电路无私拉乱接，营房接地完好并按时检测登记					
		309	营区每个房间有2具灭火器，并定时检查。房间有逃生门，逃生通道内外畅通					
		310	井场入口处标识牌应有"钻井队号""入场须知""紧急逃生路线"					
		311	钻台正面扶梯与大门坡道之间围板内侧，设置"当心吊物""当心坠落""当心绳乱"安全标识牌外侧由左向右依次设置"当心落物"安全标识					
		312	高压立管一边钻台前围板内侧，设置"禁止抛物""当心滑跌"安全标识牌"当心绳乱"安全标识牌					
		313	气动绞车面向操作人员一侧护草张贴"当心绳乱"					
		314	井架两侧攀梯入口处设置"上下井架正确使用防坠落装置"标识					
		315	逃生滑道入口张贴"逃生出口"标识					
		316	绞车滚筒两侧分别设置"当心刹车失灵""当心大绳缠乱""当心防碰失效"安全标识伤人""当心大绳缠乱"					
		317	液压大钳升降缸处粘贴操作提示标识					

续表

检查项目	受检单位	序号	检查内容	检查结果			检查描述	检查人
				符合	基本符合	不符合		
直线责任部门\现场监管（监理）单位	施工单位	318	距门上沿约25cm处粘贴"钻台值班房"标识					
		319	房门内、外拉环上方分别粘贴"推""拉"标识					
		320	内侧墙上粘贴"应急逃生图"，并标注当前所处位置					
		321	放置安全带处粘贴安全带使用及检查标识					
		322	大门坡道下端两侧粘贴"吊管时严禁过人"					
		323	司控房门外侧上沿约25cm处张贴"司控房"标识					
		324	设置"噪声危害告知"（告知检测结果、危害、防护要求）					
		325	柴油罐区设置"禁止烟火"					
		326	柴油罐仓内配电箱处设置"当心触电"安全标识					
		327	输出端电源门外张贴高压危险标示					
		328	房内粘贴"当心触电"					
		329	螺杆压风机本体张贴"当心超压"标识					
		330	钻井泵液力端对面循环罐体设置"6合1安全标识"（当心绊倒、当心触电、当心碰头、当心滑跌、当心高压、戴护目镜）、"泵房区域主要风险及安全防范措施"标志牌					
		331	钻井泵本体上张贴"当心机械伤人"泵护罩处张贴"禁止触摸旋转部位""当心触电"标识					
		332	钻井液材料名称数量标识清楚，有化学品安全技术说明书（MSDS）					
		333	在钻井液材料区或加料区域，公告粉尘监测结果，提示粉尘危害和职业健康防护措施					
		334	井场主要应急疏散路线设置应急疏散安全指示标识					

监理单位负责人签字：　　　　　　施工单位负责人签字：　　　　　　检测单位负责人签字：

附表 4.3 造腔工程 HSE 检查表

工程名称：

施工单位：

检查项目	受检单位	序号	检查内容	检查结果 符合	检查结果 基本符合	检查结果 不符合	检查描述	检查人
直线责任部门\现场管理（监理）单位	施工单位	1	作业队开展安全目标管理，考核记录					
		2	员工按岗位要求上岗，应持有效证件					
		3	进入施工现场人员应正确穿戴劳动防护用品					
		4	进入施工作业区域前禁止带人种禁止带人施工作业区					
		5	施工前由专人或作业队干部向员工及相关人员进行施工设计、施工中存在的风险、危害、环境因素及其控制措施交底					
		6	施工现场应有岗位职责、操作规程、QHSE管理、应急管理、设备管理等制度					
		7	井场入口处应设置井场平面图和入场须知					
		8	井场布局应符合标准要求，地面平整无杂物、无油污，应制订防积水、防滑措施					
		9	安全标志至少应有：必须戴安全帽；禁止烟火；必须系安全带；当心触电；当心高压工作区；当心机械伤人；当心井喷；当心落物伤人；当心环境污染					
		10	值班房、发电房距离井口应不小于30m，值班房、发电房的距离应不小于30m					
		11	排液用储罐液应放置距井口25m以外					
		12	工具房内的工具配件应定期保养，摆放整齐并挂牌标识					
		13	油管桥应搭三道，并保持在同一平面上，油管每10根一组排放					
		14	作业现场应设置不少于2个风向标，风向标应挂在有光照到的地方。风向标应设置在现场便于观察到的地方					
		15	井场应设立至少2个应急集合点，并位于主导风向上一定安全距离或与主导风向成90°，以防主导风向改变。逃生通道畅通，标示清楚					

续表

检查项目	受检单位	序号	检查内容	检查结果			检查描述	检查人
				符合	基本符合	不符合		
直线责任部门\现场监管（监理）单位	施工单位	16	进入井场的施工车辆应配装防火帽，人员登记。配合作业队施工的车辆就位时应听从有关人员的指挥					
		17	作业队入应组织员工进行井控演练、防火演练、人员伤害急救演练					
		18	井口应备有相应规格型号的旋塞阀，旋塞阀开关灵活。油管架上应备有防喷单根或防喷短节以及相应的变扣接头					
		19	操作台上应安装应急逃生器					
		20	用电设备应做到一闸一保护，每一台设备和同房屋应安装漏电保护装置，并且检测合格					
		21	井架、钻台、储液罐等处的照明应使用防爆灯具					
		22	天车、井架、操作台、二层平台、循环系统、操作台、二层平台、梯子扶手光滑、坡度适当全、牢固，梯子扶手光滑、坡度适当					
		23	进入受限空间作业人员应配备相应的检测及防护设备设施					
		24	天车防碰装置应安装正确并做好检查保养记录，换大绳后应重新设置天车防碰距离					
		25	二层台应安装紧急逃生装置和防坠落装置（差速器、保险带）；高于地面2m的高处作业时应采取防坠落措施					
		26	作业现场消防设施、灭火器材应齐全、完好					
		27	试油井场应配35kg灭火器两具，8kg灭火器8具，消防锹4把，消防钩2把，消防桶4个，消防砂2m³					
		28	修井机、发电房处各配8kg灭火器2具；生活区应配35kg灭火器1具，8kg灭火器2具，每栋房屋应配备2kg灭火器2具					
		29	消防器材应指定专人负责，每月检查一次。灭火器的检查与维修应按XF 95—2015《灭火器维修》的规定执行					

续表

检查项目	受检单位	序号	检查内容	检查结果			检查描述	检查人
				符合	基本符合	不符合		
直线责任部门\现场监管（监理）单位	施工单位	30	作业队应定期组织消防演练					
		31	井架底座、基础应平整、坚实。井架应符合质量标准，不应有变形、开焊等缺损，并定期进行检测					
		32	天车、游动滑车、井口在同一垂直线上，空载时偏差不得超过10mm					
		33	井架各部位连接销安装到位、固定牢靠，基础受力均匀。井架在用护栏、梯子齐全、紧固、完好					
		34	修井机井架千斤顶应坐靠稳，个千斤板载车中辅线呈十字摆放					
		35	天车中垂线与井口中心前后偏差应小于50mm，左右偏差应小于10mm					
		36	井架绷绳应使用直径不小于φ15.4mm的钢丝绳，绷绳无打结、断股、锈蚀、夹扁等缺陷					
		37	井架绷绳若出现以下任何一种情况不应继续使用：①一组绳中发现有3根断丝；②端部连接部分的绳胶沟内发现有2根断丝					
		38	绷绳的每端应使用与绷绳规格相匹配4个绳卡固定，绳卡压板压在工作绳上，卡距为绳胶直径的6~8倍，卡紧程度以钢丝绳变形1/3为准					
		39	绷绳应距离电力线5m以外（距高压线10m以外）					
		40	钢筋混凝土地锚或地锚的外形尺寸应不小于1000mm×1000mm×1300mm（长×宽×高）					
		41	井架绷绳地锚或地锚固定应避开管沟、水坑、钻井液池等处，不应打在虚土或软水坑等软地中					
		42	以井口为中心，以不小于1.2倍井架总高度为半径的范围内不得有影响修井作业及安全逃生的高压线、房屋建筑等					
		43	有二层平台时，二层平台及护栏应安装到位，逃生绳应固定可靠，斗绳受力均匀。逃生绳上绷绳上挂应能实现井架迅速到达，站在平台上挂直接挂在安全带上。逃生绷绳与地面夹角应符合逃生装置的安装要求，附近设有影响落地的障碍物，且通道畅通					

检查项目	受检单位	序号	检查内容	检查结果			检查描述	检查人
				符合	基本符合	不符合		
直线责任部门\现场监管（监理）单位	施工单位	44	井架与地锚桩距离符合有关要求					
		45	游动滑车、天车、滑轮应转动灵活，护罩完好					
		46	大钩弹簧、保险（锁）销完好，转动灵活，耳环螺栓应紧固					
		47	提升钢丝绳应符合标准要求，直径应不小于φ19mm，不应有严重磨损、锈蚀及挤压，弯扭等损，无打结、夹扁等缺陷					
		48	提升钢丝绳若出现以下任何一种情况不应继续使用：①一纽绳中发现随机分布的6根断丝；②一纽绳中的一股中发现有3根断丝					
		49	若安装有死绳固定器，应固定牢靠。大绳缠绕固定器4~5圈，防跳压板卡牢，大绳在死绳固定器上的缠绕圈数以出厂设计为准。防跳压板后的余绳应使用不少于2个绳卡固定，卡距为钢丝绳直径的6~8倍或使用专用卡板固定					
		50	指重表应完好可靠，表盘面清洁，在检定有效期内					
		51	游动滑车放到井口时，滚筒上钢丝绳余绳应不少于15圈，活绳头应固定牢靠					
		52	吊卡等应无变形，并应定期探伤，吊环磨损应符合标准规定					
		53	吊卡应使用防跳吊卡销子并挂有保险绳，吊手柄（活门）操作灵活，锁紧功能应可靠。吊卡主体不应存在危及安全使用的变形、锈蚀、磨损、裂纹等缺陷					
		54	手提卡瓦、气动卡瓦，安全卡瓦应灵活好用，卡瓦片片固定牢靠					
		55	刹车系统应灵活好用，刹车气压不应小于0.6MPa。刹车后，刹把与钻台面成40°~50°					
		56	修井机传动部位润滑良好，护栏（罩）齐全，罩靠					
		57	修井机及时进行清洁、润滑、防蚀、调整、紧固，运转记录填写齐全					

检查项目	受检单位	序号	检查内容	检查结果 符合	检查结果 基本符合	检查结果 不符合	检查描述	检查人
直线责任部门、现场监管（监理）单位	施工单位	58	刹车带、垫圈及开口销相匹配，齐全牢靠，刹车片、刹车钢圈及两端连接处完好无变形，无裂纹					
		59	刹车片磨损不应磨到上平面，固定螺栓及弹簧齐全，无裂纹					
		60	天车防碰装置灵活好用，防碰距离应不小于2.5m，定期检查防碰装置的完好性					
		61	发电房设置"当心触电""必须戴护耳器"警示标志					
		62	发电机应有专人操作，非操作人员不应进入发电房					
		63	发电房内无油污，地板干净，设施、工具清洁，摆放整齐					
		64	润滑油标号正确，无变质或超标，润滑油量在油标尺刻度范围内					
		65	冷却液使用防冻液，液面符合要求并定期补充，更换					
		66	中性点接地应有两个接地极，长度不小于1.2m，接地保护齐全、有效					
		67	发电机运转无杂音，平稳、排烟正常					
		68	发电机三滤按要求使用，更换和清洁					
		69	发电机无漏油、漏水、漏气，散热水箱清洁					
		70	连接、固定螺栓齐全、牢固，护罩齐全、紧固					
		71	发电机输出线出口应穿绝缘胶管，并做保护接零和工作接地，接地电阻不大于4Ω					
		72	电瓶保养良好，接线柱无腐蚀，电瓶液充足					
		73	配电箱（柜、盘）处应设置"当心触电""安全标识，控制开关有统一规范制对象标识，地面设有绝缘胶垫					
		74	发电房应有充足的照明，照明灯开关设在门口附近					
		75	发电房内配有8kg干粉灭火器2具					
		76	使用标准铝合金压制钢丝吊索，且符合安全要求，无断丝、断股、扭结，压制接头无变形；一捻距内钢丝绳断丝小于5根，吊索报费符合合格标准要求					

续表

检查项目	受检单位	序号	检查内容	符合	基本符合	不符合	检查描述	检查人
直线责任部门\现场管理（监理）单位	施工单位	77	尼龙吊索本体无被切割，严重擦伤，局部破裂					
		78	绳套集中分类管理，有保护措施，索具有标识					
		79	使用的吊具具索具及时收回，定点存放，有专人管理，使用后及时保养					
		80	消防房室内卫生清洁，无杂物					
		81	消防房应设置"禁止乱动消防器材"安全标识，房内有"消防器具配备地点及数量"标识牌					
		82	消防器材有专人管理，定期进行检查，不应挪作他用，消防器材摆放合理，卫生清洁					
		83	干粉灭火器压力指示在绿区，安全销无锈蚀，铅封完好，瓶体和瓶底无锈蚀，有灭火器检查标识牌或检查记录本或检查周脚不超过一个月					
		84	灭火器室外摆放时，应有防晒，防雨淋措施					
		85	液压动力钳应符合标准要求，完好，灵活好用，钳口应安装防护板，安全可靠；高低速挡灵敏，转速稳定，密封，钳牙无破损且固定牢靠。维修，清洁液压动力钳及更换钳牙时应切断液压动力源					
		86	液压动力钳吊绳，尾绳应根据其型号选用 φ12.7～15.4mm 的钢丝绳，两端各用与绳径相匹配的 3 个绳卡固定，卡距为钢丝绳直径的 6 倍～8 倍					
		87	液压动力钳的吊绳绳轴通过滑轮调节，滑轮满足负荷要求，保险销子齐全。尾绳销轴应使用开口销锁住					
		88	转盘符合标准要求，转盘应固定牢固，转盘齿轮盒应与修井机传动轴垂直，转盘中心与井口水平距离偏差应小于 10mm					
		89	操作台安装基础应坚实，操作台高于 1.5m 应安装护栏，梯子，护栏高度应不小于 1.2m，梯子与地面夹角不大于 45°，固定牢靠					
		90	操作台不应堆放杂物，钻台大门开口，滑梯口应安装安全链					

续表

检查项目	受检单位		序号	检查内容	检查结果			检查描述	检查人
					符合	基本符合	不符合		
直线责任部门\现场管理\监理（单位）	施工单位		91	小绞车护罩齐全，操作灵活，刹车可靠					
			92	小绞车吊钩应采用防脱落安全吊钩					

施工单位负责人签字：　　　　　检测单位负责人签字：

监理单位负责人签字：

附表 4.4　注采完井工程 HSE 检查表

工程名称：　　　　　　　　　　　　施工单位：

检查项目	受检单位	序号	检查内容	检查结果			检查描述	检查人
				符合	基本符合	不符合		
直线责任部门\现场管理\监理（单位）	施工单位	1	作业前进行安全技术交底					
		2	员工按岗位要求上岗，应持有效证件					
		3	进入施工现场人员应正确穿戴劳动防护用品，佩戴好劳动防护用品，人员工牌和臂章佩戴无误					
		4	进入施工作业区域，手机火种禁止带入施工作业区					
		5	施工前由专人或作业队干部向员工及相关人员进行施工设计、施工中存在的风险、危害、环境因素及其控制措施施交底					
		6	施工现场应有岗位职责、操作规程、QHSE 管理、应急管理、设备管理等制度					
		7	井场入口处应设置经常平面图和入场须知					
		8	安全标志至少应有：必须戴安全帽；禁止烟火；必须系安全带；当心触电；当心机械伤人；当心高压工作区；当心落物伤人；当心井喷；当心环境污染					
		9	工具房内的工具配件应定期保养，摆放整齐并挂牌标识					
		10	值班房、发电房距离井口应不小于 30m，值班房、发电房的距离应不小于 30m					

续表

检查项目	受检单位	序号	检查内容	检查结果			检查描述	检查人
				符合	基本符合	不符合		
直线责任部门\现场管理（监理）单位	施工单位	11	向作业人员进行外伤初步救治、应急药品的使用和复苏等内容的培训，配备相应的应急药品					
		12	作业现场对生活垃圾和施工废品进行分类处理，并划分专门的处理区域					
		13	确保现场的用电设备具有相应的合格证，并对需要检验的设备进行检验，确保设备完整性					
		14	吊车操作手必须具备操作手资格证并配有指挥员					
		15	在机械操作时必须要有专项负责人对操作手进行监督作业					
		16	作业范围内按照标准化要求布置目视化，如"禁止烟火"等					
		17	转存的保护液必须现场按规定要求放到合适位置并进行隔离					
		18	退保护液前确保管线无质，连接无问题，按照方案进行退保护液					
		19	退保护液过程中，人员不可站立在管线两侧摆动范围内					
		20	设备运行和停止时与人员保持安全距离					
		21	对构筑物进行排查、清理、统计，设置明显标识，告知操作手和现场监护人员					
		22	地面中心处理机、电缆、井下仪器组装连接后完成地面调试。检测仪器与电缆接地安全可靠					
		23	组织危险源识别，针对危险源识别进行风险评估，风险控制和削减与监测					
		24	组织全员安全教育和培训，作业人员应持证上岗					
		25	现场有专职指挥疏散人员，人员不在起造腔外管的作业范围内逗留					
		26	定期由专职人员对大绳、绞绳等进行检查，对不合格的大丝绳或绞绳进行破坏性报废处理					
		27	设置起管警戒区域，并安排专人监护					
		28	修井机、发电房处各配8kg灭火器2具；生活区应配35kg灭火器1具，8kg灭火器2具，每栋房应配备2kg灭火器2具					

续表

检查项目	受检单位	序号	检查内容	检查结果			检查描述	检查人
				符合	基本符合	不符合		
直线责任部门、现场管（监理）单位	施工单位	29	消防器材应指定专人负责，每月检查一次。灭火器材的检查与维修应按 XF 95—2015《灭火器维修》的规定执行					
		30	作业队应定期组织消防演练					
		31	必须选用符合实际方案的通径规，作业前确保通径规不存在裂痕、缺口，油污等影响作业的风险，确保设备安装牢靠要求，按照要求控制通井规速度					
		32	井口挖掘井井对坑进行防渗漏处理，以防井内污水溢流造成环境污染					
		33	安装通井装置时人员操作器具必须规范，确保现场登高人员安全带使用情况					
		34	刮削设备安装时人员站位正确，不可站在设备下方					
		35	刮削作业时控制挂下速度，按照方案内速度和次数进行刮削					
		36	严禁超重绞车作业和违章操作；修井机支腿铺设垫木或钢板保持作业稳固，与作业坑边缘保持安全距离，作业前检查设备、纹绳保持完好；纹车轨迹下严禁站人					
		37	自外而内顺序取管，禁止从底层抽管					
		38	作业前确保设备运转良好以及安全防护装置完好有效					
		39	试压前测压下设备必须经过检测，作业过程中必须要求压力达到设计要求才可进行下步作业					
		40	油罐车附近必须立有警示标识如"禁止烟火"等					
		41	作业前对现场机械设备和作业人员都应佩戴防静电消措施					
		42	注入保护液时应对现场油罐车四通上方通入达的压力表进行监测并记录					
		43	试压作业过程中人员应撤出作业范围内，并有专职人员看护					
		44	人员上操作台时必须系安全带，不可在通道上逗留					
		45	井坑做做防滑防跌倒措施					

续表

检查项目	受检单位	序号	检查内容	检查结果			检查描述	检查人
				符合	基本符合	不符合		
直线责任部门\现场管理（监理）单位	施工单位	46	设置明显标识，将操作要求告知操作手和现场监护人员					
		47	严格执行施工方案和操作规程严禁违规操作进行试压，实时监测压力值，不可超过设计压力					
		48	试压过程中人员不可以正对阀门口站立，规范人员站位，有专人做现场指挥					
		49	注氮气时井口处不可以站人，对氮气的注入量与注入压力要实时进行监测记录，出现异常及时处理					
		50	柴油发电机组能够随时启动应急供电，防雷接地网接地可靠，测试合格					
		51	火灾自动检测报警系统已投用且运行可靠，可燃气体检测报警系统已投用且运行可靠					
		52	消防道路畅通，消防器材按规定配备齐全					
		53	施工完成后对现场的垃圾进行处理，恢复并场设备					
		54	管线在使用前要试压合格					
		55	巡回检查大罐、管线焊接处，发现开焊，及时修理					
		56	发电机、钻井泵等大型设备要安设接地装置，所有施工管线固定					
		57	巡回检查时，发现棚绳断股12丝以上或断股，应及时更换					
		58	安装时，检查二层台锁紧装置的有效性					
		59	巡回检查千斤台支腿的有效性					
		60	禁止五级以上大风立放井架					
		61	检查液缸液压车在允许范围内					
		62	巡回检查机车基础，发现不平稳时，进行整改或采取措施					
		63	地锚不允许钻在原地锚坑内，应钻在硬地上					
		64	巡回检查，刹车鼓、刹车片磨损严重时，应及时更换					
		65	检查丝杠调节至合适位置					

续表

检查项目	受检单位	序号	检查内容	检查结果			检查描述	检查人
				符合	基本符合	不符合		
直线责任部门\现场管（监理）单位	施工单位	66	巡回检查大绳，发现每股距断丝6丝以上或断股，应及时更换					
		67	安装死绳时，应将死绳固定牢固，每班进行检查					
		68	保证游动滑车处最低位置时滚筒上大绳圈数不少15圈					
		69	检修液压管时，作业机司机必须将离合器分开并进行监控					
		70	提升管柱前，应检查保险绳的有效性，将吊卡卡销插到位					
		71	发电机输出线出口应穿绝缘胶管，并做保护工作接地、接零和工作接地，接地电阻不大于4Ω					
		72	电瓶保养良好，接线柱无腐蚀，电瓶液充足					

监理单位负责人签字:　　　　　　施工单位负责人签字:　　　　　　检测单位负责人签字:

附表 4.5　注气排卤 HSE 检查表

工程名称:

施工单位:

检查项目	受检单位	序号	检查内容	检查结果			检查描述	检查人
				符合	基本符合	不符合		
直线责任部门\现场管（监理）单位	施工单位	1	各种操作人员是否持证上岗					
		2	各种安全操作规程是否健全					
		3	劳保着装是否齐全					
		4	现场操作是否安全、规范					
		5	现场是否有烟头或者吸烟者					
		6	值班室环境卫生检查					
		7	仪表、检测设备使用是否正常					
		8	消防安全检查是否正常					
		9	用电是否安全、正常					
		10	设备、管线有无漆漏锈					

续表

检查项目	受检单位	序号	检查内容	检查结果			检查描述	检查人
				符合	基本符合	不符合		
直线责任部门、现场监管（监理）单位	施工单位	11	资料及记录表是否按时填写					
		12	用电设备上悬挂"有电危险"标志牌					
		13	定期检查防雷击设备，请专业资质的单位进行检测，对不合格点位及时维修					
		14	安装漏电保护器，大型用电设备单独安装					
		15	严格按临时用电作业许可要求，将电线埋地0.7m或架空处理					
		16	定期对攀梯和护栏进行检查					
		17	施工或作业前的安全教育					
		18	巡检过程中电伴热正常运行					
		19	观察管输温度和环境温度并记录					
		20	对冰堵现象进行有效预防和管理措施					
		21	定期对检测仪表进行检查和标定					
		22	管线投入使用前进行水压试验并记录					
		23	定期对阀门活性检查及调试					
		24	定期对阀门加注润滑脂					
		25	定期检查对阀门加注密封脂					
		26	注气运行过程中运行参数符合设计参数范围					
		27	对分离器快开盲板、分离器基础定期进行巡检					
		28	对分离器的紧固件、连接件定期进行检修					
		29	由检测单位定期对分离器壁厚、硬度、强度进行检测					
		30	对分离器的安全附件进行检查，确保无失灵、过期					
		31	气液联锁动作执行机构动作符合设计标准					
		32	注气过程中对整流器进行检查，确保无堵塞					

续表

检查项目	受检单位	序号	检查内容	检查结果 符合	检查结果 基本符合	检查结果 不符合	检查描述	检查人
直线责任部门\现场监管（监理）单位	施工单位	33	对流量计进行编号，上挂标识牌确认设备状态					
		34	对流量计进行检查并记录					

监理单位负责人签字：　　　施工单位负责人签字：　　　检测单位负责人签字：

附表 4.6 注水站 HSE 检查表

工程名称：　　　　　　　　　　施工单位：

检查项目	受检单位	序号	检查内容	检查结果 符合	检查结果 基本符合	检查结果 不符合	检查描述	检查人
直线责任部门\现场监管（监理）单位	施工单位	1	工艺流程切换操作申办操作票					
		2	工艺流程切换操作严格执行操作规程					
		3	工艺流程切换操作时有专人监护					
		4	有对应的应急预案					
		5	站内施工要签订施工安全协议					
		6	组织人员对站内施工进行重点的看护					
		7	施工过程中存在特殊作业的严格执行作业许可及作业票制度，配备各种安全防护设施					
		8	对站内施工划定作业区域，安装警示牌					
		9	岗位交接必须严格执行交接班制度					
		10	注水岗位各在岗人员劳保着装齐全					
		11	巡检注水岗位时严格执行巡回检查制度，对设备完好性、照明亮度等情况进行检查并记录					
		12	对泵房内的设备严格执行质量管理制度、设备管理制度、设备维保制度、巡回检查制度					

续表

检查项目	受检单位	序号	检查内容	检查结果			检查描述	检查人
				符合	基本符合	不符合		
直线责任部门\现场监管（监理）单位	施工单位	13	在循环水泵房加药过程中严格按照要求执行					
		14	泵房、阀组间设备进行检查，确保阀门无卡死、外漏现象					
		15	阀门正常开关					
		16	阀门固定件无断裂现象					
		17	泵房、阀组间仪表显示正常，数据上传准确					
		18	泵房、阀组间供电正常，报警系统正常					
		19	泵房、阀组间开关柜、抽屉电源柜状态指示灯正常					
		20	配电室防火工具在有效期内，并且能正常使用					
		21	定期对泵房、阀组间线路及设备维护并记录					
		22	定期检查验泵房、阀组间各种指示仪表并记录					
		23	地下敷设电缆需做明显标识，禁止在上方施工					
		24	室内电缆沟入口封堵					
		25	避雷针避雷线及其引下线定期检查无锈蚀断裂现象					
		26	防雷接地电阻不大于规定值					
		27	办公区域内的电气设备必须合格					
		28	各类电气插座、插头、电线无老化，排放整齐					
		29	现场操作人员持证上岗，岗位证件在有效期内					

监理单位负责人签字：　　　施工单位负责人签字：　　　检测单位负责人签字：

附表 4.7 不压井作业 HSE 检查表

工程名称：

施工单位：

检查项目	受检单位	序号	检查内容	检查结果			检查描述	检查人
				符合	基本符合	不符合		
直线责任部门\现场管理（监理）单位	施工单位	1	作业前进行安全技术交底					
		2	佩戴好劳动护用品如：安全帽、安全鞋、防护服、耳朵防护/面部防护、听力防护等					
		3	作业前确保设备运转良好以及安全防护装置备完好有效					
		4	带压作业机所有防护装置准备就绪					
		5	带压作业机机基垫，支撑装置平整并锁定					
		6	绷绳固定牢靠并紧固					
		7	操作台栏杆底部安装牢靠，无锈蚀松动					
		8	操作台铝制面板干净整洁，无杂物					
		9	操作台应急撤离系统已安装					
		10	从操作台到地面的梯子固定牢靠					
		11	液控锁定装置准备就绪					
		12	发动机紧急熄火准备就绪					
		13	承重和防顶卡瓦系统经过检查					
		14	转盘锁定装置工作正常					
		15	绞车钢丝和吊卡状况作业前经过检查，并记录					
		16	转盘驱动系统操作前经过试检					
		17	液压钳锁门工作正常					

续表

检查项目	受检单位	序号	检查内容	检查结果			检查描述	检查人
				符合	基本符合	不符合		
直线责任部门\现场管理（监理）单位	施工单位	18	安装液压钳尾绳					
		19	液压钳管线、仪表和接头无损坏					
		20	安全防喷器在远程都进行了功能测试，并记录					
		21	主液压管线经过测试后工作状况良好					
		22	气喇叭进行了功能测试					
		23	安装卡瓦互锁系统并进行功能测试					
		24	动力泵站安装防护装置					
		25	动力泵站设备无泄漏					
		26	液压油油罐液位正常					
		27	液压系统控制阀正常					
		28	工作防喷器及储能器作业前进行功能测试					
		29	所有设备都有正确的接地					
		30	灯泡、电源开关、所有电缆接头、插座都是防爆的					
		31	井口安装了防喷系统如剪切闸板防喷器、双闸板防喷器、半封闸板防喷器等					
		32	BOP上所有堵头、螺栓、螺母安装完整且无松动、锈蚀状况					
		33	储能器和BOP功能测试完毕					
		34	现场BOP保温适当					
		35	BOP检验合格报告在现场					
		36	密封橡胶元件无破裂，无鼓包现象					

续表

检查项目	受检单位	序号	检查内容	检查结果			检查描述	检查人
				符合	基本符合	不符合		
直线责任部门\现场管理（监理）单位	施工单位	37	液压管线连接无错位、渗漏现象					
		38	对交叉区域管线进行保护					
		39	安全旋塞阀安装相应尺寸的接头					
		40	安全旋塞阀开关工具准备齐全					
		41	储能器控制手柄、压力表正常使用，且控制手柄和压力表正确标记					
		42	储能器操作压力、管汇压力、备用压力符合设计要求					
		43	储能瓶工作压力符合现场作业要求					
		44	职业健康安全资料完整并收集现场					
		45	现场配备H_2S检测仪、可燃气体检测仪，且合格证、检验报告在现场					
		46	消防设施完备					
		47	急救包准备就绪且相应药物储存登记完整					
		48	急救记录手册在现场，现场物资无过期					
		49	正压式空气呼吸器在现场且气瓶压力合格					
		50	安全警示标识齐全					
		51	环境符合现场作业条件					
		52	所有设备无可见渗漏					
		53	现场无易燃材料					
		54	所有废弃物清理干净并正确处理					
		55	管排架垫平、固定，调节液缸处于锁定状态					
		56	现场具备疏散通道，疏散通道上无障碍					

监理单位负责人签字：　　　　施工单位负责人签字：　　　　检测单位负责人签字：

附录 5 主要设备操作规程

5.1 修井机操作规程

5.1.1 出车前检查准备

（1）加足水箱冷却水。

（2）检查发动机机油是否足够。

（3）检查传动与工作系统用油是否足够。

（4）加足发动机燃油。

（5）检查轮胎气压是否合适，轮辋螺母及其主要连接部件是否松动。

（6）各润滑部位加足润滑油或润滑脂。

5.1.2 启动发动机

启动前，应将各变速杆、液路换向阀操纵杆均置于中间位置，拉紧手制动拉杆，电锁处于打开位置，踏下油门，转动启动开关（或按启动按钮）即可启动。发动机开始工作，立即松开启动按钮。启动后在 600~700r/min 内运转 5~10min，并注意发动机仪表的指示是否在正常范围内，电路、液路及气路系统是否正常。切记：发动机启动之后，不要马上增加转速，仅在达到工作温度后才能逐步增加转速。否则，将造成增压器或其他机件的过早损坏。高寒地区寒冷季节，若发动机启动失败，松开启动开关 3s 后，该装置自动进入节拍工作状态，当预热指示灯再次闪亮时，再次立即操作启动开关，然后按正常启动程序进行。

5.1.3 修井机行驶

发动机启动后空转，待水温达 50℃以上，机油压力不低于 0.15MPa、气压到 0.5MPa 以上，发动机运转响声正常，把转向刹车助力换向阀置于转向位置，前桥绞车操纵杆置于前桥结合的位置时方可松开手刹、挂上合适的挡位，开始行驶。如遇前轮打滑时，将后桥操纵杆置于结合位置，即可实现四轮驱动状态。当脱离前桥驱动打滑的环境后，应马上脱开后桥。

5.1.4 修井机作业

5.1.4.1 作业前的准备

（1）根据井场的实际情况，选择好该机的作业位置，并对作业场地（尤其是井架底座及千斤顶底座可能占压到的地面）进行适当的平整和其他处理。

（2）修井机进入作业场地，对正井口，调好与井口的距离（千斤顶中心到井口中心的距离为 2.406m）。

（3）检查绞车刹车机构各杆件连接是否可靠，离合器气路系统是否正常。

（4）检查刹车块及离合器摩擦块磨损情况，检查刹带与刹车毂的间隙是否均匀。

（5）将后桥操纵杆置于分离位置，将前桥绞车操纵杆置于绞车接合位置，将转向刹车助力换向阀置于刹车助力位置。

（6）检查调整换向阀、溢流阀，使井架起升的最大工作压力为 12MPa。检查调整溢流阀，使液压输出 Ⅱ 的最大工作压力为 10MPa，检查调整两路换向阀、溢流阀，使液压输出 Ⅰ 的最大工作压力为 14MPa。

（7）根据需要将垫木或钢制垫板放至液压千斤底部。先操作两路换向阀单阀 Ⅱ 的操纵杆于七路换向阀位置，再分别操纵每个千斤操纵杆，把车架纵、横向调平，同时代替轮胎承担本设备90%以上的重力。调好后，把锁母锁紧，操纵杆随即回中位（卸荷位置）。

5.1.4.2　起升井架

（1）松开井架移运锁定装置，清除井架上的泥土和易掉物件。

（2）把井架下的两个螺旋千斤调到最短，操作井架底座操纵杆，把井架底座放在整平的地面上，拔出连接销，收回底座收放架，操纵杆随即回中位。

（3）操作井架起升操纵杆，使井架由水平位置慢慢起升，同时注意调整大钩相对井架的位置。如起升压力大于7MPa或有其他不正常现象，应停止起升操作，查找原因并排除。当井架离开前支架100~200mm时停止起升，在此位置停留2~3min，在系统无漏失、无压降的情况下，才能继续起升。如压力不稳定，则应打开放气阀（在两液缸顶部及下部）排气，并上下运动2~3次。当井架起升接近90°时，操作要缓慢平稳。当井架向前倾斜达到要求时，操纵杆立即回中位。

（4）调整井架下的两个螺旋千斤，使其底座紧压在井架底座上。

（5）操纵井架上体操纵杆，使井架上体缓慢上升。在井架上体伸出过程中应注意观察液路系统有无漏油及压力过高现象（正常压力≤7MPa），并注意游车大钩位置是否合适及其他情况是否正常。一旦发现异常，应马上停止操作待异常情况解除后再继续操作。

（6）井架上体上升至顶点，井架上体操纵杆马上回中位。此时，井架下体锁孔中的锁紧座自动伸出。操纵井架上体操纵杆，操纵杆随即回中位。

（7）固定并紧固所有绷绳，绷绳位置按规定执行。

（8）检查游车大钩中心是否对准井口。如没对准，应松开绷绳，重新调正。

5.1.4.3　起下作业

（1）气胎离合器处于分离状态，把滚筒断气刹置于"松开"位置，发动机转速处于低速状态。

（2）松开绞车刹把，操作离合器手把至接合位置，加大油门，即开始提升作业。

（3）提升将要完成时，减油门，离合器放气，拉刹车把即停止提升。适当松动刹把，大钩将自由下落，下落速度用拉动刹把作用力的大小控制。在提升负荷中途，需要较长的时间停车时，应把滚筒断气刹置于"刹车"位置。

5.1.5　作业结束

（1）把游车大钩慢慢上提至适当高度。

（2）从地锚上拆除全部井架绷绳。

（3）操纵井架上体操纵杆，时井架上体慢慢上升至顶点；操纵井架锁紧手动通气开关，使锁紧座缩回，然后反向操纵井架上体操纵杆，使井架上体缓慢下落，落到底部后，两个操纵杆退回中位。

（4）操纵井架起升操纵杆，使井架慢慢落在井架支架上，操纵杆退回中位。

（5）操纵井架底座操纵杆，收回底座，插好底座连接销，把底座收回至行走位置，操纵杆随即回中位。

（6）收起并挂好全部绷绳，旋紧井架移运锁定装置。

（7）把千斤锁母旋松至最低位置，操纵千斤操纵杆，把千斤缩回最高位置。

（8）将前桥绞车操纵杆置于分离位置，转向、刹车助力换向阀置于转向位置，其他所有操纵杆回中位。

（9）检查各部连接及传动、气路、液路、电气系统是否正常，为转移作业做好准备。

5.1.6 停车

拉动停车拉钮（熄火栓），发动机即可熄火，发动机在大负荷工作之后要经过短时间（5~10min）中速和低速空运转，使温度平衡后再熄火。

5.2 空气压缩机操作规程

5.2.1 开车前的准备

（1）检查润滑油油面和注油器油面的高度，转动注油器摇柄观察，应能看到有油滴顺畅滴下。

（2）检查安全防护罩是否牢固，压力表、安全阀压力调节器等是否良好可靠。

（3）打开放空阀（放散管的阀门），以减轻启动负荷；打开进水阀，使冷却水畅通。

（4）用手盘动皮带轮，检查机组有无异常现象。

5.2.2 开车

（1）接通电源，按规定操作步骤启动电动机，使高压机进入空载运转。

（2）待空载运行情况正常后，方可逐步打开减荷阀并关闭放空阀，使空压机进入负荷运转。

5.2.3 正常运行

（1）开机工作时，风压要经常保持设备额定压力。要按周期进行清洁检查。

（2）润滑压力应在规定范围内，注意各级排气压力值和温度值，保持循环润滑系统和注油器中正常的油量，测量油温不超过规定值。

（3）冷却水流量基本均匀，排水温度不超过规定值，无间断性的排气或气泡现象。

（4）指示电动机电流的电流表上应在正常值和极限值处划上红色标记，电压、电流和电动机温升正常。

（5）压缩机和电动机的运行声音正常，并检查吸、排气阀的声音是否正常。

（6）定期排放油水分离器、后冷却器，储气罐等内的污物。

（7）送气要认真观察仪表，禁止任何人员面对空气压缩机出气处工作，不准用气吹人打闹。

（8）发现下列情况应立即停车，找出原因并消除后方可继续运行。活塞式压缩机油压力低于规定压力和注油器中任一注油柱塞不上油；冷却水中断；任何一级排气压力突然升高或安全阀起跳；空压机或电动机有异常声音，设备或管路有漏气、裂缝、裂纹、声音不正常；压力表、安全阀及各种电器开关不灵敏；其他严重故障。

5.2.4 正常停车

（1）打开放空阀，并微开或关闭减荷阀，使空压机处于最低负荷状态。

（2）断开电源使空压机停止运转。

（3）关闭冷却水进水阀门，各处积存的油水要全部放净。

（4）空压机运行中，如冷却水系统发生故障或不正常时，必须停止运转。

（5）检查或修理时，要防止任何杂物落入气缸。

（6）储气罐应放在室外便于散热，不能在日光下暴晒。室内要注意通风，室温保持在38℃以下。

（7）空压站附近10m以内不准有爆炸性气体和空气的混合物。

（8）严禁闲人随便进入机房，机房内不能放置其他物品，保持室内清洁、整齐。

5.3 通井机操作规程

5.3.1 通井机出车（启动）前的准备

（1）每次工作开始之前，必须擦掉机体上的油污，仔细检查各部位，排除所发现的故障。

（2）检查燃油箱、液压油箱、发动机油底壳、喷油泵、调速器、变速箱的油面高度及有无泄漏等，油位必须符合规定（冬季应根据气温的高低使用相应标号的油品）。

（3）检查冷却系统的水位高度及有无泄漏，水位必须符合规定（冬季可加入 60~80℃ 的预热水）。

（4）检查各黄油润滑点，根据有关保养规定加注黄油。

（5）检查并拧紧各部易松动的螺钉。

（6）带好应带的随机工具。

（7）检查蓄电池液面高度是否正常，电解液相对密度为 1.28~1.29。

（8）检查电器线路是否安装正确、可靠，接线柱上应清洁无油污。

（9）如果发动机停用两天以上，则应进行人力盘转曲轴至少两圈，不得有卡碰等异常现象。

（10）检查主离合器：包括飞轮螺丝、拉筋、三爪开口销及离合器的松紧等状况，发现问题及时处理。

5.3.2 发动机的启动

（1）主离合器操纵杆应在分离位置。

（2）变速杆在空挡位置。

（3）绞车离合器应处于分离位置。

（4）将调速手柄置于中低速位置。

（5）死刹处于分离状态，刹带松紧适中。

（6）将电钥匙打开，按下启动按钮。柴油机一经着火工作后，应立即释放按钮。冬季气温较低时，可使用加浓装置。

（7）每次启动不得超过 15s，启动不着时应停待 2min 再启动，3 次启动不着应检查原因，待排除故障后再启动。

（8）启动后应首先检查机油压力是否升起（$2~3kg/cm^2$ 冬季略高），否则应立即停车检查。

（9）启动后应检查发动机的运转情况：有无异常响声或振动，有无渗漏现象等。发现故障及时排除。

（10）启动后，电流表指针应指向"+"方向。

（11）在发动机带负荷运转前，必须经过怠速跑温阶段（冬季尤为重要），待水温高于 70℃、机油温度高于 45℃、机油压力达到 $2~3kg/cm^2$ 时，方可进入全负荷运转。

（12）换班时，交班的驾驶员应把通井机的运转状况向接班人员做详细介绍。

5.3.3 正常停车

（1）停车前先卸去负荷然后将转速降至 700~1000r/min，运转 3~5min 后（水温降至 70℃ 以下）再停车。

（2）冬季停车后应立即放掉冷却水，且必须待冷却水放净后人员方可离开。

5.3.4 紧急停车

（1）遇下列情况时应紧急停车。

① 机油压力突然下降或无压力。

② 冷却系统出现故障：冷却水中断或出水温度超过100℃时。

③ 当发动机油量控制系统发生故障出现"飞车"现象时。

④ 出现异常敲击声。

⑤ 发动机管线断裂。

⑥ 零部件损坏有关运动部件发生卡滞现象。

⑦ 工作现场出现易燃、易爆气体时。

（2）紧急停车方法。

① 切断油路法。

② 切断进气通路法。

③ 切断排气通路法。

（3）背机（上下平板）操作要求。

① 平板车停放地点必须地面平整、坚实。

② 上背机前，认真检查通井机刹车、转向等关键部位应灵活有效。

③ 通井机上下平板车必须由试油队专职（持证）司机操作，并有专人指挥。

④ 指挥人员不准站在平板上。

⑤ 无关人员应远离平板车四周。

⑥ 通井机在平板上必须居中，两边履带下打好方木。

⑦ 运送过程中，通井机熄火挂倒挡，刹好车，关好阀。

⑧ 运送过程中，通井机驾驶室严禁坐人。

5.3.5 通井机绞车的操作

（1）操作前的检查和准备工作。

① 通井机停放位置距井口5m左右，要摆正摆平；履带处地基应高于地面20cm且无积水。

② 检查各部螺栓紧固情况，如有松动应及时拧紧。

③ 对各润滑部位按要求进行润滑，并检查各润滑油面高度及各管路有无渗漏等。

④ 将撑脚支撑稳妥，固定销锁好，撑脚下应垫好方木块或油管排，撑脚螺纹旋出长度不应大于170mm。

⑤ 检查各操纵杆及连杆是否灵活可靠，并尝试结合分离，如有异常，排除后方可使用。

⑥ 检查制动系统操作是否灵活可靠、滚筒是否转动自如、刹车带间隙是否合适，如有异常，应排除后使用。禁止在制动助力器失灵的情况下作业。

⑦ 检查滚筒活绳头是否卡紧卡牢。

⑧ 检查燃油箱及液压油箱油面高度，看是否需要添加燃油或液压油。

（2）操作程序及注意事项。

① 分离滚筒离合器和主离合器。

② 将行走变速杆放在空挡，并踩下右制动踏板接合主机制动锁。

③ 将主机进退手柄置于前进位置。

④ 启动发动机，检查发动机油压（2～3kg/cm）和水温（50℃方可带负荷）、滚筒变速

箱油压（1~2kg/cm）、气压（6~8kg/cm）。

⑤ 操作时，应先挂滚筒变速箱正倒挡，后挂排挡。

⑥ 提油管时，先合总离合器、再合滚筒离合器，同时松开刹车，不准先挂离合器后松刹车或先松刹车后挂离合器。

⑦ 下油管时，用刹车控制速度，严禁猛刹猛放，不准用滚筒离合器当刹车。

⑧ 不准用总离合器代替滚筒离合器，离合器不准在半离半合状态下使用。

⑨ 按负荷选用合适的排挡和油门，使发动机留有余力。

⑩ 操作过程中，要耳听引擎声，眼看井口及拉力计，手握刹把和滚筒离合器手柄，做到平稳操作，严防顿、刮、碰现象。

⑪ 事故处理及大负荷特殊作业时，井口严禁站人，绞车操作人员应密切注视拉力计，不得超过规定负荷。如需加大上拉负荷，则必须向有关部门或领导请示批准。

⑫ 滚筒停止操作时，各排挡应放在空挡位置。人离开刹把时，打好死刹车。滚筒运转时，严禁打死刹车。

附录 6　施工现场危害因素辨识

附表 6.1　环境因素辨识及评价一览表

序号	环境因素	区域	状态	水	气	噪声	土壤	固废	资源	其他	法律法规符合性	A	B	C	D	E	F	S	评价
1	植被的破坏	井场	正常						√		《中华人民共和国环境保护法》	2	1	1	1	1	3	9	一般
2	废水的排放	井场钻井液池	正常				√				《中华人民共和国环境保护法》	2	3	4	3	3	3	18	重要
3	钻井泵中心拉杆冷却水的排放	井场	正常						√		《中华人民共和国环境保护法》	2	1	1	1	1	3	9	一般
4	水刹车冷却水的排放	井场钻台	正常				√		√		《中华人民共和国环境保护法》	2	1	1	1	1	1	7	一般
5	振动筛漏失钻井液的排放	井场钻井液池	正常				√				《中华人民共和国环境保护法》	2	1	1	1	1	3	9	一般
6	循环罐钻井液槽钻井液的漏失	井场钻井液池	正常				√				《中华人民共和国环境保护法》	2	1	1	1	1	1	7	一般
7	接单根时喷出钻井液的排放	井场钻台下	正常				√				《中华人民共和国环境保护法》	2	1	1	1	1	3	9	一般
8	起钻过程中喷出钻井液的排放	井场钻台下	正常				√				《中华人民共和国环境保护法》	2	1	1	1	1	3	9	一般
9	固控设备漏失钻井液的排放	井场钻井液池	正常				√				《中华人民共和国环境保护法》	2	1	1	1	1	3	9	一般

续表

序号	环境因素	区域	状态	环境类别 水	气	噪声	土壤	固废	资源	其他	法律法规符合性	评分 A	B	C	D	E	F	S	评价
10	起下钻机钻杆滚筒烟气的排放	钻台下	正常		√						《中华人民共和国环境保护法》	2	1	1	1	1	1	7	一般
11	加粉质泥浆料粉尘的排放	井场井台	正常		√						《中华人民共和国环境保护法》	2	1	1	1	1	3	9	一般
12	固井中水泥粉尘的排放	井场	正常		√						《中华人民共和国环境保护法》	2	1	2	1	1	3	10	一般
13	运输、搬运中的灰尘的产生	公路	正常		√						《中华人民共和国环境保护法》	2	1	2	1	1	1	8	一般
14	柴油机工作废气的排放	发电房,柴油机	正常		√						《中华人民共和国环境保护法》	2	1	3	1	1	1	9	一般
15	电、气焊的有害烟雾的排放	井场	正常		√						《中华人民共和国环境保护法》	2	1	3	1	3	1	11	一般
16	钻屑的排放	井场钻井液池	正常					√			《中华人民共和国环境保护法》	3	3	3	3	3	3	18	重要
17	井场噪声对相关方的影响	井场	正常			√					《中华人民共和国环境保护法》	2	3	3	3	1	1	13	一般
18	柴油机运转的噪声的排放	井场	正常			√					《中华人民共和国环境保护法》	2	3	3	3	3	3	18	重要
19	气喇叭产生噪声的排放	井场	正常			√					《中华人民共和国环境保护法》	2	3	3	3	1	1	13	一般
20	柴油机启动发动机噪声的排放	井场	正常			√					《中华人民共和国环境保护法》	2	3	3	3	1	1	13	一般
21	包装材料的废弃	井场工业垃圾坑	正常				√	√			《中华人民共和国环境保护法》	2	1	2	1	1	3	10	一般

续表

序号	环境因素	区域	状态	水	气	噪声	土壤	固废	资源	其他	法律法规符合性	A	B	C	D	E	F	S	评价
22	生活垃圾的废弃	生活垃圾坑	正常				✓	✓			《中华人民共和国环境保护法》	2	3	4	1	1	3	14	一般
23	钻井液材料包装袋的废弃	井场工业垃圾坑	正常				✓	✓			《中华人民共和国环境保护法》	2	1	2	1	1	3	10	一般
24	保养设备废油的排放	井场	正常				✓				《中华人民共和国环境保护法》	2	1	2	1	1	5	12	重要
25	油罐阀门漏油的产生	井场	正常				✓				《中华人民共和国环境保护法》	2	1	2	1	1	3	10	一般
26	机械设备的漏油的产生	井场	正常				✓				《中华人民共和国环境保护法》	2	1	3	1	1	3	11	一般
27	抽油泵密封填料漏油的产生	井场	正常				✓				《中华人民共和国环境保护法》	2	1	3	1	1	3	11	一般
28	废油的废弃	井场	正常				✓	✓			《中华人民共和国环境保护法》	5	3	3	1	1	5	18	重要
29	废旧电瓶的废弃	井场	正常				✓	✓			《中华人民共和国环境保护法》	5	3	3	3	3	5	22	重要
30	废油手套、棉纱的废弃	井场	正常				✓	✓			《中华人民共和国环境保护法》	5	3	4	3	3	5	23	重要
31	液压管线漏油的产生	井场	正常				✓				《中华人民共和国环境保护法》	2	3	1	1	1	3	11	一般
32	水管线漏水的产生	井场、宿舍	正常	✓					✓		《中华人民共和国环境保护法》	2	3	1	1	1	1	9	一般
33	高压管汇刺漏钻井液的排放	井场	正常				✓				《中华人民共和国环境保护法》	2	3	1	1	1	3	11	一般

续表

序号	环境因素	区域	状态	水	气	噪声	土壤	固废	资源	其他	法律法规符合性	A	B	C	D	E	F	S	评价
34	潜在的电测中放射性泄漏	井场	紧急	✓						✓	《中华人民共和国环境保护法》	2	3	1	1	1	3	11	一般
35	钻井液材料的废弃	井场、工业垃圾坑	正常				✓	✓			《中华人民共和国环境保护法》	2	3	3	1	1	5	15	重要
36	潜在的井喷事故	井场	紧急		✓		✓			✓	突发事件应急预案	5	3	1	3	3	5	20	重要
37	潜在的井喷伴随的 H_2S 的排放	井场	紧急		✓						突发事件应急预案	5	3	1	3	3	5	20	重要
38	潜在的废水外泄	井场、生活区	正常	✓			✓			✓	突发事件应急预案	5	3	1	1	1	5	13	重要
39	潜在的火灾事故	井场、生活区	紧急		✓		✓	✓		✓	突发事件应急预案	5	5	1	3	3	5	22	重要
40	潜在的井漏	井场、生活区	紧急	✓			✓	✓		✓	突发事件应急预案	5	3	1	3	3	5	20	重要
41	潜在的爆炸	井场、生活区	紧急	✓	✓		✓	✓		✓	突发事件应急预案	5	5	1	3	3	5	22	重要
42	潜在的洪涝灾害	井场、生活区	紧急	✓						✓	突发事件应急预案	5	3	3	3	1	3	16	重要
43	潜在的地震灾害	井场、生活区	紧急	✓			✓			✓	突发事件应急预案	2	3	1	1	1	3	11	一般
44	电能的消耗	办公区	正常						✓		《中华人民共和国环境保护法》	2	1	3	1	1	1	9	一般
45	打印纸张的消耗	办公区	正常						✓		《中华人民共和国环境保护法》	2	1	3	1	1	1	7	一般
46	原煤的消耗	生活区	正常						✓		《中华人民共和国环境保护法》	2	3	3	1	1	1	11	一般

续表

序号	环境因素	区域	状态	环境类别						资源	其他	法律法规符合性	环境因素评价							评价
				水	气	噪声	土壤	固废					评分						S	
													A	B	C	D	E	F		
47	柴油的消耗	井场	正常							√		《中华人民共和国环境保护法》	2	3	4	3	3	3	18	重要
48	液压油的消耗	井场	正常							√		《中华人民共和国环境保护法》	2	3	4	3	3	3	18	重要
49	柴机油的消耗	井场	正常							√		《中华人民共和国环境保护法》	2	3	2	3	1	5	16	重要
50	钻井液材料的消耗	井场	正常							√		《中华人民共和国环境保护法》	2	3	4	3	3	5	20	重要
51	原油消耗	井场	正常							√		《中华人民共和国环境保护法》	2	3	3	3	1	1	14	一般
52	植物油的消耗	井场	正常							√		《中华人民共和国环境保护法》	2	3	2	3	1	1	12	一般
53	螺纹润滑脂的消耗	井场	正常							√		《中华人民共和国环境保护法》	2	3	2	3	1	3	14	一般
54	齿轮油的消耗	井场	正常							√		《中华人民共和国环境保护法》	2	1	2	1	1	3	10	一般
55	清水的使用	井场、生活区	正常							√		《中华人民共和国环境保护法》	2	1	2	1	1	3	10	一般
56	营地洗衣房洗涤废水的排放	生活区	正常	√								《中华人民共和国环境保护法》	2	3	3	1	1	3	11	一般
57	食堂生活废水的排放	生活区	正常	√								《中华人民共和国环境保护法》	2	3	3	1	1	3	11	一般
58	锅炉工作产生废气的排放	生活区	正常		√							《中华人民共和国环境保护法》	2	3	3	1	1	1	11	一般
59	浴室污水的排放	生活区	正常	√								《中华人民共和国环境保护法》	2	1	3	1	1	1	9	一般

附表 6.2　危险源辨识及风险评价表

序号	作业过程	危害因素	可能导致的后果	状态	时态	严重性	可能性	风险度	风险等级
1	吊装设备	挂绳套时配合不当	人员伤害	正常	现在	2	1	2	I
2	吊装设备	绳套脱钩或断开	人员伤害、损坏设备	正常	现在	4	2	8	II
3	吊装设备	人员误从重物下经过	人员伤害	正常	现在	4	1	4	I
4	吊装设备	吊车突然出现故障	人员伤害、损坏设备	正常	现在	1	4	4	I
5	吊装设备	吊起或放重物时挤人	人员伤害	正常	现在	1	3	3	I
6	吊装设备	在车上摘绳套时坠落	人员伤害	正常	现在	1	3	3	I
7	物品捆绑	小件物品捆绑不牢	落地伤人	正常	现在	1	3	3	I
8	物品捆绑	大型设备捆绑不牢	人员伤害	正常	现在	1	3	3	I
9	物品捆绑	大型设备不捆绑	人员伤害、损坏设备	正常	现在	2	3	6	II
10	物品捆绑	大型设备上放置的小物件捆绑不牢	人员伤害	正常	现在	1	2	2	I
11	设备运输	大型设备捆绑不牢	人员伤害、损坏设备	正常	现在	2	1	2	I
12	设备运输	车速过快或急停车时处理不当	设备被甩下地摔坏	正常	现在	3	1	3	I
13	设备运输	违章行车或发生事故	破坏环境、人员伤害	正常	现在	1	5	5	II
14	设备运输	设备超高	刮断电线、人员伤害	正常	现在	1	2	2	I
15	设备运输	经过自然保护区防护措施不落实	破坏环境	正常	现在	2	1	2	I
16	安装钻台设备	二层台或井架上安装时不戴安全带	设备损坏、人员伤害	正常	现在	2	2	4	I
17	安装钻台设备	固定钻机时配合不当	人员伤害	正常	现在	3	2	6	II
18	安装钻台设备	使用吊车安装设备时配合不当	人员伤害	正常	现在	3	1	3	I
19	安装钻台设备	紧固螺栓时用力过猛	人员伤害	正常	现在	1	3	3	I
20	安装钻台设备	排大绳时配合不当	人员伤害	正常	现在	1	3	3	I
21	安装钻台设备	配合不当	人员伤害	正常	现在	1	3	3	I
22	安装机房设备	防护措施不当	人员伤害	正常	现在	1	3	3	I
23	安装机房设备	摆放底座时配合不当	人员伤害	正常	现在	2	1	2	I
24	安装机房设备	吊装柴油机或联动机时配合不当	人员伤害、设备损坏	正常	现在	2	1	2	I

序号	作业过程	危害因素	可能导致的后果	状态	时态	矩阵法			风险等级
						严重性	可能性	风险度	
25	安装机房设备	上地角螺栓时加力杠打滑	人员伤害	正常	现在	2	1	2	I
26	安装机房设备	装万向轴时配合不当	人员伤害	正常	现在	3	1	3	I
27	安装机房设备	安装护罩时配合不当	挤伤手脚	正常	现在	3	1	3	I
28	安装机房设备	安装气胎离合器时配合不当	剪断手指	正常	现在	3	1	3	I
29	安装机房设备	吊车摆放设备就位时配合不当	人员伤害	正常	现在	2	2	4	I
30	安装机房设备	卸设备时配合不当	人员伤害	正常	现在	3	1	3	I
31	安装机房设备	抬零件时配合不当	扭腰、砸脚	正常	现在	3	1	3	I
32	起井架	底座与基础各个拉杆连接不牢	设备损坏、人员伤害	正常	现在	5	2	10	III
33	起井架	压力不够，起升时油缸中有空气	设备损坏、人员伤害	正常	现在	4	2	8	II
34	起井架	起升油缸伸出动作次序不正确	设备损坏、人员伤害	正常	现在	4	2	8	II
35	起井架	起升时操作不稳造成事故	设备损坏、人员伤害	正常	现在	5	2	10	III
36	起井架	起升时井架上的钢丝绳刮住机件	设备损坏、人员伤害	正常	现在	2	2	4	I
37	起井架	起升油路漏或油管线突然断裂	设备损坏、人员伤害	正常	现在	3	2	6	II
38	起井架	绑绳角度不够或张力不够	设备损坏、人员伤害	正常	现在	2	2	4	I
39	起井架	在天气条件达不到要求的情况下起井架	设备损坏、人员伤害	正常	现在	5	2	10	III
40	起井架	死绳固定不牢	设备损坏、人员伤害	正常	现在	4	2	8	II
41	起井架	大绳跳槽或卡死	设备损坏	正常	现在	4	2	8	II
42	安装顶驱	配合不当	设备损坏、人员伤害	正常	现在	2	2	4	I
43	安装顶驱	高空坠落	人员伤害	正常	现在	2	3	6	II
44	安装顶驱	高空落物	人员伤害	正常	现在	2	3	6	II
45	安装防喷器	吊防喷器绳套断	损坏设备、人员伤害	正常	现在	5	2	10	III
46	安装防喷器	就位时配合不当	人员伤害	正常	现在	2	2	4	I
47	安装防喷器	吊装时刮碰井架底座造成不平稳	挤伤手脚	正常	现在	3	2	6	II

序号	作业过程	危害因素	可能导致的后果	状态	时态	矩阵法			风险等级
						严重性	可能性	风险度	
48	安装防喷器	紧固定螺栓（螺钉）时表层套管突然下沉	人员伤害	正常	现在	5	1	5	I
49	安装防喷器	紧固定螺栓（螺钉）时钻台上面掉重物砸人	砸伤头部	正常	现在	2	2	4	I
50	安装防喷器	上螺栓（螺钉）时扳手打滑	人员伤害	正常	现在	1	3	3	I
51	起钻作业	司钻误操作	人员伤害、设备损坏	正常	现在	5	4	20	IV
52	起钻作业	防碰系统失灵顶天车	人员伤害、损坏设备	正常	现在	5	2	10	III
53	起钻作业	刹车系统失灵顿钻	人员伤害、损坏设备	正常	现在	5	3	15	III
54	起钻作业	吊卡落下或井架落物	人员伤害	正常	现在	3	4	12	III
55	起钻作业	单吊环起钻	钻具落井、人员伤害	正常	现在	3	4	12	III
56	起钻作业	操作液压大钳配合不当	人员伤害	正常	现在	2	2	4	I
57	起钻作业	大钳吊绳断	人员伤害	正常	现在	3	2	6	II
58	起钻作业	大钳液压管线突然断裂	人员伤害	正常	现在	3	2	6	II
59	起钻作业	突然遇卡拉断大绳	设备损坏、人员伤害	正常	现在	5	2	10	III
60	起钻作业	忘记灌钻井液造成卡钻或井塌	井下复杂、损失工作日	正常	现在	5	4	20	IV
61	起钻作业	井漏未及时发现卡钻具	井下复杂、损失工作日	正常	现在	1	3	3	I
62	起钻作业	钻遇正常压力地层	污染环境、人员伤害、设备损坏	正常	现在	2	1	2	I
63	起钻作业	精力不集中	人员伤害	正常	现在	2	2	4	I
64	起钻作业	钻具突然断裂，吊卡跳出吊环	人员伤害	正常	现在	3	1	3	I
65	起钻作业	绳子不符合要求	人员伤害	正常	现在	1	2	2	I
66	起钻作业	二层台操作不当	人员伤害	正常	现在	1	2	2	I
67	起钻作业	二层台坠落	人员伤害	正常	现在	1	2	2	I
68	起钻作业	钻台上滑倒	人员伤害	正常	现在	1	2	2	I
69	下钻作业	司钻误操作	人员伤害、设备损坏	正常	现在	5	4	20	IV
70	下钻作业	防碰系统失灵顶天车	人员伤害、损坏设备	正常	现在	4	3	12	III
71	下钻作业	刹车系统失灵顿钻	伤人、损坏设备	正常	现在	4	3	12	III
72	下钻作业	吊卡落下或井架落物	人员伤害	正常	现在	1	2	2	I

序号	作业过程	危害因素	可能导致的后果	状态	时态	矩阵法			风险等级
						严重性	可能性	风险度	
73	下钻作业	操作液压大钳配合不当	人员伤害	正常	现在	2	1	2	I
74	下钻作业	大钳吊绳断	人员伤害	正常	现在	4	2	8	II
75	下钻作业	大钳液压管线突然断裂	人员伤害	正常	现在	2	2	4	I
76	下钻作业	钻台上不平	人员伤害	正常	现在	2	2	4	I
77	下钻作业	井下复杂，井眼不规范	井下复杂、损失工作日	正常	现在	2	2	4	I
78	下钻作业	刹带质量不合格	人员伤害、设备损坏	正常	现在	5	2	10	III
79	下钻作业	刹带下垫东西造成刹车失灵	人员伤害、设备损坏	正常	现在	5	2	10	III
80	下钻作业	吊卡没扣好造成掉钻具	人员伤害、井下复杂	正常	现在	4	2	8	II
81	下钻作业	钻进地层压力正常	环境污染、人员伤害、设备损坏	正常	现在	1	3	3	I
82	下钻作业	二层台操作不当	人员伤害	正常	现在	1	3	3	I
83	下钻作业	二层台坠落	人员伤害	正常	现在	1	3	3	I
84	下钻作业	冬季钻杆有冻块	人员伤害	正常	现在	1	3	3	I
85	下钻作业	冬季用蒸气烤管线烫伤	人员伤害	正常	现在	1	3	3	I
86	下钻作业	冬季气路冻、堵管线造成事故	人员伤害、设备损坏	正常	现在	1	3	3	I
87	接单根	吊单根钩子不符合要求	人员伤害	正常	现在	2	2	4	I
88	接单根	吊单根时吊环绳套断	人员伤害	正常	现在	2	2	4	I
89	接单根	接单根时操作大钳配合不当	人员伤害	正常	现在	2	3	6	II
90	接单根	用 B 型大钳接单时大钳打滑	人员伤害	正常	现在	1	3	3	I
91	接单根	单根水眼不畅通堵钻头喷嘴	井下复杂、损失工作日	正常	现在	4	3	12	III
92	接单根	接单根后开泵时误操作造成憋管线	人员伤害、设备损坏	正常	现在	4	3	12	III
93	接单根	接单根时倒换泵倒错阀门	人员伤害、设备损坏	正常	现在	4	3	12	III
94	钻井液维护	钻井液或其他化学药剂以及油污溅入眼睛或皮肤上	造成眼睛或皮肤伤害	正常	现在	1	2	2	I

序号	作业过程	危害因素	可能导致的后果	状态	时态	矩阵法			风险等级
						严重性	可能性	风险度	
95	钻井液维护	钻井液药品管理不善	污染环境	正常	现在	1	2	2	I
96	钻井液维护	搬运药品时脚下打滑	人员伤害	正常	现在	1	2	2	I
97	钻井液维护	砸烧碱时不戴护目镜	伤害眼睛	正常	现在	1	2	2	I
98	钻井液维护	做小型试验使用电炉时烫伤	人员伤害	正常	现在	1	2	2	I
99	钻井液维护	做小型试验使用电炉时触电	人员伤害	正常	现在	2	2	4	I
100	正常钻进	发生溢流时没及时发现造成失控	污染环境、设备损坏	正常	现在	5	4	20	IV
101	正常钻进	关井时井控设备不灵活	污染环境、设备损坏	正常	现在	5	4	20	IV
102	正常钻进	岗位人员不熟练造成失控	污染环境、设备损坏	正常	现在	5	4	20	IV
103	正常钻进	钻遇正常高压地层造成失控	污染环境、设备损坏	正常	现在	5	4	20	IV
104	正常钻进	关井失败造成井喷失控	污染环境、设备损坏	正常	现在	5	4	20	IV
105	正常钻进	井喷失控时喷出的油气	污染环境	正常	现在	5	4	20	IV
106	正常钻进	井喷失控时造成火灾	污染环境、设备损坏、伤人	正常	现在	5	4	20	IV
107	正常钻进	井喷失控的噪声	造成人员耳膜损坏	正常	现在	1	5	5	I
108	正常钻进	井喷失控喷出的毒气	人员伤害	正常	现在	5	4	20	IV
109	正常钻进	井控失败	人员伤害、设备损坏	正常	现在	5	4	20	IV
110	正常钻进	二层台无逃生装置	人员伤害	正常	现在	3	2	6	II
111	正常钻进	钻台无逃生滑道	人员伤害	正常	现在	3	2	6	II
112	正常钻进	钻遇正常渗漏地层	井下复杂、损失工作日	正常	现在	2	3	6	II
113	正常钻进	钻进中钻具刺坏	井下复杂、损失工作日	正常	现在	2	3	6	II
114	正常钻进	钻进中循环系统堵塞	井下复杂、损失工作日	正常	现在	4	2	8	II
115	正常钻进	钻进中钻具折断	井下复杂、损失工作日	正常	现在	3	3	9	II
116	正常钻进	钻进中钻具落井	井下复杂、损失工作日	正常	现在	3	3	9	II

序号	作业过程	危害因素	可能导致的后果	状态	时态	矩阵法			风险等级
						严重性	可能性	风险度	
117	正常钻进	钻遇高压水层钻井液被污染	井下复杂、损失工作日	正常	现在	3	3	9	II
118	正常钻进	钻进中钻井液被气侵	井下复杂、损失工作日	正常	现在	4	2	8	II
119	正常钻进	钻遇硫化氢气体	人员伤害	正常	现在	5	1	5	II
120	正常钻进	钻进时修理设备时没挂牌	人员伤害	正常	现在	1	2	2	I
121	正常钻进	钻进中钻井液性能不好造成泥包钻头	井下复杂、损失工作日	正常	现在	2	3	6	II
122	正常钻进	泥包钻头没及时发现造成卡钻	井下复杂、损失工作日	正常	现在	2	3	6	II
123	正常钻进	钻进中振动筛停止	环境污染	正常	现在	2	2	4	II
124	设备检修与保养	修绞车时操作不当	人员伤害	正常	现在	3	2	6	I
125	设备检修与保养	修理时气阀未挂牌	人员伤害	正常	现在	1	3	3	I
126	设备检修与保养	修理时电气设备没有专人监护	人员伤害、设备损坏	正常	现在	2	3	6	II
127	设备检修与保养	修理完试运转时气阀合错	人员伤害、设备损坏	正常	现在	4	2	8	II
128	设备检修与保养	修理中有人误合气阀	人员伤害、设备损坏	正常	现在	4	2	8	II
129	设备检修与保养	修理中操作失误	人员伤害	正常	现在	3	2	6	II
130	设备检修与保养	修理时指挥失误人员配合不当	人员伤害	正常	现在	3	2	6	II
131	设备检修与保养	搬运零件时配合不当	人员伤害	正常	现在	2	2	4	I
132	设备检修与保养	保养时没按规定停止运转的设备	人员伤害	正常	现在	2	2	4	I
133	设备检修与保养	蹬高保养设备时踩空坠落	人员伤害	正常	现在	1	3	3	I
134	设备检修与保养	加油时操作不当	污染环境	正常	现在	2	2	4	I
135	设备检修与保养	操作不当坠落	人员伤害	正常	现在	1	3	3	I
136	设备检修与保养	高空落物	人员伤害	正常	现在	1	3	3	I
137	火灾危害	井场使用电气焊引起火灾	烧毁设备	正常	现在	2	3	6	II

续表

序号	作业过程	危害因素	可能导致的后果	状态	时态	矩阵法			风险等级
						严重性	可能性	风险度	
138	火灾危害	井场动用明火防范措施不落实	损坏设备、伤人	正常	现在	2	3	6	II
139	火灾危害	井场电路老化摩擦漏电造成火灾	损坏设备、伤人	正常	现在	2	3	6	II
140	火灾危害	钻遇油气层时违章动火造成火灾	损坏设备、伤人	正常	现在	4	2	8	II
141	火灾危害	外来人员不明真相误动火造成火灾	损坏设备、伤人	正常	现在	2	3	6	II
142	火灾危害	宿舍人员吸烟造成火灾	损坏设备、伤人	正常	现在	1	3	3	I
143	火灾危害	住宿人员违章用电造成火灾	损坏设备、伤人	正常	现在	1	3	3	I
144	火灾危害	炊事员违章用电或用火造成火灾	损坏设备、伤人	正常	现在	1	3	3	I
145	井场电路	现场电路安装不合格	人员触电	正常	现在	1	3	3	I
146	井场电路	电缆过墙未穿管被磨破	人员触电	正常	现在	1	3	3	I
147	井场电路	电气设备地线不合格	人员触电	正常	现在	1	3	3	I
148	井场电路	电路老化磨损	人员触电	正常	现在	1	3	3	I
149	井场电路	电闸刀及开关损坏没发现	人员触电	正常	现在	1	3	3	I
150	井场电路	漏电开关失灵	人员触电	正常	现在	2	2	4	I
151	井场电路	电气设备未装接地保护	人员触电	正常	现在	1	3	3	I
152	井场电路	没使用防爆电器引起火灾	人员触电	正常	现在	2	2	4	I
153	住地电路	电路走向不合理被刮破	人员触电	正常	现在	1	3	3	I
154	住地电路	电路线老化	人员触电	正常	现在	1	3	3	II
155	住地电路	漏电开关失灵,接地安装不规范	人员触电	正常	现在	1	3	3	I
156	住地电路	乱接线	人员触电	正常	现在	1	3	3	I
157	定向钻井	定向操作不当	工作量报废	正常	现在	2	2	4	I
158	定向钻井	测斜操作不当	工作量报废	正常	现在	2	2	4	I
159	定向钻井	测斜绞车操作不当	人员伤害	正常	现在	3	2	6	I
160	定向钻井	定向工具误投入井中	工作量报废	正常	现在	2	2	4	II

序号	作业过程	危害因素	可能导致的后果	状态	时态	矩阵法			风险等级
						严重性	可能性	风险度	
161	钻井取心	操作失误	人员伤害	正常	现在	3	2	6	II
162	钻井取心	取心筒试运转操作不当	人员伤害	正常	现在	3	2	6	II
163	钻井取心	卸取心筒操作不当	人员伤害	正常	现在	3	2	6	II
164	钻井取心	操作不当	人员伤害	正常	现在	3	2	6	II
165	下套管作业	操作不当	人员伤害	正常	现在	4	2	8	II
166	下套管作业	排套管配合不当	人员伤害	正常	现在	2	2	4	I
167	下套管作业	吊套管上钻台绳套断或脱扣	人员伤害	正常	现在	3	2	6	II
168	下套管作业	下套管时上扣配合不当	人员伤害	正常	现在	3	2	6	II
169	下套管作业	井眼不畅通	工作量报废	正常	现在	3	2	6	II
170	下套管作业	下套管时刹车失灵	人员伤害	正常	现在	5	4	20	IV
171	下套管作业	配合不当	人员伤害	正常	现在	2	3	6	II
172	下套管作业	下套管时井内掉物	井下复杂、损失工作日	正常	现在	2	3	6	II
173	下套管作业	不及时灌钻井液	井下复杂、损失工作日	正常	现在	4	2	8	II
174	下套管作业	野蛮操作	井下复杂、损失工作日	正常	现在	2	3	6	II
175	下套管作业	螺纹上不紧	井下复杂、损失工作日	正常	现在	2	3	6	II
176	下套管作业	上提套管时合气阀操作失误	人员伤害	正常	现在	3	2	6	II
177	固井作业	高压管汇泄漏	人员伤害、污染环境	正常	现在	4	2	8	II
178	固井作业	高压管汇及接头未固定	人员伤害、污染环境	正常	现在	4	2	8	II
179	固井作业	高压管线刺漏	人员伤害、污染环境	正常	现在	4	2	8	II
180	固井作业	由于设备故障造成水泥留在钻具中	工作量报废、设备损坏	正常	现在	2	3	6	II
181	固井作业	指钻杆被凝固在套管内或井筒内	工作量报废、设备损坏	正常	现在	2	3	6	II
182	固井作业	未封隔住高压油气水层	工作量报废、设备损坏	正常	现在	5	3	15	III
183	固井作业	水龙带脱扣	人员伤害	正常	现在	3	2	6	II
184	固井作业	水泥头固定不牢	人员伤害	正常	现在	2	3	6	II
185	固井作业	高压区进人	人员伤害	正常	现在	2	3	6	II
186	固井作业	水泥粉尘	人员伤害、污染环境	正常	现在	2	2	2	I

序号	作业过程	危害因素	可能导致的后果	状态	时态	矩阵法			风险等级
						严重性	可能性	风险度	
187	固井作业	废水排放	污染环境	正常	现在	2	1	2	I
188	高压伤害	水龙带脱扣	群死群伤	正常	现在	2	3	6	II
189	高压伤害	高压管线未砸紧	刺漏伤人	正常	现在	4	2	8	II
190	高压伤害	高压管线不畅通	憋泵伤人	正常	现在	4	2	8	II
191	安装井口	钻台上落物未清理好	人员伤害	正常	现在	2	2	4	I
192	安装井口	防护面罩不好/操作不当	眼睛受伤	正常	现在	2	2	4	I
193	安装井口	操作不当	人员伤害	正常	现在	3	2	6	II
194	安装井口	井内有可燃气体窜出爆炸	人员伤害、设备损坏	正常	现在	5	2	10	III
195	安装井口	焊接时不注意使物体落井	工作量报废返工	正常	现在	2	2	4	I
196	安装井口	卸联顶节上提过猛	工作量报废、设备损坏	正常	现在	2	2	4	I
197	甩钻具	防碰天车失灵	人员伤害	正常	现在	5	4	20	IV
198	甩钻具	司钻操作不稳	人员伤害	正常	现在	4	3	12	III
199	甩钻具	吊钻具下钻台操作不当	伤害事故	正常	现在	3	3	9	II
200	甩钻具	绷绳质量不合格或绳卡子没卡紧	伤害事故	正常	现在	5	3	15	III
201	甩钻具	大钳卸扣配合不当	人员伤害	正常	现在	2	3	6	II
202	甩钻具	扣紧时卸扣大钳尾绳断	人员伤害	正常	现在	2	3	6	II
203	甩钻具	扣紧时卸扣吊卡落下砸人	人员伤害	正常	现在	2	3	6	II
204	甩钻具	上带卸掉的钻具时连接绳套断砸脚	人员伤害	正常	现在	1	3	3	I
205	甩钻具	配合不当	人员伤害	正常	现在	3	2	6	II
206	放井架	液压站工作不正常	设备损坏、人员伤害	正常	现在	2	3	6	II
207	放井架	下放各层井架时绑绳收得不好影响下放	设备损坏、人员伤害	正常	现在	2	2	4	I
208	放井架	下放速度过快失去控制	设备损坏、人员伤害	正常	现在	5	3	15	III
209	放井架	大绳未进导向轮	设备损坏、伤人	正常	现在	4	2	8	II
210	放井架	井架电源插头没摘开	人员伤害	正常	现在	1	3	3	I

序号	作业过程	危害因素	可能导致的后果	状态	时态	矩阵法			风险等级
						严重性	可能性	风险度	
211	放井架	井架上的物体没有清理干净	落物伤人	正常	现在	1	3	3	I
212	放井架	与附近的高压线搭铁	人员触电	正常	现在	3	3	9	II
213	拆钻台设备	拆设备时没拿住物件	人员伤害	正常	现在	1	3	3	I
214	拆钻台设备	高空抛掷物件	人员伤害	正常	现在	1	3	3	I
215	拆钻台设备	不系安全带	人员伤害	正常	现在	1	3	3	I
216	拆钻台设备	卸绞车固定螺栓（螺钉）配合不当	人员伤害	正常	现在	2	3	6	II
217	拆地面设备	生产组织不当	人员伤害	正常	现在	3	2	6	II
218	拆地面设备	盛装液体的容器未及时清净	污染环境	正常	现在	1	3	3	I
219	拆地面设备	配合不当	人员伤害	正常	现在	1	3	3	I
220	拆地面设备	现场油管滴漏的液体或污水排放不规范	污染环境	正常	现在	1	3	3	I
221	拆地面设备	化学品盛装罐腐蚀漏液	污染环境	正常	现在	1	3	3	I
222	拆地面设备	工作现场垃圾没回收	污染环境	正常	现在	1	3	3	I
223	换大绳作业	连接新旧绳头未按规定长度连接，造成绳头中途断脱	人员受伤	正常	现在	2	3	6	II
224	换大绳作业	大绳破损或断裂更换时死绳头弹出	人员受伤	正常	现在	2	3	6	II
225	换大绳作业	未缠够规定长度或全数，造成活绳头脱出	机械损坏	正常	现在	1	3	3	I
226	更换刹带片	安装绷绳人员未远离坡道及猫道、或滑轮拴挂不牢靠，绳索滑脱	人员受伤	正常	现在	2	3	6	II
227	更换刹带片	取下调节丝杠销轴敲击时未佩戴护目镜、未使用专用工具	人员受伤	正常	现在	2	3	6	II
228	更换刹带片	安装刹带下部固定销敲击时未佩戴护目镜	人员受伤	正常	现在	2	3	6	II
229	更换刹带片	装调节丝杠销轴两端未加垫片及止退销	人员受伤	正常	现在	2	3	6	II

序号	作业过程	危害因素	可能导致的后果	状态	时态	矩阵法			风险等级
						严重性	可能性	风险度	
230	摆放管具支架	没有指挥起或未吊运移到指定位置下放就位	人员受伤	正常	现在	2	3	6	II
231	摆放管具支架	指挥吊车起吊到绷紧索具导致作业人员挤手、设备损坏	人员受伤	正常	现在	2	3	6	II
232	摆放管具支架	人挂绳套时无人指挥导致作业人员挤伤或挂坏设备	人员受伤	正常	现在	2	3	6	II
233	吊装管具作业	场地捆扎销子未到位	设备损坏	正常	现在	2	3	6	II
234	装卸工具作业	安装工具时扣未上紧	设备损坏	正常	现在	2	3	6	II
235	装卸工具作业	设备出现故障或安全防护装置缺失、失效等	设备损坏	正常	现在	2	3	6	II
236	装卸工具作业	上提游车工具脱离	设备损坏	正常	现在	2	3	6	II
237	单吊卡下油管单根作业	未清理工作面、湿滑介质易摔倒、摔伤	人员受伤	正常	现在	2	3	6	II
238	单吊卡下油管单根作业	修井机作业期间油料不足	设备损坏	正常	现在	1	3	3	I
239	单吊卡下油管单根作业	大绳断丝超标、锈蚀	设备损坏	正常	现在	4	2	8	II
240	单吊卡下油管单根作业	销子未拴系安全绳、磁性消失	设备损坏	正常	现在	2	3	6	II
241	单吊卡下油管单根作业	大风天气井架晃动，游车挂二层猴台	设备损坏	正常	现在	2	3	6	II
242	单吊卡下油管单根作业	坐气动卡瓦刹车不及时或悬重没有完全释放	设备损坏	正常	现在	2	3	6	II
243	单吊卡下油管单根作业	牙片、牙托不合适，无法咬住管具无法卸扣	设备损坏	正常	现在	1	3	3	I
244	单吊卡下油管单根作业	背钳失效作业人员受到撞击受伤	人员受伤	正常	现在	1	3	3	I
245	单吊卡下油管单根作业	更换牙片牙托时，未断开液压源	人员受伤	正常	现在	1	3	3	I
246	单吊卡下油管单根作业	卸扣不到位，导致油管上提时挂扣	设备损坏	正常	现在	1	3	3	I
247	单吊卡下油管单根作业	上提管具时管具螺纹未完全卸开	人员受伤	正常	现在	1	3	3	I

序号	作业过程	危害因素	可能导致的后果	状态	时态	矩阵法			风险等级
						严重性	可能性	风险度	
248	单吊卡下油管单根作业	缠绕兜绳长度、强度不足，或未使用兜绳或钩，直接用手操作	设备损坏	正常	现在	1	3	3	I
249	单吊卡下油管单根作业	管具立柱过短管具无法进入指梁	设备损坏	正常	现在	1	3	3	I
250	通井作业	操作液压钳时手处于危险位置	人员受伤	正常	现在	1	3	3	I
251	通井作业	未计算或不清楚井深及目前管柱下深	设备损坏	正常	现在	1	3	3	I
252	通井作业	开泵循环洗井阀门未倒好	设备损坏	正常	现在	3	2	6	II
253	通井作业	起管柱吊卡未扣好，防跳销未插好，或液压钳配件松动	设备损坏	正常	现在	2	3	6	II
254	刮削作业	刮削作业卡钻时大力上提	设备损坏	正常	现在	2	3	6	II
255	刮削作业	空井筒且处于常开状态	人员受伤、设备损坏	正常	现在	4	3	12	III
256	刮削作业	起管柱防碰装置失效	设备损坏	正常	现在	5	3	15	III
257	刮削作业	卸下刮削器时手扶住通径规底部	设备损坏	正常	现在	1	3	3	I
258	刮削作业	工器具等物件放置、使用不当	设备损坏	正常	现在	1	3	3	I
259	刮削作业	未戴手套清洗刮削器	人员受伤	正常	现在	1	3	3	I
260	解卡作业	设计不全导致基础数据不清楚，盲目施工	设备损坏	正常	现在	1	3	3	I
261	解卡作业	修井作业设备和泵注设备不全、不满足施工要求、有故障	人员受伤、设备损坏	正常	现在	1	3	3	I
262	解卡作业	指重表、参数仪与设备不配套、损坏、未校检	设备损坏	正常	现在	1	3	3	I
263	解卡作业	未进行试提管柱	设备损坏	正常	现在	2	3	6	II
264	解卡作业	活动解卡时反复活动管柱造成管柱金属疲劳	设备损坏	正常	现在	2	3	6	II
265	解卡作业	紧扣圈数不足或过多	人员受伤、设备损坏	正常	现在	2	3	6	II

序号	作业过程	危害因素	可能导致的后果	状态	时态	严重性	可能性	风险度	风险等级
266	解卡作业	悬吊管柱时未刹住刹把	人员受伤、设备损坏	正常	现在	2	3	6	II
267	解卡作业	大力上提造成吊卡弹开、落物	人员受伤、设备损坏	正常	现在	2	3	6	II
268	解卡作业	循环洗井阀门无标识，倒错阀门	设备损坏	正常	现在	1	3	3	I
269	机械切割作业	搬运至井口手动割刀上扣	人员受伤	正常	现在	1	3	3	I
270	机械切割作业	液压钳上割刀时人员未有保护措施	人员受伤	正常	现在	1	3	3	IV
271	机械切割作业	下切割管柱刹车过晚或刹车失效	设备损坏	正常	现在	5	4	20	IV
272	机械切割作业	人员距离井口过近	人员受伤	正常	现在	1	4	4	I
273	机械切割作业	试开泵时管线堵，高压伤人或刺漏喷溅伤人	人员受伤	正常	现在	4	3	12	III
274	机械切割作业	试启动转盘时未打开转盘挡销	人员受伤	正常	现在	2	3	6	II
275	机械切割作业	方补心未安装好或未进转盘方瓦内	设备损坏	正常	现在	2	3	6	II
276	机械切割作业	停泵后有余压，高压伤人或刺漏喷溅伤	人员受伤	正常	现在	2	3	6	II
277	机械切割作业	起管柱时大绳排列不整齐、防碰失效、刹把操作不规范	设备损坏	正常	现在	5	4	20	IV
278	机械切割作业	搬运紧扣器造成紧扣器掉落砸伤人员	人员受伤	正常	现在	1	3	3	I
279	机械切割作业	搬运紧扣器未搬运至安全位置	设备损坏	正常	现在	2	3	6	II
280	下放井架作业	下放井架前未测风速	设备损坏	正常	现在	1	3	3	I
281	下放井架作业	伸缩缸有空气造成在起升井架时井架突然下落	设备损坏	正常	现在	5	4	20	IV
282	下放井架作业	拆卸井架绷绳未全部松开，放井架发生挂阻，井架倾倒	设备损坏	正常	现在	5	4	20	IV
283	下放井架作业	扶正器卡死不回，井架下落压坏部件	设备损坏	正常	现在	3	2	6	II
284	下放井架作业	起升缸伸缩不自如造成起升井架失败	设备损坏	正常	现在	3	2	6	II

序号	作业过程	危害因素	可能导致的后果	状态	时态	矩阵法			风险等级
						严重性	可能性	风险度	
285	拆井架作业	作业人员不熟练井架拆解程序	人员伤害	正常	现在	1	4	4	
286	拆井架作业	监护人员缺乏安全意识，无有效监护	人员伤害、设备损坏	正常	现在	1	4	4	I
287	拆井架作业	作业人数不齐	人员伤害、设备损坏	正常	现在	1	4	4	I
288	拆井架作业	劳保着装不规范	人员伤害	正常	现在	1	4	4	I
289	拆井架作业	所用工具未系安全尾绳	人员伤害	正常	现在	1	4	4	I
290	拆井架作业	护目镜面脏	人员伤害	正常	现在	1	3	3	I
291	拆井架作业	未准备牵引绳	人员伤害	正常	现在	1	3	3	I
292	拆井架作业	未准备人字梯	人员伤害、设备损坏	正常	现在	1	3	3	I
293	拆井架作业	未准备安全带	人员坠落	正常	现在	1	3	3	I
294	拆井架作业	修井机停放处地基松软	人员坠落	正常	现在	4	3	12	III
295	拆井架作业	修井机停放处四周有障碍物	倾倒	正常	现在	2	3	6	II
296	拆井架作业	修井机停放处上方有高压线	高空坠落	正常	现在	3	3	9	II
297	拆井架作业	极端天气	触电	正常	现在	3	3	9	II
298	拆井架作业	驾驶修井机人员非专业人员	设备损坏、人员伤害	正常	现在	4	3	12	III
299	拆井架作业	修井机位于不坚固地面，易塌陷	设备损坏	正常	现在	4	3	12	III
300	拆井架作业	修井机置于狭小区域	设备损坏	正常	现在	2	3	6	II
301	拆井架作业	支腿前未检查液压系统	设备损坏	正常	现在	1	3	3	I
302	拆井架作业	支腿作业，误操作	支腿不到位	正常	现在	1	3	3	I
303	拆井架作业	未支腿或支腿未到位，或支腿下方不坚固	设备倾倒或损坏	正常	现在	3	3	9	II
304	拆井架作业	游动滑车未固定	设备损坏	正常	现在	1	3	3	I
305	拆井架作业	携带手工具，易脱落	设备损坏	正常	现在	1	3	3	I
306	拆井架作业	大绳缠绕不齐	设备损坏、人员伤害	正常	现在	1	3	3	I
307	拆井架作业	绳头未固定	挤压变形、人员伤害	正常	现在	4	3	12	III
308	拆井架作业	作业后工作环境未清理	设备损坏	正常	现在	1	3	3	I

序号	作业过程	危害因素	可能导致的后果	状态	时态	严重性	可能性	风险度	风险等级
309	拆井架作业	未设置安全区域	人员伤害	正常	现在	1	3	3	I
310	拆井架作业	未系安全带	人员伤害	正常	现在	1	3	3	I
311	拆井架作业	未使用人字梯	人员伤害	正常	现在	1	3	3	I
312	拆井架作业	井架上无挂点	人员伤害	正常	现在	1	3	3	I
313	拆井架作业	工作区域无踏板	人员伤害	正常	现在	1	3	3	I
314	拆井架作业	工具配件及绷绳坠落	人员伤害	正常	现在	1	3	3	I
315	拆井架作业	工具配件及二层台兜绳坠落	人员伤害	正常	现在	1	3	3	I
316	拆井架作业	液压油外漏	人员伤害	正常	现在	1	3	3	I
317	拆井架作业	未采取防坠落措施	环境污染、滑倒	正常	现在	1	3	3	I
318	拆井架作业	敲击作业未带护目镜	高处坠落、人员伤害	正常	现在	1	3	3	I
319	拆井架作业	所用工具未系安全绳	飞溅伤人	正常	现在	1	3	3	I
320	拆井架作业	无证上岗	高处坠落、人员伤害	正常	现在	3	2	6	II
321	拆井架作业	吊车位置摆放不合理	违章操作	正常	现在	3	2	6	II
322	拆井架作业	未支稳千斤腿	吊车倾倒、人员设备伤害	正常	现在	3	2	6	II
323	拆井架作业	吊点不合适或使用非标准的吊索具	吊车倾倒、设备损坏	正常	现在	1	4	4	I
324	拆井架作业	未试吊	设备损坏、人员伤害	正常	现在	3	2	6	II
325	拆井架作业	未恢复至作业前状态	设备损坏、人员伤害	正常	现在	2	3	6	II
326	拆井架作业	作业许可未关闭	高处坠落、人员伤害、设备损坏	正常	现在	3	3	9	II
327	井架安装作业	作业人员经验少、风险意识差、应急能力弱	人员伤害	正常	现在	1	4	4	I
328	井架安装作业	驾驶修井机人员未非专业人员	人员伤害	正常	现在	3	2	6	II
329	井架安装作业	吊车未置于合适位置	设备损坏	正常	现在	3	2	6	II
330	井架安装作业	吊车游动系统或液控系统不佳	设备损坏	正常	现在	3	2	6	II
331	井架安装作业	吊点不合适或吊索具不合适	设备损坏	正常	现在	2	3	6	II

序号	作业过程	危害因素	可能导致的后果	状态	时态	矩阵法			风险等级
						严重性	可能性	风险度	
332	井架安装作业	不召开或未进行风险评估及交底	设备损坏	正常	现在	2	3	6	II
333	井架安装作业	敲击作业,飞溅伤眼	人员伤害	正常	现在	1	3	3	I
334	注气排卤作业	冰堵现象造成分离器憋压	火灾爆炸、人身伤害	正常	现在	3	3	9	II
335	注气排卤作业	压力仪表失灵,或损坏	设备损坏	正常	现在	2	3	6	II
336	注气排卤作业	管线腐蚀或开焊泄漏	环境污染等	正常	现在	3	3	9	II
337	注气排卤作业	管线泄漏天然气溢出	人员伤亡、火灾或爆炸	正常	现在	4	3	12	III
338	注气排卤作业	法兰连接渗漏	环境污染	正常	现在	4	3	12	III
339	注气排卤作业	管线开焊泄漏	环境污染	正常	现在	4	3	12	III
340	注气排卤作业	阀门基础下沉、倾斜、开裂	设备损坏	正常	现在	2	3	6	II
341	注气排卤作业	阀门卡死	设备损坏	正常	现在	2	3	6	II
342	注气排卤作业	阀门内漏	损坏设备	正常	现在	2	3	6	II
343	注气排卤作业	阀门外漏	环境污染	正常	现在	2	3	6	II
344	注气排卤作业	运行参数超出设计参数范围	设备损坏	正常	现在	2	3	6	II
345	注气排卤作业	维检修时快开盲板脱落	设备损坏、人身伤害	正常	现在	2	3	6	II
346	注气排卤作业	分离器基础下沉、倾斜、开裂	设备损坏	正常	现在	4	2	8	II
347	注气排卤作业	分离器外表面腐蚀严重	设备损坏	正常	现在	4	2	8	II
348	注气排卤作业	紧固件、连接件松动、脱落	设备损坏、人身伤害	正常	现在	4	2	8	II
349	注气排卤作业	壁厚、硬度、强度等不合格	设备损坏、人身伤害	正常	现在	4	2	8	II
350	注气排卤作业	安全附件失灵、过期	设备损坏、人身伤害	正常	现在	4	2	8	II
351	注气排卤作业	阀门基础下沉、倾斜、开裂	设备损坏	正常	现在	2	3	6	II
352	注气排卤作业	阀门卡死	设备损坏	正常	现在	2	3	6	II
353	注气排卤作业	阀门内漏	设备损坏	正常	现在	2	3	6	II
354	注气排卤作业	阀门外漏	爆炸、环境污染	正常	现在	2	3	6	II

序号	作业过程	危害因素	可能导致的后果	状态	时态	矩阵法			风险等级
						严重性	可能性	风险度	
355	注气排卤作业	注脂口泄漏	爆炸、环境污染	正常	现在	2	3	6	II
356	注气排卤作业	手轮密封填料压盖处泄漏	爆炸、环境污染	正常	现在	2	3	6	II
357	注气排卤作业	排污口泄漏、损坏	爆炸、环境污染	正常	现在	2	3	6	II
358	注气排卤作业	执行机构失灵、损坏	阀门不能正常开关、流程无法倒通	正常	现在	1	5	5	II
359	注气排卤作业	阀门连接法兰螺栓松动	爆炸、环境污染	正常	现在	2	3	6	II
360	注气排卤作业	气液联动执行机构执行器动作过慢	设备损坏	正常	现在	2	3	6	II
361	注气排卤作业	气液联动执行机构执行器不动作	设备损坏	正常	现在	2	3	6	II
362	注气排卤作业	气液联动执行机构手泵操作不动作	设备损坏	正常	现在	2	3	6	II
363	注气排卤作业	整流器堵塞	设备损坏	正常	现在	3	3	9	II
364	注气排卤作业	温度、压力仪表失灵，无法上传数据	设备损坏	正常	现在	2	3	6	II

附录 7　不符合项通知单、不符合项整改情况报告

附表 7.1　不符合项通知

表 01	不符合项通知	单位工程名称： 单位工程编号： 编号：

致：

　　经检查你单位存在如下不符合项，请按照通知要求组织整改，并将整改情况于＿＿年＿＿月＿＿日前将整改结果上报建设单位。

　　不符合项内容：

　　整改要求：

建设单位（公章）

负责人：
日期：

附表 7.2 不符合项整改情况报告

表 02	不符合项整改情况报告	工程名称: 工程编号:

致:（建设单位）

第___号不符合项通知所列不符合项，我单位已根据通知要求于___年___月___日完成了整改，并经监理单位确认合格，现上报贵部，请审查。

整改情况简要说明:

施工单位（公章）

负责人:
日期:

复查意见:

监理单位（公章）

监理工程师:
日期:

审核意见:

建设单位（公章）

负责人:
日期: